光計測
ポケットブック

日本光学測定機工業会 |[編]

朝倉書店

まえがき

　光の特性や挙動に関する研究は，物理学の一分野である光学において行われてきた．それとともに光学的原理に基づく光学機器も数多く製作されてきている．その中でも，光の結像特性に基づく顕微鏡や望遠鏡，あるいは光の直進性を利用した測量機器などは古くから知られている．さらには撮像を目的とするカメラなども典型的な光学機器である．各種の光学エレメントやデバイスの発展もあって，光はエレクトロニクスなどとも融合して，わが国が世界に誇る精密機器産業の発展に大きく寄与してきた．光学機器は，定性的な観察という目的にとどまらず，特に近年にあっては測定対象を定量的に，しかもデジタル量として捉えることが要請されている．それには光により捉えられた情報を目的に応じて解析処理する必要があるが，光には電気量への変換が容易であるという特徴もあることから，光による測定技術は一般的に広まり，また測定機器も急激な発展を遂げている．

　こうした状況のもとに，日本光学測定機工業会では，その創立40周年を機に『実用光キーワード事典』（朝倉書店，1999）を刊行した．幸いにも同書は好評を持って迎えられ増刷を重ねている．しかし，その後10年を経て，光関連技術の進展は目覚しく，多種多様な測定機器が市場に現れるとともに，光測定のニーズも多様化している．一方，近年のデジタル技術の発展，特にコンピュータ技術の急速な発展があり，情報の処理が極めて容易となっている．さらには各種のエレメントやデバイスなどの要素技術の進歩があり，光測定機器はシステムとして構築されるに至っている．そして光の特性を利用した測定は高速化・高精度化し，さらに装置の小型化・高機能化が進み，時代の要請に応えている．光は周辺技術との複合化，さらには融合化することにより，新たな応用の開拓と適用領域の拡大が図られている．

　こうした背景のもとに，当測定機工業会では創立50周年を記念して新たな観点から記述された書籍『光計測ポケットブック』の刊行を企画した．検討を重ねた結果，光を応用した測定法にはどのようなものがあり，また具体的にどのように行われているかを知るという立場から，解りやすい解説書を纏めることとした．

まえがき

　実際に光の応用に関する研究や製品開発に携わる第一線の研究者・技術者による編集委員会を構成し，編集方針と記述内容に関して討議するとともに，記述項目の検討と執筆者の選定，さらに原稿のチェックを行った．その基本として，「光を応用した測定はどのように行われているか」について初心者にも理解しやすい記述となるように心がけた．率直な意見交換により内容の偏りと記述の独善を排して纏め上げられた本書は光関連分野の読者に限らず，光の利用を意図される多くの分野の方々にも有用となろう．

　以上のような状況と編集方針のもとに本書の編纂は行われ，記述内容に関しては慎重な検討により極力重複を避けるように心がけたが，読みやすさを配慮して，あえて多少の冗長性をもたせた．また用語の表記に関しても統一を心がけた．ただし，例えば，「測定」と「計測」という表現はJISにおいて定義されており，厳密には区別して使用すべきであるが，ここでは（差異を承知したうえで）あえて厳格な使い分けを行わずに利便性を優先した．

　最後に編集委員および執筆者に代わって，各種資料の提供をいただいた関係各位をはじめとして，本書の刊行に際してお世話になった方々に心から感謝を申し上げる．本書が光測定技術および測定機器の現状を知るのみならず，今後の光測定技術の発展に役立つことを期待する次第である．

　2010年1月

日本光学測定機工業会 技術顧問　吉澤　徹

編集委員

吉澤　　徹	埼玉医科大学
藤本洋久	オリンパス（株）
有賀　　亨	キヤノン（株）
圓谷寛夫	（株）ニコン
佐藤昌孝	ユニオン光学（株）
立川　　仁	キヤノン（株）
濱野隆久	日本光学測定機工業会

執筆者

青陰雅昭	（株）小坂研究所	志津野誠	ユニオン光学（株）
秋元茂行	（株）トプコン	清水晋二	コニカミノルタセンシング（株）
荒井芳文	ユニオン光学（株）	関根明彦	（株）トプコン
有賀　　亨	キヤノン（株）	瀬谷正樹	ユニオン光学（株）
安藤幸司	アンフィ（有）	高木　　誠	（株）ニコン
石橋一成	（株）ミツトヨ	高地伸夫	（株）トプコン
石渡　　裕	オリンパス（株）	高野智暢	エスオーエル（株）
上田守正	（株）ミツトヨ	高橋嘉裕	（株）ニコン
岡庭正行	フジノン（株）	立川　　仁	キヤノン（株）
岡村　　守	ユニオン光学（株）	種村　　隆	（株）ニコン
小田　　功	木更津工業高等専門学校	茶木昭彦	中央精機（株）
加藤欣也	（株）ニコン	圓谷寛夫	（株）ニコン
金井慎治	ユニオン光学（株）	富岡　　研	（株）ニコン
川田洋明	（株）ミツトヨ	中岡飛鳥	（株）溝尻光学工業所
木村明夫	（株）トプコン	中島康晴	（株）ニコン
葛　　宗涛	フジノン（株）	長沼義広	（株）ニコン
小林　　徹	コニカミノルタセンシング（株）	鳴瀬一彦	コニカミノルタセンシング（株）
小林好行	（株）小坂研究所	鳴海達也	（株）ミツトヨ
小松宏一郎	（株）ニコン	西脇正行	キヤノン（株）
齋藤隆行	フジノン（株）	浜島宗樹	（株）ニコン
佐藤昌孝	ユニオン光学（株）	林　　真市	オリンパス（株）
佐藤美岐	ユニオン光学（株）	平尾勝彦	（株）溝尻光学工業所

執　筆　者

藤森義彦	(株)ニコン	遊亀　博	神港精機(株)
町井暢且	(株)ニコン	横塚禎明	ユニオン光学(株)
溝尻　唯	(株)溝尻光学工業所	吉澤　徹	埼玉医科大学
籾内正幸	(株)トプコン	四方田茂雄	パール光学工業(株)
山口雅哉	(株)ニコン	若山俊隆	埼玉医科大学
山崎浩一	中央精機(株)		

(五十音順)

目　　次

Ⅰ　光 学 測 定

1　光自体を計測する ………………………………………………………［立川　仁］…3
　1.1　光量を測る …………………………………………………………………………4
　　　1.1.1　フォトダイオード　5　／1.1.2　光電子増倍管　6　／1.1.3　熱電効果と焦電効果　7
　1.2　波長を測る …………………………………………………………………………8
　　　1.2.1　プリズム　9　／1.2.2　回折格子　10
　1.3　波長幅を測る ………………………………………………………………………12
　　　1.3.1　ファブリ-ペロー干渉計　13　／1.3.2　フーリエ分光法　15
　1.4　周波数を測る ………………………………………………………………………16
　　　1.4.1　光周波数のトレース　16
　1.5　光の時間幅や時間波形を測る ……………………………………………………17
　　　1.5.1　高速センサで測る場合　18　／1.5.2　自己相関で測る場合　19
　1.6　偏光を測る …………………………………………………………………………20
　　　1.6.1　偏光素子の種類と特徴　21　／1.6.2　偏光計測　22
　1.7　可視光以外をセンシングする ……………………………………………………23
　　　1.7.1　紫外線とX線　23　／1.7.2　赤外線・THz光　24
　1.8　発光体や表示素子を評価する ……………………………………………………25
　　　1.8.1　発光体の特性評価　25
　1.9　レーザの品位を測る ………………………………………………………………26
　　　1.9.1　レーザの特性評価　26

2　材料・物質の特性を計測する …………………………………………［有賀　亨］…29
　2.1　反射率を測る ………………………………………………………［岡庭正行］…30
　　　2.1.1　光沢面(金属，光学材)の反射率測定　30　／2.1.2　粗面の反射率測定

(散乱分布) *31* ／2.1.3 液体や気体の散乱を測る *32*

2.2 屈折率を測る ……………………………………………[平尾勝彦]…32
 2.2.1 最小偏角法(光学材料の測定) *32* ／2.2.2 各種屈折率測定法 *33* ／2.2.3 液体利用(粒子の屈折率測定) *34* ／2.2.4 干渉計利用(透過型の測定) *34* ／2.2.5 結晶の測定 *35*

2.3 複素屈折率を測る …………………………………[中岡飛鳥・溝尻　唯]…35
 2.3.1 偏光解析法(エリプソメトリ) *35* ／2.3.2 反射測定法 *37*

2.4 透過率を測る……………………………[(1),(2)佐藤美岐;(3)佐藤昌孝]…37

2.5 分光特性を測る ……………………………………………[平尾勝彦]…38
 2.5.1 分光光度計 *38* ／2.5.2 発光と発光スペクトル *39* ／2.5.3 吸収スペクトル *40*

2.6 膜厚を測る …………………………………………[中岡飛鳥・溝尻　唯]…41
 2.6.1 分光干渉法 *41* ／2.6.2 エリプソメトリ *42* ／2.6.3 厚膜の計測 *44*

2.7 蛍光・ラマン散乱光を測る ………………………………[林　真市]…44
 2.7.1 蛍光測定と解析手法 *44* ／2.7.2 蛍光顕微鏡 *45* ／2.7.3 ラマン散乱光と解析手法 *46* ／2.7.4 ラマン顕微鏡とファイバプローブ *47* ／2.7.5 四光波混合 *48*

2.8 リモートセンシングを知る …………………………………[有賀　亨]…49

3 長さを計測する …………………………………………[上田守正]…51

3.1 長さの基準の話 ……………………………………………[上田守正]…52

3.2 長さを測る ……………………………………………………………53
 3.2.1 高精度干渉計測[鳴海達也] *53* ／3.2.2 合致法による多波長計測[鳴海達也] *54* ／3.2.3 リニアスケール[川田洋明] *55*

3.3 距離を測る ……………………………………………………………56
 3.3.1 測距・測量用機器[木村明夫] *56* ／3.3.2 気象・大気用レーザレーダ[籾内正幸] *57*

3.4 微細線幅を測る ……………………………………………[浜島宗樹]…58
 3.4.1 光式のIC線幅計測 *58*

4　寸法を計測する …………………………………………………［圓谷寛夫］… 60
4.1　幾何形状の計測について　…………………………………［遊亀　博］… 61
4.1.1　図面と幾何公差　*61*
4.2　2次元幾何形状を測る　………………………………………［遊亀　博］… 62
4.2.1　投影機　*62*　／4.2.2　測定顕微鏡　*63*　／4.2.3　画像測定（2次元画像測定機）　*64*
4.3　3次元幾何形状を測る　………………………………………［遊亀　博］… 65
4.3.1　3次元測定機＋センサ　*65*
4.4　穴径を測る　………………………………………………………［吉澤　徹］… 66
4.5　角度を測る　………………………………………………………［遊亀　博］… 68
4.5.1　格子法とモアレ法　*68*　／4.5.2　ロータリエンコーダ　*69*　／4.5.3　オートコリメータ　*70*

5　形状を計測する　……………………………………………………［葛　宗涛］… 72
5.1　3次元形状を測る　……………………………………………………………… 73
5.1.1　モアレトポグラフィによる形状測定［斎藤隆行］　*73*　／5.1.2　パターン投影法［吉澤　徹］　*74*　／5.1.3　画像測定機による形状計測［長沼義広］　*75*　／5.1.4　多眼式立体撮影Ⅰ［高地伸夫］　*76*　／5.1.5　多眼式立体撮影Ⅱ［高地伸夫］　*78*　／5.1.6　ホログラムによる3次元形状記録・再生［斎藤隆行］　*80*　／5.1.7　レーザレーダやTOF［立川　仁］　*82*
5.2　微細3次元形状を測る　………………………………………………………… 83
5.2.1　AFプローブ走査型測定機［石渡　裕］　*83*　／5.2.2　低コヒーレンス光干渉計測（白色干渉計測）［立川　仁］　*84*　／5.2.3　干渉計による形状測定Ⅰ（干渉と干渉計の原理）［葛　宗涛・斎藤隆行］　*85*　／5.2.4　干渉計による形状測定Ⅱ（干渉計の種類と応用）［葛　宗涛・斎藤隆行］　*86*　／5.2.5　干渉計による形状測定Ⅲ（干渉縞の解析方法）［葛　宗涛・斎藤隆行］　*91*
5.3　特定目的の形状計測　…………………………………………………………… 93
5.3.1　オートコリメータ法［圓谷寛夫］　*93*　／5.3.2　輪郭測定［石橋一成］　*94*　／5.3.3　真直度計測［葛　宗涛］　*96*　／5.3.4　平面度計測［斎藤隆行］　*97*

6 変位・変形を計測する ……………………………………[小林 好行]…100
  6.1 変位を測る ………………………………………………………………101
    6.1.1 直線変位を測る[山崎浩一] *101* ／6.1.2 角度変位を測る[茶木昭彦] *104*
  6.2 微小変形を測る …………………………………………………………105
    6.2.1 ホログラフィ干渉[吉澤 徹] *105* ／6.2.2 スペックル干渉[青陰雅昭] *106*

7 内部を計測する ……………………………[四方田茂雄・圓谷寛夫]…108
  7.1 光を直接用いる …………………………………………………………109
    7.1.1 OCT[関根明彦] *109* ／7.1.2 光弾性法[溝尻 唯] *110* ／7.1.3 複屈折[若山俊隆] *112*
  7.2 光を間接的に用いる ………………………………………[石渡 裕]…113
    7.2.1 光音響法 *113*
  7.3 異なる波長域や特殊な光源を用いる …………………………………114
    7.3.1 赤外線[金井慎治] *114* ／7.3.2 テラヘルツ光(THz)[立川 仁] *115* ／7.3.3 X線[高野智暢] *116* ／7.3.4 フェムト秒レーザ[籾内正幸] *118*

8 物の動きを計測する …………………………………………[佐藤昌孝]…120
  8.1 速度を測る ………………………………………………………………121
    8.1.1 ドップラ効果[瀬谷正樹・佐藤昌孝] *121* ／8.1.2 シュリーレン法[溝尻 唯] *122* ／8.1.3 画像処理の応用[横塚禎明] *123*
  8.2 角度／角速度を測る ………………………………………[立川 仁]…124
    8.2.1 光ジャイロ *124* ／8.2.2 光学式ロータリエンコーダ *125* ／8.2.3 画像処理の応用 *126*
  8.3 ガイドの精度を測る………………………[四方田茂雄・圓谷寛夫]…127

9 流れを計測する─液体，粉体・粒子，気体─ ………………[秋元茂行]…130
  9.1 液体の流れを測る ………………………………………[秋元茂行]…131
    9.1.1 レーザドップラ *131*

9.2 粉体・粒子の流れを測る ……………………………………[秋元茂行]…132
    9.2.1 PIV法 *132* ／9.2.2 PTV法 *133*
9.3 気体の流れを測る ……………………………………………………134
    9.3.1 ドップラレーダ法[秋元茂行] *134* ／9.3.2 シュリーレン法[溝尻唯] *135*

10 検査技術 ……………………………………………………[藤森義彦]…137
10.1 表面のキズ, 欠陥の検査 ……………………………………………138
    10.1.1 散乱光による検査[藤森義彦] *138* ／10.1.2 蛍光による検査[藤森義彦・小松宏一郎] *139* ／10.1.3 微分干渉法による検査[藤森義彦・小松宏一郎] *140*
10.2 半導体の検査 …………………………………………………[藤森義彦]…141
    10.2.1 ウエハ異物検査[秋元茂行] *142* ／10.2.2 パターン欠陥(ミクロ検査)[藤森義彦] *143* ／10.2.3 パターン欠陥(マクロ検査)[藤森義彦] *144* ／10.2.4 欠陥検査の画像処理[藤森義彦] *145*
10.3 形状の検査 ……………………………………………………[町井暢旦]…146
    10.3.1 形状計測による欠陥検査(CAD比較) *146*

11 物理量を計測する …………………………………………[有賀 亨]…149
11.1 温度を測る ……………………………………………………[西脇正行]…150
    11.1.1 放射温度計 *150* ／11.1.2 サーモグラフィ *152* ／11.1.3 その他の温度計測 *153*
11.2 熱物性を測る …………………………………………………[有賀 亨]…154
    11.2.1 熱膨張率の測定 *154* ／11.2.2 熱伝導率の測定 *155*
11.3 密度分布を測る ………………………………………………[安藤幸司]…156
    11.3.1 シャドウグラフ法 *156* ／11.3.2 シュリーレン法 *157* ／11.3.3 干渉計測 *158*
11.4 圧力・応力を測る ……………………………………………[西脇正行]…159
    11.4.1 光弾性法 *159* ／11.4.2 干渉計測 *160*
11.5 振動・音を測る ………………………………………………[西脇正行]…161
    11.5.1 ドップラ計測 *161* ／11.5.2 ホログラフィ干渉 *162* ／

11.5.3　レーザマイクロフォン　*163*
11.6　濃度を測る　………………………………………[有賀　亨]…164
11.7　表面張力を計る　…………………………………[有賀　亨]…165
11.8　電磁気量を測る　…………………………………[吉澤　徹]…166
11.9　非線形光学効果を測る　…………………………[小田　功]…167

12　明るさと色を計測する　…………………………[鳴瀬一彦]…169
12.1　光源の明るさと色を測る　………………………[清水晋二]…170
　　12.1.1　明るさの定義　*170*　／12.1.2　明るさの測定　*171*　／12.1.3　光源色の表色系　*172*　／12.1.4　光源測定の注意点　*173*
12.2　物体の色を測る　…………………………………[小林　徹]…174
　　12.2.1　物体色の表示系　*174*　／12.2.2　物体色の測定　*175*　／12.2.3　物体色の測色計　*176*　／12.2.4　物体色測定の注意点　*177*

13　微細物体を計測する　……………………………[石渡　裕]…178
13.1　照明方法と検出方法を改良して測る　…………[石渡　裕]…179
　　13.1.1　液浸法　*179*　／13.1.2　斜照明による方法　*180*　／13.1.3　回折・散乱特性を測る　*181*
13.2　共焦点法で測る　…………………………………[林　真市]…182
　　13.2.1　共焦点顕微鏡　*182*　／13.2.2　STED顕微鏡　*184*　／13.2.3　4Pi顕微鏡　*185*　／13.2.4　共焦点シータ顕微鏡, SPIM, DSLM　*186*
13.3　近接場光を利用して測る　………………………[林　真市]…187
　　13.3.1　走査型近接場光顕微鏡（SNOMまたはNSOM）　*187*　／13.3.2　固体浸レンズ　*188*　／13.3.3　プラズモンセンサ　*189*　／13.3.4　1分子蛍光　*190*
13.4　画像演算を利用して測る　………………………[石渡　裕]…191
　　13.4.1　画像強調法を利用する　*191*　／13.4.2　デコンボリューション法　*192*　／13.4.3　位相検出法　*193*

II 光を利用する

14 光源を選ぶ ……………………………………………………[佐藤昌孝]…197

14.1 自然光の特徴 ………………………………………………[荒井芳文]…198

14.1.1 熱光源と放電光源の特徴 *198* ／14.1.2 スペクトルの広がり *199* ／14.1.3 発光面分布と広がり *200*

14.2 人工光・ランプの種類と特徴と選び方 ……………………[荒井芳文]…200

14.2.1 白熱電球と蛍光灯 *201* ／14.2.2 ハロゲンランプ，放電型ランプ *202* ／14.2.3 LED *203* ／14.2.4 EL *204*

14.3 レーザの特徴と種類 …………………………………………………205

14.3.1 レーザの特徴[志津野　誠] *205* ／14.3.2 レーザの種類[立川　仁] *206* ／14.3.3 レーザを光源として利用する[志津野　誠] *208* ／14.3.4 インコヒーレント化[石渡　裕] *209*

14.4 光源を均一にする ……………………………………………[岡村　守]…210

14.4.1 光学系による均一化 *210* ／14.4.2 散乱による均一化 *211* ／14.4.3 空間フィルタ *212* ／14.4.4 偏光利用 *213*

14.5 光源の波長を操作する ………………………………………[岡村　守]…214

14.5.1 各種フィルタを利用する *214* ／14.5.2 波長を変換する *215*

15 光を制御する ……………………………………………………[石渡　裕]…217

15.1 光量を制御する ………………………………………………………218

15.1.1 光束径を調節する *218* ／15.1.2 光束の密度を調節する *219* ／15.1.3 照射時間を調節する *220*

15.2 光を分岐する …………………………………………………………221

15.2.1 透過・反射特性を利用する *221* ／15.2.2 回折特性を利用する *222* ／15.2.3 導波特性を利用する *223*

15.3 光を分光する …………………………………………………………224

15.3.1 屈折を利用する *224* ／15.3.2 回折を利用する *225* ／15.3.3 干渉を利用する *226*

15.4 光線を走査する ………………………………………………………227

15.4.1 面内で走査する *227* ／15.4.2 光軸方向に走査する *228*

15.5 波長や周波数を制御する ……………………………………………229
 15.5.1 非線形光学効果を利用する *229* ／15.5.2 音響光学効果を利用する *230*

15.6 偏光状態を制御する …………………………………………………231
 15.6.1 偏光素子 *231* ／15.6.2 補償素子 *232* ／15.6.3 液晶素子 *233* ／15.6.4 電気・磁気光学素子 *234* ／15.6.5 フォトニック結晶 *235*

15.7 位相を制御する ………………………………………………………236
 15.7.1 光路長を制御する *236* ／15.7.2 その他の位相制御 *237*

16 よい画像を得る ……………………………………[圓谷寛夫]…239

16.1 人間の眼の光学的スペックを知る ………………………[髙橋嘉裕]…240

16.2 撮影レンズを選ぶ ……………………………………[加藤欣也]…241
 16.2.1 画像のゆがみ *241* ／16.2.2 テレセントリックレンズ *242* ／16.2.3 マクロレンズ *243*

16.3 カメラを選ぶ ………………………………………[種村　隆]…244
 16.3.1 カメラの仕様の読み方 *244* ／16.3.2 CCD 素子の特徴 *245* ／16.3.3 CMOS 素子の特徴 *246*

16.4 光源選びの注意点を知る ……………………………[中島康晴]…246

16.5 光学顕微鏡を使う ……………………………………[富岡　研]…247
 16.5.1 光学顕微鏡の概要 *247* ／16.5.2 顕微鏡の用語解説 *248* ／16.5.3 顕微鏡各部の名称と種類 *249* ／16.5.4 各種観察方法 *251*

16.6 高速現象を撮影する …………………………………[安藤幸司]…253
 16.6.1 高速度カメラの種類と使い方 *253* ／16.6.2 ストロボ撮影の機材と手法 *255* ／16.6.3 高速度撮影と現象の同期 *257*

16.7 暗いものを撮影する …………………………………[種村　隆]…259
 16.7.1 高感度カメラの種類と使い方 *259*

16.8 広い範囲を撮影する …………………………………[髙木　誠]…261
 16.8.1 ラインセンサ *261* ／16.8.2 スティッチング *262* ／16.8.3 焦点合成 *263*

16.9 画像処理でできること ………………………………[山口雅哉]…264
 16.9.1 画像処理のソフト *264* ／16.9.2 画像処理で便利な方法 *265*

16.10 画像記録法を知る ……………………………………[種村　隆]…266
　　16.10.1 デジタル画像の取り込み　*266*　／16.10.2　記録フォーマット　*267*

Ⅲ　付　　録

17　安全に光を使う ………………………………………[立川　仁]…271

18　単 位 を 知 る ………………………………………[立川　仁]…275

編集委員会後記 ………………………………………………………277
索　　引 ………………………………………………………………279

I 光学測定

1　光自体を計測する

　光は物質から物質へ力を伝える素粒子であるから，物質から情報を得たり，物質に変化を与えたりするのに，これほど直接的なツールはない．特に可視光は安全で身近な計測ツールであり，人は日々多くの情報を光から得ている．

　本章のタイトル「光自体を計測する」とは多少奇妙な言葉であるが，以下の二つのことを伝えたいので，この章を設けている．

　まず一つ目は，計測に用いる光の，エネルギー，波長，時間形状，偏光，発光パターンなど「利用する光自体の物理量や特徴を測る方法」を知っていただきたいことである．

　蛍光を測定するとき，励起光の波長やエネルギーを知らずに情報は得られないし，レーザ照射で反応をみるとき，レーザの発振形状を測らずによい結果が得られるとは思えない．まず実験に先立って，使う光の素性をはっきりさせることの重要性を知っていただきたい．

　もう一つは，光を用いた計測の多くが，「受光した光自体を，よりよく数値化する」努力から始まることを，よく認識していただきたいことである．

　長さを測る干渉計も，微量成分を測る分光分析器も，カミナリのような放電現象の撮影でも，まず光量や光量分布を求めるところから計測が始まっている．計測の初段の重要性をもう一度確認していただきたい．

　このように光自体の基本量や特徴量を測るところから，計測は開始されるのである．

　本章では，まず1.1節で「光量を電気信号に変える素子」を取り上げ，光電現象を利用した多くのセンサのうち，フォトダイオード，光電子増倍管，熱電効果などについて特徴や選択使用時の勘所を概観する．

　次に，1.2～1.4節で，波としての光の最も重要な量である「波長・波長幅と周波数」についての計測手段を紹介する．このとき，回折格子やエタロンは重要なキー部品であり，それらの原理・特徴を実感することは，光計測の入門に欠かせない．読後はそれらを使った数々の測定法の詳細へと興味を進めてほしい．

　さらに具体的な計測では，光量の時間変化や偏光の特性を知る必要が生じる．光量変化は多くの研究で課題となるが，電場の振動そのものに近いフェムト秒から，環境や天文といった時間～年オーダーまで，広い範囲での計測技術が求められている．偏光も光学計測のあらゆる側面で現れる重要な課題であり，偏光現象の特徴と代表的な素子を知らなくてはならない．このような思いで1.5節，1.6節を記してみた．

　光とは，狭義には可視光を思い浮かべることが多いだろうが，直流電場からγ線まで広く光子のファミリーであることはご存知のことだろう．1.7節では可視光以外のセンシングについて概観するため，最近進展の著しいTHz光のセンシングを始め，赤外線，紫外線，X線について触れた．

　最後に1.8節，1.9節では，光源である発光体の評価や，レーザの品位を計測することの重要さを知っていただくため，光源やレーザの分布の評価手法を中心に，入門的記述を記した．

1.1 光量を測る

　光量を測るセンサを選ぶとき，測定する光の「時間」「波長」「空間」の三つのパラメータがどの領域にあるのかを，最初に吟味する必要がある．

　(1) 時間軸　まず時間軸だけでも，次の三つのケースがある．

　① 光の平均エネルギーを測りたい場合．たとえば連続レーザの出力や，日向の明るさなどを問題にするときは，秒程度のかなり長い時間の平均値を測ることになる．ここでセンサに望まれるのは，応答時間が速いことではなく，光量分解能や安定性，測定機器間の差の少なさなどである場合が多い．この分野では半導体素子以外に，光を熱化して温度測定する方式がよく用いられる．

　② パルス発光のエネルギー（ジュール数）を測りたい場合．たとえばパルスレーザのパルスごとのエネルギーばらつきを測る，カミナリ放電の明るさを測るといった場合である．パルス内の光量時間変化は不要だが，パルスのもつ総エネルギー量は誤差少なく得ることが望まれる．感度変化や原点変動の少ないセンサが必要とされる．フォトダイオードや速い熱型計測方式が使用される．

　③ 時間波形（ワット数の瞬時値）が必要な場合．たとえばナノ秒パルスレーザの発振波形や，入射光と蛍光の時間差をみたい場合などである．この場合には1データ当たりに入射するフォトンの数も減り，高周波回路に要求されるスペックも高くなるため，S/N比や安定性などは徐々に得にくくなる．フォトダイオードの高速なものや，光電子増倍管，ストリークカメラなど速度スペックが強化されているセンサが用いられる．

　光量を測る場合は，このようにまず目的に照らして，どのケースなのかを判断し，必要S/N比や時間分解能を吟味しながら，センサと周辺機器を選ぶこととなる．

　(2) 波長軸　また，波長軸についても，センサの種類ごとに大きく感度が異なるため，注意と知識が必要である．波長ごとの感度補正が必要なことは，多くの光量測定原理の宿命である．また，赤外線を透過するシリコンで製作した素子で，赤外線が測れるか，普通のガラス窓を通して紫外線が測れるか，というような基礎的な疑問は，終始考えておく必要がある．

　(3) 空間軸　さらに空間軸でも，計測対象が「面積あたりの光量」なのか，「レーザビームの全エネルギー」なのか，「エネルギーの分布プロフィール」が問題なのか，などを判断して，空間分解能や測定サイズを決めなければならない．

　また，実際に使用する場合，回路技術も重要であり，信号伝送路のインピーダンスやカプリングなども検討課題とする必要がある．さらに測定期間を決めるトリガー系などの作りこみ方法も重要な要素である．エネルギーの交流成分（変化分）だけの測定でよい場合があることも注目しておかなければならない．

　なおここでは，単体素子の解説のみを行い，CCDなどのアレイセンサについては16章で行う．

1.1.1 フォトダイオード

フォトダイオード（photodiode：PD）は，スペックや形状にバリエーションが多く，価格も比較的安価であることから，紫外〜近赤外光の計測にあたっては，まず利用を考えるべき光センサである．CCDやCMOSセンサ，太陽電池などフォトダイオード系のセンサは非常に広い工業応用が実現されている．

半導体のPN接合部に光を照射すると，フォトダイオードでなくても，光起電力のためノイズ出力を示す．このため通常の半導体は不透過の材質でパッケージングされているが，フォトダイオードは効率的にPN接合部へ測定光を導入する構造となっている．

フォトダイオードの感度は，ダイオードのPN接合付近に入射した光が生む電子の量で決まるため，ダイオード受光面が大きいほど出力は大きくなる．

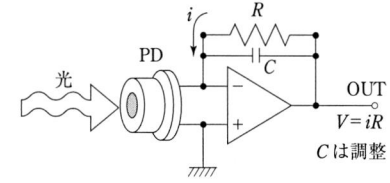

図1　オペアンプ回路の例

入射光量に対して流れ出す電流は6〜7桁以上の範囲で線形性をもつため，電流電圧変換を行う回路の特性も重要になる．簡易な方法として図1に示すようなオペアンプ回路が多用される．オペアンプのスペックは利用目的に則して選択するが，課題になるのは周波数特性である場合が多い．

応答速度は，PN接合部の容量成分が主に寄与するため，受光面が小さいほど周波数特性はよくなる．速度面を改善するためには，PN接合面に真性半導体層を設けたpinフォトダイオードに逆バイアスをかけて用いることで，容量を減らすと高速化が期待できる．出力面を改善するためには，逆バイアスで電子なだれを発生し電流量を増幅するアバランシェ・フォトダイオード（APD）の選択を考える．pinやAPDの場合には図2のようにバイアスTブランチ回路を用いて直交流分離を行う場合もある．

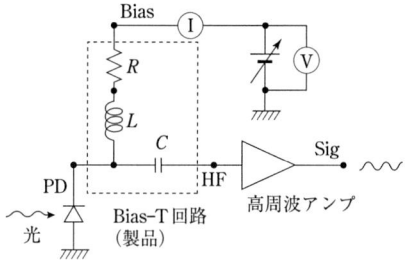

図2　バイアス回路の例

使用上の他の注意として，波長による感度の差，温度によるAPDの増倍率の差などを検討しなくてはならない．

高度な利用においては以下のような課題がある．①フォトダイオードの内部インピーダンスは光電流量により少し変化するため，干渉信号の位相など応答速度に敏感な項目の測定には，あらかじめ出力特性と応答速度を校正しておくなどの配慮が必要である．②感度や応答性に受光面内の分布が若干あるため，受光面内の大部分に光が平均して当たるような光学配置が望ましい．③室温変化などの使用環境も考慮すべき場合がある．また，④窓材が測定波長を通す材質であることは確認すべき項目である．

1.1.2 光電子増倍管

フォトダイオードが半導体内部での光現象である光起電力を用いて光量を計測するのに対し、光電管は真空管内に設けられた光電効果の起きやすい面（光電面）で受光し、発生した光電子による電流を計測する。短パルスレーザなど強い光の時間波形を計測する場合には増幅は必要ないが、分光など微弱な光を計測する場合には、電子数を増加させる二次電子増倍部（ダイノード）を多段設けた、光電子増倍管（photomultiplier tube：PMT, フォトマル）を用いる。

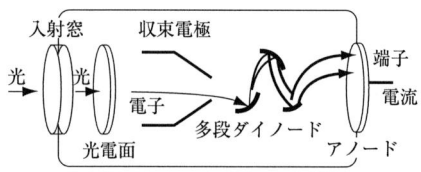

図1　光電子増倍管原理図

元々は光電効果の起きやすい紫外線寄りに感度が大きい製品が中心であった光電子増倍管は、光電面の開発が進み、真空紫外域から近赤外領域へと利用範囲を広げている。また複数の金属を用いて、一つの光電子増倍で広い波長範囲に感度をもつものも現れている。

光電子増倍管のメリットとしては以下の点がある。
・製品の選択肢が非常に広い
・増幅度が大きく（6桁前後），1フォトン測定にまで及び，光子計数法（フォトンカウンティング）が実施できる
・受光面が大きく散乱光測定や，広がりの大きな対象を測る光学系への対応が容易である

反面、使用に際しては以下の難点を考慮する必要がある。
・劣化など経年変化がある
・温度、磁場などの影響がある
・ガラス製品であるので取扱いに注意すること
・電源回路には若干の知識が必要である
・測定の履歴現象がある

特に変調光やパルス列のような繰り返し信号の計測には、時間応答が上昇・下降非対称なこと、電子走行が広がり時間をもつことや入力に依存するノイズがあることなどが、相関の定量やパルス位置演算などに支障がないかどうかの吟味が必要である。

これらのリスクを軽減するため、回路やハウジングが一体化された製品も市販されている。電子冷却して熱電子を減少させる手法、磁場をシールドする手法などもあり、目的に合わせて設定する。

選択に際しては、受光形式（サイドオン，ヘッドオン型），波長感度（光電面の種類，窓材料），最大定格，リニアリティ範囲，時間応答（上昇時間，走行時間のばらつき），受光面サイズ，受光面内の感度均一さ，感度のヒステリシス，暗電流，アフタパルスの有無など詳細な比較検討が必要である。

光電子増倍管の類似物として、増幅部をもたず、高速パルス検知に特化した構造のバイプラナ光電管、電子増倍部をアレイ化しイメージの増幅を可能としたマイクロチャネルプレート（MCP）とそれを利用したイメージインテンシファイア（II）がある。また他方式の管であるが、原子の分光センシングには、中空陰極を利用した低圧放電管であるホロカソードランプを利用する手法もある。

1.1.3 熱電効果と焦電効果

　光が容易に熱化することは，熱源から赤外線や可視光が放射される現象の逆であり，暖房機器などを連想すれば実感できるであろう．

　連続光レーザなどのワット数測定は，時間分解能はあまり高くなくてよく，測定値の不確かさを低減することが中心課題である場合が多い．特に計測機器間での測定値の機差や，事業所間での出力の校正などで，不確かさは大きな問題となる．

　光を熱に変換してカロリメータ方式で発生熱量（温度）よりエネルギーを計測するという手法は，一見，半導体素子や光電効果の類を用いて電子計測を直接行う方法に比べて劣るように思われる．しかしレーザにより発生するセンサ部の熱と比較する基準をセンサ部と同じ形状の基準発熱体などとすることで，再現性や安定性が得やすい構成が可能である．また光量を光センサの測定可能レンジに合わせて減衰させるなどという不安定な外乱を加えなくても直接全光量を入射させて測れる場合が多いため，測定値の信頼性が高いものとなる．

（1）サーモパイル　熱電対は異種金属を接合したときに，接合点間の温度差によって生じる熱起電力（ゼーベック効果）を用いて温度計測を行う．レーザを照射した部位の温度上昇を熱電対で計測すれば，レーザの平均エネルギーを計測できる．しかし，熱電対は一般的に起電力が小さいので，ゲインを得るために複数本直列に配線したものを製作し，均等に光を吸収しやすいパネルに設置したものがサーモパイルである．

　熱測定であるため波長依存性は元々小さ

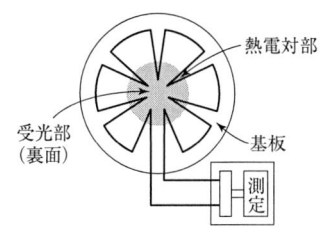

図1　サーモパイル

いが，レーザ照射部の構造や材料を測定対象の波長や出力に適応させることも可能である．MEMS（Micro Electro Mechanical System）技術を展開して小型化も試みられている．

（2）焦電素子（パイロ素子）　強誘電体などは，普段は見かけ上中性でも，温度変化により自発分極が変化する焦電性をもつため，変化した電荷量を計測すれば，温度の変化を高速に知ることができる．

　これは人体検知などの赤外検出機器に多用されているほか，レーザ測定用の熱量計の原理として用いられる．

　ただし，定常に達すると，もはや電荷を供給できないため，CWレーザのパワーなど長い時定数の測定には直接利用できないので，パルス化するチョッパとともに用いられたり，短パルスレーザの1ショットのエネルギー量測定などに利用される．繰り返し周波数は10 kHz程度までの製品がある．

1.2 波長を測る

炎を分光して輝線をみつけ,新しい元素を発見することが最先端の科学であった時代から2世紀近くの月日が流れても,光を試料に当てて,そこから出てくる光を分光したり,遠い星々からやってくる光のスペクトルを観察したりする行為は,いまだ科学の花形でありつづけている.光の波長を測ることが,物質の電磁場特性を知る上で,なくてはならない普遍的な行為である証でもあろう.

周波数と波長は,単位時間あたりの振動の異なった表し方であるから,本来どちらか片方だけの計測法で十分なはずである.ただ光の場合,基準速度の定義が9桁であるのに対して,振動数が15乗程度であることからも想像がつくように,上位側の差を考えるときには粗く波長で考え,小さい差が必要な場合には周波数で観察した方が比較しやすい.このため,周波数と波長という2系統に分かれた計測が存在するという面がある.

たとえば水素原子のs軌道とp軌道のエネルギーの微小な差(ラムシフト)を観察するために,当初は分光器の利用が試みられていたが,ラム(W. E. Lamb)らは当時最新技術であったマイクロ波を用いることにより,エネルギー差を計測し大発見の名誉を得た.この例などは周波数で測るか波長で測るかという考え方の差としてみることができるだろう.

さて波長を測るためには,波長に依存した分散現象を起こす素子が必要である.分散性をもつ現象があれば,それを用いて光を波長ごとに分割して計測する「分光器」が構築できる.

よくみかける光の分散現象は「屈折」による虹色の発生であるが,これはガラスを用いた「プリズム」として素子化されている.また「回折」は,CDの記録面が虹色に輝く原因であるが,物の形状と光の波長の相関が光の進行方向を変化させる現象で,「回折格子」は分光器によく用いられている.「干渉」はシャボン玉や油膜が虹色に見える薄膜の干渉をよく目にする.マイケルソン干渉計など2光束の干渉を利用したのが「フーリエ分光法」であり,多数回の干渉(多重干渉)を利用したものが「ファブリ–ペロー干渉計」である.また「レンズのコーティング処理」なども,多重干渉の類である.

分光器の分解能(δ)は,計測波長(λ)でどれだけの波長差($\Delta\lambda$)を読み取れるかの尺度であり,通常

$$\delta = \frac{\lambda}{\Delta\lambda}$$

の形で表す.

分光素子の原理によらず,分解能がよいほど,分散による光の時間広がりで,計測時刻の分解能は悪くなる.これは時間の分解能と引き換えに,エネルギーの分解能を得ているという分光学の基本部分である.

たとえばプリズムは,赤い光と青い光で光路長が異なる.また回折格子は格子面の広い範囲を使うことにより回折光の指向性が向上するが,その代わりに時間幅が広がる.ファブリ–ペロー干渉計は,干渉計の中に光を閉じ込める平均時間が長いほど分解能が向上する.

1.2.1 プリズム

プリズム（prism）は最も知られた分散素子であるが，分光のみに用いられるわけではなく，全反射を用いて，ミラーのように光の進む方向を変更するためのものや，偏光を制御するためのものも一般的である．また，プリズムを分光計測に利用するのではなく，逆に，ガラス試料の分散特性を評価するために，材料をプリズム形状に加工して測定することも多い．

ここでは，プリズムの分光作用についてのみ説明する．

プリズムの原理は直感的であるが，回折格子や干渉方式の分光が装置形状により分散性を決めるのに対して，プリズムはガラス材の屈折率自体が性能を決めるため，特性は複雑となる．

プリズム分光のメリットは以下の二つが大きい．

① 回折や干渉と違って，ある波長の分光された光は，一つの方向にのみ射出される（回折や干渉の次数の分離問題がない）．

② 天体など平行光群の像の分光の場合，入射光のほとんどが測定に利用できる．

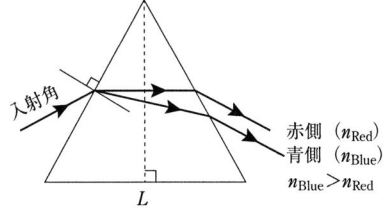

※実際には，光は面全体を通ることに注意．

図1 プリズムの分光

プリズムの波長差分解能の計算は，屈折率の変化率 $dn/d\lambda$ とプリズムを瞳とした

ときの大きさに比例し，計算はやや複雑であるが，二等辺三角形のプリズムを入射と射出がほぼ対象になる配置で用いた場合，光が通る底辺側の長さを L として

$$\frac{\lambda}{\Delta \lambda} = L \frac{dn}{d\lambda}$$

と表される．これは，光を広く使って光が通過する時間を延ばし，その代償として波長分解能を得ていると考えることもできる．

プリズム利用分光を光学機器に組み込むとき支障を来たすことは光の進行方向が変わってしまうことであるが，この欠点を補う製品が直視プリズムである．一般的には，使用波長での屈折率がほぼ等しくて，分散（アッベ数）は異なるプリズムを組み合わせれば実現できる．多く用いられるのは，クラウンガラスプリズムにてフリントガラスプリズムを挟んだ構造である．これらを直列に組み合わせることによりさらに高分散を実現する例もある．

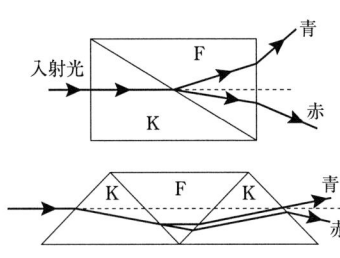

K：クラウンガラスプリズム
F：フリントガラスプリズム

図2 直視プリズムによる分光の原理

1.2.2 回折格子

DVDなど光利用ディスクの記録面に蛍光灯を反射させて眺めると，虹色に分光された蛍光灯の歪んだ像が見える．これは記録面にほぼ周期的に形成された，ランド/グルーブという情報記録制御のための構造が μm 程度のピッチで同心円状に並んでいるので，光が波長ごとに違った方向へ回折されることによる．

この回折を利用した分散素子である回折格子（diffraction grating）は，多数の溝などで構成された光学的周期構造による回折波を重ね合わせることで，回折光を指向性よくつくり出し，波長の違いによる回折方向の微小な差を検出しやすくしている．

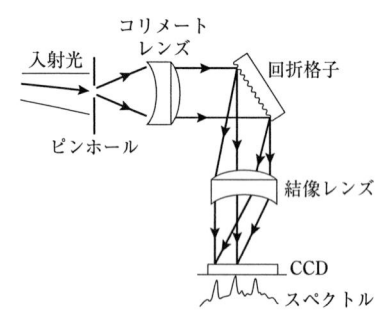

図1 回折格子分光器の例

図1は最もシンプルな分光器の配置である．ピンホールで切り出された信号光が，前側レンズ系でほぼ平行光になり，回折格子で波長ごとに違う方向に分散され，後側レンズ系で波長ごとに結像されて，画像センサ（CCDなど）にスペクトルとして映し出される．可視域以外では，CCDのような1〜2次元の撮像素子が手に入らない場合もあるので，そのときはその波長用のセンサを設置し，回折格子かセンサ部を走査してスペクトルを得ることになる．

光源が元々ほぼ平行光であるレーザや，天体望遠鏡などである場合には，ピンホールやスリットは不要であるが，入射光の大きさは回折格子のサイズにあらかじめ合わせておく．

スペクトル像として映し出されるのは，波長ごとにスリットの像を重ね合わせたものであるから，スリットは狭いほど観察される像はよくなる．しかし光量が減少するので，回折格子の分解能や，レンズの焦点距離によって決まる1画素あたりの波長差とカメラ側の性能のバランスをとる必要がある．レンズ系は波長依存の収差や歪が少なく，広い波長範囲を結像する必要があるため，通常は放物面鏡などの反射鏡を用いる．またスリット面での光強度分布まで詳細に得たい場合（イメージング分光）には，レンズ系の収差をさらに抑える必要がある．撮像素子は場合によっては時間オーダーの蓄積が必要になる場合もあり，雑音や素子サイズに配慮して選択され，場合により冷却される．

このような系では，回折格子の性能は，測定光を分散する量と，測りたい波長の分解能で決まることの数式を追ってみる．

分散の方向は，光の波長と，溝のピッチで決まり，図2のように入射角 i，回折角 θ，波長 λ，溝ピッチ D をとると

$$D(\sin i - \sin \theta) = m\lambda \quad (1)$$

となる．この式（1）は，「隣り合う溝から発した回折波どうしの光路差が，ちょうど波長の整数倍になって，強め合う角度 θ はいくらか？」を求めている．

ここで m は次数と呼ばれる整数で，$m = 0$ の場合は，光路差なしで，分光されない透過（または正反射）成分を表し，通常0次光と呼ばれる．$m = \pm 1$，± 2，…と順次高次の回折光を表現している．

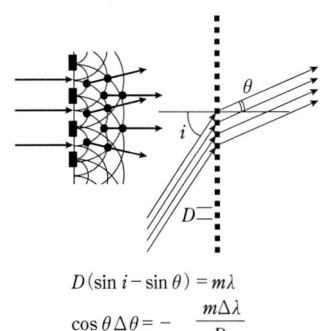

$$D(\sin i - \sin \theta) = m\lambda$$
$$\cos \theta \Delta \theta = -\frac{m\Delta\lambda}{D}$$

図2 回折格子光路差図

反射の場合，θ は法線を0度軸とし，入射に対して正反射側の正眼を $\theta < 0$，入射側の正眼で $\sin \theta > 0$ にとることとして，m の正負も決定する．

この回折格子の分散能力は，波長 λ と回折角 θ の変化関係をみればよく，式(1)を i, m, D 一定の条件で微分してみると式(2)のようになる．

$$\frac{\Delta \theta}{\Delta \lambda} = \frac{-m}{D \cos \theta} \quad (2)$$

これで，$\Delta \lambda$ の波長差が，$\Delta \theta$ の角度差に回折されることがわかる．

焦点面での位置差 Δx は，近似的には結像レンズの焦点距離 f に $\Delta \theta$ をかけたものになり，これが装置の波長あたりの分散能力を示すことになる．

$$\Delta x = f\Delta\theta = \frac{-f\Delta\lambda m}{D\cos\theta} \quad (3)$$

分解能を表す数式は本書のレベルを越えるので結果のみを式(4)に記すが，たくさんの溝からの回折波を重ね合わせるほど，干渉により波長のピークがしっかり立つのは直感的であろう．

$$\frac{\lambda}{\Delta \lambda} = m \times N \quad (4)$$

ここで，N は実際に利用している格子の本数である[1]．

回折格子の種類と発展[2]

製造技術の進歩と相まって，回折格子の種類も増加してきた．

まず，一つの次数に回折光量を集中するため，反射面の角度を回折光に一致させるなど，溝形状の最適化が行われている（ブレーズド回折格子）．

また，幾何光学的特性の改善のため，球面や非球面上に格子を形成したり，不等間隔に格子を刻む技術も進展した．

レーザ出現以前，回折格子は精密機械加工で刻線することで製造していたが，光学技術が進み，干渉や露光で周期構造を形成することが可能となったため急激に選択肢が増加した（ホログラフィック回折格子）．当初は正弦波形状だけだったホログラフィック回折格子も次第に任意形状の製作に進展しており，機械加工品と同等の機能を付加することができるようになっている．

1.3 波長幅を測る

波長を測定する手法は,原子の共鳴線などを使った測定など特殊なものを除けば,ほとんどの原理が相対測定であり,「波長」の測定と「波長幅」の測定には原理的な差異はない.

ここでは,波長測定とは別に,波長差測定を1項設ける理由について概観しておく.

波長幅もしくは波長差を測ることは,光学で普遍的に行われる.たとえば,レーザ光の発振波長の幅(「線幅」と称することが多い)を測ることは,コヒーレンスの評価や分光利用でしばしば必要である.

また,たとえば未知の波長の光とHe-Neレーザ光との間の波長差を計測できれば,未知の光の波長を決定できる.多くのスペクトル測定も,基準波長を設けて,その基準波長に対して,波長差を横軸にとったときの強度分布を求めている場合が多い.

このような手法が存在するのは,絶対値計測を行うために,多くの分散素子において原点となる何かの基準が必要であることを反映している.また多くの分散素子は,限られた範囲しか高精度に測定できないため,測定波長の近くに,基準となる波長が必要であるということでもある.

1.3.1項で述べるファブリ-ペロー干渉計(FPI)は代表的な分散素子であり,分解能とダイナミックレンジ(「自由分散域」に相当)の比(「フィネス」程度に相当)があまり大きくとれない装置である.ファブリ-ペロー干渉計において,ある未知の波長λにおける干渉式は,未知のミラー間隔を$D(\lambda)$として

$$2D(\lambda)\cos\theta(\lambda) = m(\lambda)\lambda$$

の形をしている.$D(\lambda)$が波長の関数なのは,複素屈折率が波長の関数であることによる.

既知の波長λkを用いて測定波長λの測定を考えたとき,θが測定できても,$D(\lambda)$, $D(\lambda k)$, $m(\lambda)$, $m(\lambda k)$は未知であり,連立方程式は変数の数が多すぎて解けない.

このとき,種々の仮定を設けて,未知数を減らす.最も素朴には,次数mがλとλkで同じであると仮定でき,$D(\lambda)$の変化も少ないと見積もれるときには,連立方程式は解ける.また,未知数λの概略の予想値Λが別の方法で,ダイナミックレンジの1/4程度の誤差で求まっていれば,数値計算でλを追い込むこともできる.

レーザ光の線幅を計測したり,スペクトルの超微細構造を計測するような,分解能ギリギリの使用法の場合には,上記のような問題よりは,波長差測定の系統誤差や分解能をいかによくするかに終始する場合も多い.

このように,波長差測定には分光器をそのまま使うのとは若干異なった,ノウハウがあることがわかる.ここでは,代表的な波長差測定手法のファブリ-ペロー干渉計と,フーリエ分光法について説明する.

1.3.1 ファブリ-ペロー干渉計

ファブリ-ペロー干渉計（Fabry-Perot interferometer：FPI）は，干渉を利用した分光素子として高解像度分光などに使われているが，シャボン玉が虹色に見えるのと同様な原理を用いている．すなわち，平行に対向配置で置かれた高反射面のペアを，光が多数回往復反射するときの多重干渉効果により，透過できる角度が波長ごとに異なることを利用している．

したがって，ファブリ-ペロー干渉計を透過した光が，どのくらいの角度に広がっているかを測定すれば，波長差や波長線幅が計測できる．

鏡面素子を向かい合わせた機械式のものをファブリ-ペロー干渉計，平行基板の両面に高反射膜を施した固体型のものをエタロンと呼ぶ場合が多いが，干渉計としての原理は同等である．また，基本原理が類似のものとして，干渉フィルタや，レーザの共振器の分野もあげられる．

図1に基本的な構成を示す．

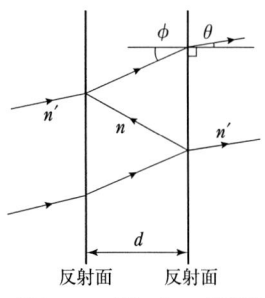

図1 ファブリ-ペロー原理図

このようなファブリ-ペロー干渉計では，散乱光を入射すると，干渉縞は非等間隔の同心円状になる．この配置で，無限遠でどの光路が干渉するのかに注意して，干渉式をつくると

$$2nd\cos\phi = m\lambda \quad (1)$$

となる．ここで，d は反射面間機械寸法，n は反射面間屈折率，n' は反射面外側の屈折率，θ は $n' \Rightarrow n$ への入射角，ϕ は $n \Rightarrow n'$ の入射角である．このとき，m は反射回数1回あたりの光路差が何波長分ずれた干渉かを示す負でない整数で，干渉の次数と呼ぶ．

この式(1)において，m が大きいほど ϕ は小さいことに注目することが必要である．すなわち，中心部の光が最も次数が高い．

多光束干渉の透過率 T を等比級数で求めると，1面の反射率を R，1往復の位相差を δ，$F = 4R/(1-R)^2$ と定義したとき，

$$T = \frac{1}{1 + F\sin^2\frac{\delta}{2}} \quad (2)$$

となる．得られる最小のスペクトルの半値全幅を光の位相差で表した値を ε とすると，ε が小さい場合，ε と 2π の比が，次数の隣りあう干渉縞の間で，スペクトルをだいたい何分割できるかを示す尺度となり，「反射フィネス」と呼ぶ．すなわち

$$\mathscr{F} = \frac{\pi}{2\sin^{-1}\left(\frac{1-R}{2\sqrt{R}}\right)} \fallingdotseq \frac{\pi\sqrt{R}}{1-R} \quad (3)$$

また，干渉式(1)の ϕ と λ の微分関係より，λ が同じで1次違う干渉縞と同じ ϕ になってしまう波長差は

$$\text{FSR} \fallingdotseq \frac{\lambda}{m} \fallingdotseq \frac{\lambda^2}{2nd} \quad (4)$$

となる．これは単純に測れる波長差の最大値を示し，自由分散領域（free spectral range：FSR）と呼ぶ．

また，反射フィネスは理想平行平面による場合の分解能を示す理想値であるため，実際には平行度，平面度，表面粗さなどに大きく依存する．簡単な分光系でも，1秒の平行度と，$\lambda/\mathscr{F}$より数倍よい平面度が必要である場合が多い．

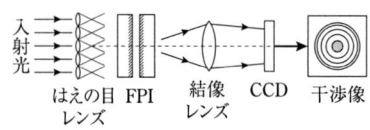

図2　ファブリ－ペロー計測配置

計測は，図2のように，必要散乱角に合わせた散乱素子で発散角を調整したあと干渉計に導き，結像レンズ焦点にリング干渉縞を発生させる．干渉縞は適当な撮像素子で受光して画像処理するのが一般的である．

この散乱素子に，散乱性に位置の依存性があるもの，たとえば凹レンズなどを用いると，反射面の局所的ばらつきがリング形状に反映するので好ましくないが，線幅を推定するだけに用いるなら，むしろ見かけ上のフィネスが上がって見やすい場合もあるので，目的に応じて選択する．

通常は，得られた干渉縞の幅が自由分散領域の何%であるかを求めて，線幅とする．ただし分解能に近い線幅では，フィネスの値による広がりの影響の誤差が大きくなる．この場合には，あらかじめ十分線幅の狭い基準光にて応答関数を求め，デコンボリューション処理を施す場合が多い．

また，線幅や波長差をより高精度に求める場合には，干渉縞が非等間隔であることや，円形であることを十分考慮した上で，フーリエ変換やアーベル変換などの画像信号処理をすることが求められる．

長所として以下の点が挙げられる．

・性能の設計や検証が比較的容易であるため，波長線幅や微小な波長差の同定に向く．
・光源サイズと散乱角度の両方の広がりに設計が対応できるため，自然光や散乱光の測定との相性がよい．
・フィネスと自由分散領域という二つの分解能パラメータがあるため，性能設計が容易である．したがって，光学製造技術でほぼ性能が設定できる．
・ピエゾ素子などの微小走査技術と相性がよい．気圧を変えることも等価的に波長走査することに応用できる．

また短所として考慮すべき事項は以下の点である．

・波長の絶対値計測には，何かしらの原器校正手段が必要である．
・膜製造，平面度加工，微小表面粗さ加工など，製造に高精度加工技術が必要である．フィネスの限界は加工精度によるため，分解能を高くしても，分解能と自由分散領域の比を大きくとれない場合が多い．また，大きな瞳を得ることにも限界がある．
・干渉計内に光が留まる平均時間がフィネスとFSRの比を決めるため（当然ではあるが）超短パルスの分光に用いることは困難である．
・内部に光エネルギーが蓄積されるため，使う光の数十倍のエネルギーに耐久できる膜設計が必要である．
・レーザなど指向性のよい光に対しては，測定に適した広がり角度に散乱させる必要がある．

1.3.2 フーリエ分光法

スペクトルがプリズム分光のようには直接肉眼で見られなくても，光の周波数と強度の関係情報をもつ信号がつくり出せて，その信号を解析した結果からスペクトルと同等の情報が得られるのならば，問題はないはずである．このような考えで，信号に干渉計の光路差と干渉の強度の関係を用い，解析手法に数学のフーリエ変換を用いたのがフーリエ分光(Fourier spectroscopy)である．

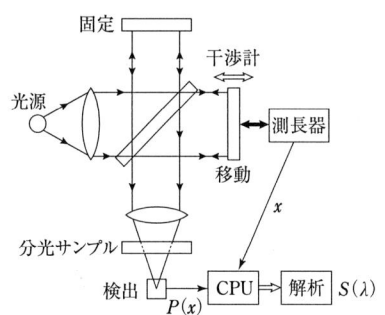

図1 マイケルソン形式のフーリエ分光

図1のようなマイケルソン干渉計において，測定すべきスペクトル波形を$S(\lambda)$，ある場所での光路差をxとすると，波長全域の干渉出力$P(x)$は形式的に[1),2)]

$$P(x)=\int_0^\infty S(\lambda)\cos\left(\frac{2\pi x}{\lambda}\right)d\lambda \quad (1)$$

となる．これはフーリエ余弦変換の形をしているので，逆変換すれば$S(\lambda)$が求まる．

この手法は，入射光束全体を捨てずに広い面積・角度の光を用いて干渉計測するために信号強度が大きく，天体観測や小信号のサンプル計測にたいへん有利である．

光路差の測定範囲（解析範囲）は実際には無限にまではとれないが，分解能は走査範囲に比例してよくなる．走査精度も解析結果に反映するため，走査距離を測長器などで精密計測する機構を設ける場合が多く，また走査ノイズの問題は，分解能が要求される短波長側の方が不利になる．

広い帯域を測る場合には，分割鏡やミラーなど干渉計構築部品の波長依存性が少ないように配慮しなくてはならない．

フーリエ分光法は，コンピュータの高速化と低価格化を受けて装置も一般化した．フーリエ変換自体以外に各種補正や制御にもコンピュータ利用の効果が及んでいる．

主な関連技術として以下のものがあげられる．

・フーリエ変換型赤外分光(FT-IR)　フーリエ分光が適した赤外域でこの手法を行うのがFT-IRである．赤外線は分子の振動・回転準位が顕著に現れる帯域であり，材料や異物解析に多用されている．赤外ランプの光を，干渉計を通してから対象に照射して，反射または透過をMCT（HgCdTe）など赤外に感度が高いセンサで受光する．顕微鏡タイプ，画像タイプなどが開発されている．

・全反射測定法(attenuated total reflection：ATR)　表面の吸収スペクトル測定のため，全反射する配置に設定された結晶表面上に対象を置き，多数回反射させて高感度に計測する手法．平面材のほか，粉体や液体にも用いられる．

・反射吸収法（reflection absorption spectrometry：RAS)　金属面上の膜など偏光特性の大きい測定対象へ浅く斜入射で光照射を行い，対象内部に長く進入した光を分光して，高感度計測をする手法．

1.4 周波数を測る

1.4.1 光周波数のトレース

光速は定義により一定であるから，光の周波数を厳密に計測できれば光の波長も原子時計程度の精度で決定でき，干渉計測など光波長基準の測定の確かさは格段に向上する．しかし，光の周波数を直接測ることは，10^{15} Hz 程度の超高周波計測であり，しかも測定すべき帯域が中心周波数と同程度の広がりをもつことから，非常に難度が高く，ラジオ波のような直接電子計測できるものとは様相が異なる．

ラジオ波を音声に変換する途中で，入力周波数によらず一定の中間周波数に変換し，安定な検波を実現する手法にヘテロダイン方式がある．一般にヘテロダインは入力信号 (x Hz) と，別の周波数の信号 (y Hz) をミキサ回路（電気信号の場合）や非線形光学結晶（光の場合）を用いて乗算し，相対強度や位相差を保存したまま，$x \pm y$ Hz の出力を得る手法であり，乗算作用を有する素子があれば実現できる．光の周波数を計測する場合も，従来は電場や光自体に，このヘテロダイン方式を用いて比較測定しやすい周波数に変換する方式がとられてきた．しかし，光の周波数では，基準となる安定した信号源が得にくい．それは一見安定して発振しているレーザも，GHz 程度の周波数変動を，普通はいつも起こしているからである．

このような課題のため従来は，多くの安定化レーザを用いてヘテロダイン変換を繰り返して合成した周波数を用いて，光源の周波数を決定していた．このため，先進国の国家標準研究施設などでしか，このような大規模な測定は行えなかった．そこで，一つのレーザで物差しとなるような構成が求められてきた．その答えが光コムの利用であった．

光周波数コムは，広帯域のレーザを正確に時間パルス列化して等間隔の周波数の光束としたもので，ちょうどクシ歯 (comb) の目盛のような状態で等間隔の周波数をもつパルスを得ることができる．数学的には，時間軸上の無限等間隔パルス列のフーリエ変換は，周波数軸上のパルス列になること（くし型関数のフーリエ変換）に対応した現象である．この周波数間隔を制御し，測定対象の光と合致する周波数を決定できれば，周波数を高精度に測ることができる．

現時点（2009 年）で，波長測定によく用いられる光周波数コムは，超短パルスレーザ光を，非線形ファイバを用いて1オクターブ程度に広帯域化し，そのときの縦モード間隔を，高安定マイクロ波で一定の既知の周波数に制御しているものである．帯域が広く発振のすそまで利用でき，周波数計測時のオフセット周波数の確定まで行うことができる．現在，測定は10万秒で0.1 周期以下の安定性まで実現されており，すでに原子時計を上回る存在となりつつある．光周波数コムの性能向上により，今後は時間と長さの標準利用にまでさかのぼった議論が進められていくものと期待されている．

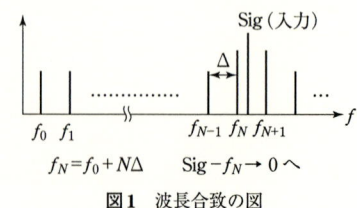

図1 波長合致の図

1.5 光の時間幅や時間波形を測る

光のパルスの時間幅や時間形状を測る作業は，研究上しばしば発生する．たとえば，

・レーザやストロボ装置自体の評価（スペック確認，安全クラス分け）
・超短パルス光の飛行時間差管理
・放電などのパルス発光の観察
・光スキャナの走査速度測定
・光量計測機器の応答速度測定
・変調光の変調特性の確認
・レーザ加工特性にパルス幅依存性がある場合の管理
・高速度写真撮影時のトリガ回路の基準
・入射光と蛍光信号の位相関係をみたいとき
・時間波形を逐次積分して，総エネルギー量を計算したいとき

などで，エンジニアならしばしばこれらのニーズを経験するであろう．

超短パルス光計測で，直接的に電子測定ができない場合には1.5.2項で触れられるような相関法や，ストリークカメラの利用，光シャッタ法などが用いられる．

数ナノ秒程度までの比較的遅いパルスの場合，光センサの出力をオシロスコープなどで観察するという最も一般的な測定を行うことになる．これについては1.5.1項で説明する．

使用するフォトダイオードやフォトマルなどのセンサの特徴については，別項（1.1節）を参照していただきたい．

パルス光の光量波形の計測は，多くの場合，絶対値を考えず，相対的に光量の時間波形測定することが多い．これは，光学系特性のわずかな設計値との差や，回路のオフセット電圧などが，測定に大きな差異を生じてしまうため，絶対値測定が実現しにくいからである．また，これらの関連する特性は経時変化も大きく，長期管理に支障を来たす場合も多い．このような測定でワット数（瞬時値）の絶対値が必要な場合には，入射光学系，センサの感度，回路ノイズなどに十分配慮する必要があるが，すべてを意味のある安定性に維持することは困難である場合が多い．通常は，あらかじめ1パルスあたりのジュール数を別途計測しておき，時間波形にフィッティングする場合が多い．

パルスレーザ測定などで，光量がセンサ感度に対して大きすぎる場合には，スリットや光ファイバなどで光束の一部分のみをサンプリングしたり，NDフィルタを用いたり，ガラスの表面反射などで大きく減光したりすることになる．

このとき注意することは

・蛍光や散乱光など2次的な迷光発生
・受光素子や光学部品の経時劣化
・自他実験者や事故に対する安全性配慮
・光学素子やセンサの偏光特性の影響
・センサ面の感度や応答が，部分ごとに若干異なることが多いため，センサ面に照射される光の範囲，位置を毎回同等になるように調整する

などといった点になる．

1.5.1 高速センサで測る場合

パルスレーザや放電などの発光の時間分布（パルス光の波形）を，光電子増倍管（応答時間が最短製品で1 ns程度）や増幅段をもたないバイプラナ光電管（同0.1 ns），pinフォトダイオード（同0.数ns）などの素子で光電変換した信号をオシロスコープなどのデジタル機器で記録する場合，素子とオシロスコープの間の回路の問題は，100 MHz～数GHzの高周波回路の製作課題そのものである．すなわち，適切な高周波部品を用いて不要なノイズを排除し，インピーダンスの整合に注意し，線路は極力短くしなければならない．また後段にヘテロダイン回路など位相処理部がある場合には，配線長や配線の曲げ方などによる位相特性変化にまで配慮しなくてはならないことも多い．

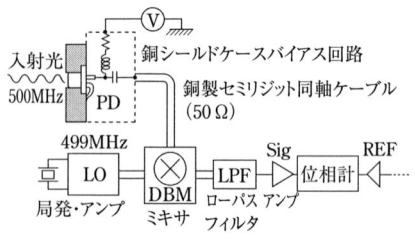

図1 高周波回路の配線例

光電管のように，十分光量があるパルスレーザを直接打ち込んで，その光電流がオシロスコープで読み取れるような使い方が可能な場合は，増幅に配慮することはない．しかし，一般的には入出力インピーダンスと，配線の特性インピーダンスを50Ωに調整して波形の鈍りを最小限にした上で，オシロスコープの入力に適した電圧（数十mV～1V）に増幅する必要がある．オペアンプは近年では安価なものでも数百MHzまで帯域が向上しており，一般的な性能でよい場合にはオペアンプのみで済ませてしまう場合が多い．

放電励起型のレーザなど大電力パルスを発生する機器が近くにある状況で計測する場合には，特にパルス性のノイズに配慮すべきで，場合によってはノイズがオシロスコープなど電子機器を誤動作させる場合もある．パルスレーザ励起の微弱な蛍光を測定したり，半導体レーザをパルス電流で発振させたりする場合には，信号と電気ノイズがほぼ同相になるため，分離が困難になる場合がある．これらの現象が起きているかどうかは，位相関係や配線長を変えたときの位相誤差の違いなどを総合的に観察する必要がある．

必要時間分解能がGHzを大きく超えて，オシロスコープのAD変換周波数が足りない場合でも，測定するパルスに繰り返し再現性が期待できる場合には，サンプリングオシロスコープで等価サンプリングを行えば詳細な波形を確認することができる．

一般的な注意点として，以下などがある．
・実験装置やセンサ仕様より想定される測定可能な入力レンジを十分机上検討する．
・ケーブルやフィルタなどの伝達系の特性インピーダンスや計測機器の入力インピーダンスを，測定帯域に対してあわせる．低周波域や，特殊な専用回路でないかぎり，50Ω系となるのが普通である．
・計測が交流結合のときは，パルスの時間幅がカットオフ周波数に対して余裕があることを確認する．
・安全面への配慮を十分に行う．

1.5.2 自己相関で測る場合

レーザパルスの時間幅がピコ秒を割ってフェムト秒程度になってくると，1パルス中の波の数もだんだん少なくなり，波長や周波数の測定という概念も徐々にあやふやになってくる．このような超短パルス光の時間形状を定量するには，もはやオシロスコープや高速度カメラなどの電気計測手段では困難となる．幸いにして光は高速であるため，1ピコ秒で0.3 mm，1フェムト秒で0.3 μm程度進む．この距離程度の位置の分解能ならば，フェムト秒の時間自体を電気的に直接測るよりは楽である．このように時間を距離に変換するという発想で，光の時間幅を空間分布に係る現象へ置き換えて定量することは，しばしば行われる．

空間的な電場分布を求めるためには，第2高調波発生や2光子蛍光など，光のエネルギーの瞬時値に対して線形でない（2乗以上に比例するなどの）光量を発生する現象（非線形効果）が用いられる．

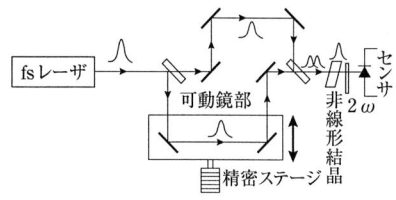

図1 自己相関の例

図1において，非線形結晶は入射光の瞬時値に対して2乗に比例する第2高調波を発生する．このとき結晶の厚さは，考察の簡単さのために，測るパルスの長さより十分薄いとする．二つの鏡からやってきた光は最初，別々の時刻に結晶に入射するため，1パルス分の出力が2度発生するだけである．ところが可動鏡を徐々に走査すると，別々であったパルスが重なって入射する部分がでてくる．重なっている部分は1＋1＝2倍の光量が入射するため，2×2＝4倍の第2高調波が発生する．この可動鏡の位置変化と発生光量の変化を観察すれば，空間波形が解析できる．

一番簡単な例では，矩形単パルスの場合で4倍の光量が得られる範囲が光パルスの空間幅そのものである．ガウス型，ローレンツ型など典型的な波形が予想できる場合は数値解析でパルス幅を得ることができる．もちろん実際には結晶や蛍光物質の厚さがあり，時間波形も複雑である場合があるため，受光光量は複雑に積分される．このため，データを十分細かく取り，信号の干渉成分まで数値解析するなどの工夫が行われている．

その他の手法では，信号光とは別のパルス光で起こしたカー効果をシャッタとして利用し，信号光をパルス切り出ししてサンプリング測定する光シャッタ法（光カーゲート法）などが開発されている．

1.6 偏光を測る

偏光している光とは,電磁場の横波である光の振動を観察したとき,振動方向がランダムではない光のことで,偏光は光の基本特性の一つである.

高温物体から自由空間に放射されるランプ光などは無偏光であるが,ガラス表面や微粒子,溝形状などで反射や散乱されれば,光は偏光特性が変化する.

このように光と物質の相互作用によって偏光は発生・変化するので,物質特性を測る重要なセンシング手段となっている.

偏光には,電場が一方向に振動している直線偏光と,電場の振動方向が1周期に1まわり回転する円偏光があり,一般的には,直線偏光と円偏光が混合した楕円偏光状態となる.円偏光は,完全にランダムな無偏光の状態とは異なる概念であることに注意しなくてはならない.

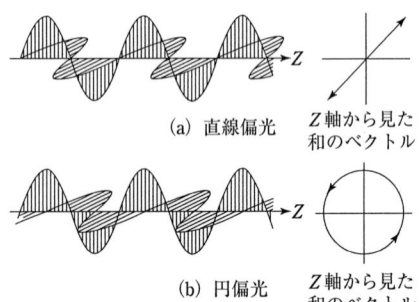

図1 直線偏光と円偏光

直線偏光は水の横波とのアナロジーでイメージしやすいが,円偏光は理解しづらい.イメージが湧くまでは,「任意の方向の直線偏光と,それに直交するもう一つの直線偏光の2本の光線が,振動の位相が互いに90°ずれて,同じ方向に進んでいる状態」と理解しておいて支障はない.また,光子がスピン1の素粒子であることを知っていれば,スピンがマクロに発現した状態が円偏光だと考えた方が納得しやすいかもしれない.「右回り円偏光」とは通常,光を進行方向(前側)から見たとき,右回りに電場が回転している光と定義されており,右ネジなどとは逆であることや,右回り円偏光が鏡で反射すると,左回り円偏光になることなどは知識として必要である.

光線が面に斜めに入射する平面図を描いた場合,紙面内(反射面の法線と光線が含まれる面)を電場が振動する偏光をp偏光,p偏光に垂直な振動をもつ光をs偏光と呼ぶ.このときs偏光は反射面内だけを振動する光であり,p偏光は反射面外への振動の割合が入射角により変化する.この違いが,p,s偏光の入射角特性を生じ,物質との相互作用(屈折率など)の情報を与えてくれる.また分子構造などにより,直線偏光方向自体が回転する旋光性や,左右の円偏光で吸収が異なる円二色性などの光学活性と呼ばれる現象もある.

計測には,偏光を制御する素子が必要であるが,偏光を分離する素子(偏光板,偏光プリズムなど),偏光状態を変える素子(波長板,偏光解消素子)などがあり,次項で説明する.偏光が発生し,計測の対象となる主なパラメータは,複素屈折率の変化,反射面の形状や屈折率分布,結晶や配向の異方性,分子の形状などであり,係る物理効果としては,蛍光や各種散乱現象,ファラデー効果,ポッケルス効果,カー効果,光弾性など多岐にわたる.

1.6.1 偏光素子の種類と特徴

(1) 波長板 偏光利用を考える上で，まず波長板の作用を知らなくてはならない．波長板は，入射面内のある方向に偏光した光が透過するまでに屈折率を考慮した進行距離とその光に直交する方向に振動する光が同様に進行した距離の差(光路差)が，使用波長(λ)の定数倍になる光学素子であり，屈折率の異方性などを用いて製作される．光路差が $(n+1/2)\lambda$ [n は整数]に設計されたものを1/2波長板（2分のラムダ板），$(n+1/4)\lambda$ にしたものを1/4波長板と呼ぶ．

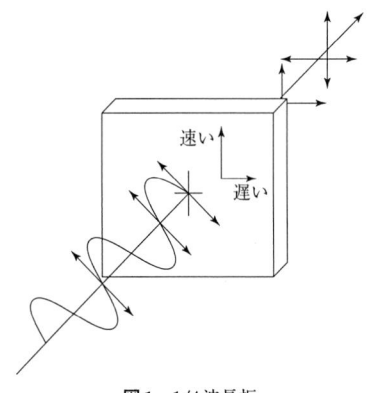

図1 1/4波長板

波長板の効果を1/4波長板を例にとる．図1に示すように，光路が短い軸と長い軸の中間の45°方向に直線偏光を入れると，長軸の方が位相が $\lambda/4$ すなわち90°遅れるため，透過後は円偏光状態になる．さらにもう1枚 $\lambda/4$ 波長板を通れば，長軸が180°遅れるため，振動方向が90°回った直線偏光となる．これが $\lambda/2$ 波長板の効果で，偏光方向を90°曲げる効果がある．

波長板は水晶や方解石の異方性を利用してつくるものが多いが，整数 n が0であれば λ や厚さの微妙な変化には鈍感になるため，広い帯域で用いられ温度変化にも強い．また，民生品にプラスチックの複屈折を利用するものもある．

フレネルロム（図2(a)）は，全反射の位相とびにpとs偏光間で入射角依存性が異なることを用いて，ガラス内の全反射と入射角を設定し，波長板の役割をさせるものである．構造はプリズム状になるが，屈折率だけに依存するため安定性がよい．

バビネ-ソレイユ補償板（図2(b)）に代表される機械式の補償器は偏光プリズムを組み合わせて，調整により偏光方向による位相差を可変できるもので，偏光度の測定や調整に用いられる．

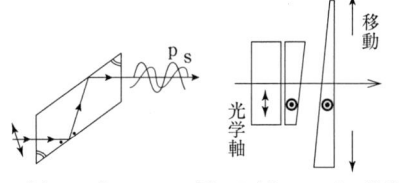

(a) フレネルロム　(b) バビネ-ソレイユ補償板
図2 偏光用素子

(2) 偏光用素子 偏りのある偏光状態から，ある方向の直線偏光だけを取り出すための素子には，プリズム型のものと，板状の偏光板がある．有名なポラロイド型の偏光板は，異方性（二色性）の大きなヨウ素系化合物とポリビニルアルコール樹脂などを組み合わせて延伸し，偏光依存性の吸収をもたせた薄板である．現在は液晶利用の飛躍的な発展によって，性能向上された偏光板が民生品に多く使われるようになった．一般的には偏光度はやや低く3桁程度，熱・光に対する耐力はプリズム型製品に劣る．また金属細線構造をつくりこんだワイヤグリッド偏光板は，赤外線用として

進展してきており，より短波長化を目指している．

プリズム型の偏光素子（図3）は，複屈折をもつ結晶の張り合わせにより直線偏光を取り出す素子であり，分光機器やエリプソメトリに多用される．偏光度は5桁以上に及ぶ．縦横偏光を光軸に対して左右に分離するウォラストン，光軸をずらさぬように直線偏光を取り出すローションプリズムやグラン-トムソンプリズム，その改造型であるグランテーラー，グランレーザ型などがある．

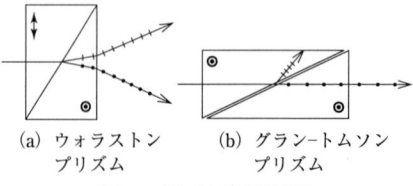

(a) ウォラストンプリズム (b) グラン-トムソンプリズム

図3 プリズム型偏光素子

(3) 電気光学，磁気光学効果応用素子
外部制御が可能な電場や磁場による異方性を用いた偏光応用素子として，ポッケルス素子，カー効果素子，ファラデー素子などがあり，レーザ光の高速な制御などに用いられる．

1.6.2 偏光計測

レーザ光路に偏光板を入れて回転させたとき，透過光量が0になる方向があれば直線偏光である．しかし光量変化がない場合は，偏光していないのだろうか？ 実は円偏光かもしれないので答えはわからないのである．spの偏光間に多少の相関があって，部分的に円偏光とみなせる場合もある．円偏光が含まれる場合には，1/4波長板と偏光板を組み合わせ，円偏光⇔直線偏光の変換を行いながら計測して確認することになる．

これを装置化したものが，偏光度測定装置などと呼ばれていて，偏光の状態をストークスパラメータやポアンカレ球などといった表現形式で得ることができる[1]．

偏光を計測する手法としては，偏光度測定用の機器，偏光顕微鏡，エリプソメータなどが一般的であるが，光量を計測する光学測定機器の光路に偏光素子を挿入すれば，その多くが偏光依存性を測る装置になるだろう．ただし，分光部品のように元々偏光特性があるものについては，偏光により感度が異なるので注意が必要である．

偏光を応用する計測としては，分光測定全般，表面や内部の屈折率分布，内部応力歪量測定，散乱測定，光表示材料，光通信，光記録，表面プラズモン共鳴，天体など多岐に及ぶ．

偏光測定の簡単な例は，偏光角と屈折率の関係であろう．

ガラスなど光吸収のない材料で反射率を求めるフレネルの式は，p偏光の場合，分母がtan（反射角＋屈折角）の形をしているため，反射角と屈折角の和が90°になると反射が0になる．この入射角のことをブ

リュースター角 (θ_B) という．スネルの法則を用いれば，その値は屈折率をそれぞれ n_1, n_2 として，

$$\theta_B = \tan^{-1}(n_2/n_1)$$

となり，この角を測れば，対象の屈折率が測定できることになる．

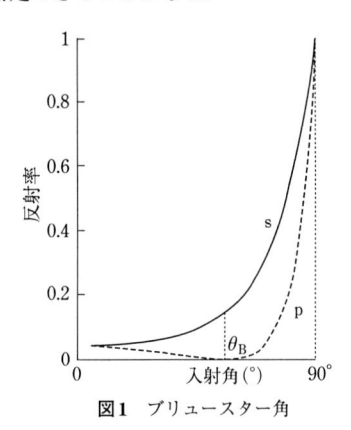

図1　ブリュースター角

しかし，一般的に吸収がある材料は，屈折率が吸収まで含むように複素数で表され，p偏光反射も0にはならない．また入射角度自体を測るのでは，なかなか精度がよくならない．したがって反射率も複素数にまで拡張した式を用いて，偏光の角度依存を定量することで屈折率を解析する手法が求められた．

そこで，入射角度固定で入射光のsp比を変化させ，反射率もsとpの複素数比の形で得て，偏光情報を数値化する手法がとられるようになった．それが偏光測定で最も威力を発する手法である，エリプソメトリである．

詳しくは2.2節で説明があるが，測定対象の表面近くの，光が進入できる深さ付近の屈折率分布の状態を，p・s両偏光の反射率を高精度に定量することで数値化して解析する手法である．

1.7　可視光以外をセンシングする

可視光・紫外線・赤外線などという呼び方は人間の視覚を基に名づけられているが，同じ光である以上，その境目で大きく性質が異なるわけではない．しかし紫外線，X線と進むに従い，エネルギーは大きく・粒子性は強くなっていき，赤外線，THz光と長波長に推移するに従って，性質や利用法も異なってくる．徐々に推移する波長と性質の関係を的確にとらえ，最適のセンシングを選ぶ必要がある．

1.7.1　紫外線とX線

（1）　紫外線　　紫外線の中でも，大気を透過しづらい波長である200 nm以下から10 nm程度までを真空紫外線と呼び，10 nm以下をX線と呼ぶ場合例が多い．ただし100 eV前後のエネルギーの領域は，「軟X線」や「極端紫外線」などと両系統の名前で呼ばれることが多い．

波長200 nm前後までの紫外線は，可視光と同様に，1.1節に示すような光電子増倍管や，Siフォトダイオード・GaPフォトダイオードなどを用いることが多い．

光電子増倍管の場合，感度のある光電面を選び，入射窓材にフッ化物など紫外透過率に優れたものを用いれば，120 nm程度の真空紫外領域まで利用できる．真空紫外領域まで求めないなら，合成石英材のものがよく用いられている．

フォトダイオードも紫外線領域でよく利用されるが，構造上短波長になるに従ってPN接合域に光が到達できなくなるため，

一般的なものは190 nm 程度に感度の限界がある．この点を改良して，Siの層構造をnm程度まで薄膜化することによって，X線領域に感度を設定した製品も現れている．

（2） X線 X線検出でなじみのあるセンサはガス比例計数管であろう．希ガス封入管の中央芯線に正電圧をかけ，入射したX線が電離したガスからの電子を，芯線部へ加速・増幅して電流出力を得る．入射X線のエネルギーに比例したパルス高さの信号が得られる．

半導体応用品としては，pin型半導体検出器（リチウムドリフト型シリコン半導体検出器など）が用いられている．構造は可視光用pinフォトダイオードと似ているが，真性半導体i層が厚くなっており，そこに入射したX線などの放射線が，電子-正孔対を発生させる．Si中で失われるX線のエネルギーは生成した電子の数に比例するので，入射したX線のエネルギーに比例した電流が取り出され，X線が同定できる．これは走査型電子顕微鏡の中の特性X線センサとして多用されている．

カロリメータ方式で，X線1光子を得る手法もある．シリコンサーミスタを用いた半導体タイプのマイクロカロリメータが実用化されている．

X線などの放射線が入射したとき，物質（NaIなど）が蛍光を発生する現象をシンチレーションと呼び，これを利用して放射線を検出する方式のセンサをシンチレータと呼ぶ．この蛍光を電気信号化するために，光電子増倍管やフォトダイオードなどの光素子が利用される．最近進歩の大きい医療用X線平面センサは，蛍光体に直結した光センサアレーで，2次元X線画像をその場でデータ化する方式が中心である．

1.7.2　赤外線・THz光

（1）　赤外線センサの概観　赤外線/THz光の波長は，サブμmから数mmの4桁以上に及ぶ広いエネルギー範囲に対応し，1桁ごとに測定や利用の様相が大きく異なっていく．常温で使えるセンサも徐々に少なくなり，液体窒素温度から最終的には液体ヘリウム温度まで冷却が必要なものが増えていく．

波長2μmを超えない近赤外領域での光量検出は可視光と類似しており，また光通信利用が進んだため，Geなど非Si系のフォトダイオードや撮像管など可視光用に準じる素子が実用化されている．

近赤外～中赤外領域では，光を受けて抵抗値が変化する光導電現象を用いた化合物半導体などの光導電セルが一般的である．また炭酸ガスレーザなど大出力の場合には，フォトンドラッグ効果を使った室温動作の検出器も用いられる．

（2）　遠赤外・THz光用センサの現状
1.1.3項で述べたサーモパイルや焦電センサの他に，以下のようなものが利用・開発されている．

①　ボロメータ：　赤外線やTHz光のエネルギーを計測するために，最も多用れるセンサである．電磁波や素粒子を受光し，発生した熱による温度上昇を材料の電気抵抗の変化として計測し，受光した平均エネルギーを定量する計測装置を一般的にボロメータと呼んでいる．元々は19世紀後半，気象分野や高温炉の赤外分光測定のために開発が進み，黒体輻射の精密計測に大きく貢献して量子論の誕生に寄与したことでも有名である．

受光面に吸収された粒子のエネルギー

1 光自体を計測する

は，最終的には熱化するので，波長依存性が少なく信頼性の高い測定が可能である．

温度測定は，温度変化による抵抗変化（サーミスタなど）をインピーダンスブリッジで計測していたが，現在は温度計測の多様化や素子のアレイ化，低温化などが進んでいる．

② ショットキーバリヤダイオード：GaAsなどの半導体と金属などの点接触部をダイオードとして利用し，THz光などを検波する素子である．光の電場を計測する手法として進展してきた．

③ 超伝導検出器：絶縁体を超伝導電極で挟んだ構造は，量子論的ミキサとして作用し，雑音限界に及ぶ特性を示す．ただし，使用した超伝導材料に固有の周波数での利用に限られる．

④ 電場計測型のセンサ：TDS測定には，励起光とTHz光の時間差をみる必要があり，THz光の電場自体に感度が必要なため，低温成長GaAsプロセスなどでつくられた光導電アンテナ（photoconductive antenna）や，電気光学結晶などが用いられている．

⑤ 量子型検出素子：GaAs/AlGaAsなどⅢ-V族化合物半導体量子井戸構造を用いたものが開発されており，2次元アレイ化が進んで，液体窒素温度程度の低温が必要だが高感度赤外線カメラとして応用が進んでいる．

1.8 発光体や表示素子を評価する

1.8.1 発光体の特性評価

自ら光るランプ・LEDなどの照明用光源や，TVディスプレイなどから発する光は，角度分布特性をもっていて，この角度分布自体が重要な性能規格でもある．たとえば，同じ消費電力の電球と蛍光灯では，蛍光灯の方が部屋をより明るくするが，電球を見たときの方が眩しい．これは可視光のエネルギー総量にあたる光束（ルーメン）は蛍光灯の方が高いが，中心にフィラメントが輝く電球の方が，面積・角度あたりのエネルギーに相当する輝度（カンデラ毎平方メートル，ニト）は大きいためである．

多くの場合，これら発光体で課題になるのは，光束，光度（カンデラ），輝度，照度（ルクス）といった人間の視覚に基づく心理物理量であり，一般科学が得手とする，W（ワット）やW/m^{2}などとは趣が異なる．

たとえば，従来の照明機器と置き換わっていく白色LEDの光度（立体角あたりのルーメン数）の測定法はJIS C8152において，測定に必要な距離や立体角が標準化されている．これら感覚量自体の測定方法は11章を参照されたい．

このように発光体を評価するためには，光源自体の明るさ分布と，光源から出る光の角度分布をみる必要がある．これは計測装置としてみると，光源のごく近くで光量測定すること（近傍/ニアフィールド測定）と発光部での分布が無視できるほど遠くで測ること（遠方/ファーフィールド測定）

の両方が必要であることを意味している．

レーザダイオードやLEDなど発光部が微小なものは，開口数の大きな顕微鏡系で光源部からの光を全量入射し，拡大像面（近傍）やフーリエ面（遠方像）で測定するシステムが一般的である．

LEDなど小型素子を照明に使う場合には，比較的短距離で遠方とみなせるため，機械的に光量の角度分布を測る装置も多い．

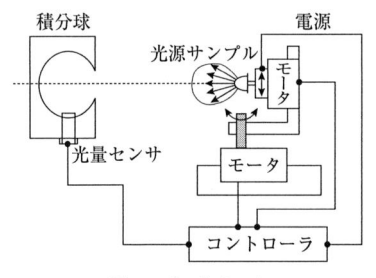

図1 ゴニオメータ

このように発光や散乱の角度分布（配光分布）を機械的に測定するものは，分野別にいろいろな名称で呼ばれるが，「ゴニオメータ」という用語が比較的一般的である（図1）．二つの回転軸を，発光体にもたせるか，センサ側にもたせるか，一つずつもたせるかにより構造が異なる．分光器を付属し色評価を同時に行うものや，積分球で安定に光量測定するものなどが開発されている．

また，蛍光物質自体の評価機器も進展し，照射光と発光の波長特性を測る分光器や，入射光に対する時間応答を高精度に定量する機器も開発されている．

1.9 レーザの品位を測る

計測や工業利用を考えた場合，配慮すべきレーザの主なスペックは，波長，線幅，出力 (J, W)，強度分布（レーザプロファイル），指向性（広がり角），およびそれらの安定度などで，パルスレーザの場合にはさらに，パルス幅，パルス波形（時間分布），パルスごとの出力差などが加わる．これらのスペックをどう管理するかは，ニーズによるので一概にはいえないが，波長やパルス波形など安定なものは，日々測ることは少ない．逆に出力などは，全イベントで管理している場合も多い．

ここでは，レーザを光源として用いる装置にかかわる重要な品位で，レーザのコヒーレンスを特徴づけるスペックである，強度分布と広がり角について概観する．

なお，このようなレーザビーム自体を扱う実験時に，散乱光が目に入るなど，重大事故が最も発生しやすいので，注意や安全管理にいつも以上の配慮が必要である．

1.9.1 レーザの特性評価

(1) 強度分布の測定　レーザの場合，光量強度の分布均一性は通常の自然光源より格段によいと思われがちである．確かに単一モードの気体レーザやファイバ射出のものは理想的な形状をしているものがある．しかし，パワーを重視したレーザやエキシマレーザなどの中には，工夫しないと光量分布が悪く，工業利用に適さないものもある．

ミリ～センチ程度のレーザ光のパターンをCCDなどのエリアセンサで測定するこ

とはしばしば行われるが，以下の3点に工夫が必要で，しばしば失敗する．

① センサとレーザのサイズが合わない．

② 測定に最適な光量に調整できない．

③ センサの保護ガラスなどで干渉やスペックルノイズが発生する．

①で大きさが足りない場合には，通常の2次元カメラより幅が大きい，工業用ラインセンサ素子を採用する場合もある．画素数は1次元で1万画素程度までがよく用いられるが，センサ列に垂直方向のデータ取得にはステージ移動など何かしらの走査が必要である．

①でレーザのスポット像が微小な場合には，スポットの空間像を顕微鏡システムで拡大観察することも行われる．観察光学系の光学特性が，測定対象を評価するのに十分な実力をもつかを詳細に検証する必要がある．

②のケースのように，レーザの均一性測定において，レーザの光量を測定しやすい値に調整するのはやっかいな問題である．光量をレーザ装置の出力自体で減らしたのでは，発光パターンが変化する場合が多く測定の意味がない．途中にNDフィルタなどを入れると，多重反射や硝材の発光などで形状がボケる場合がある．ガラスなどで表面反射させて減光すると偏光分布が変わってしまう場合も多い．紫外線レーザの場合，減光フィルタ自体を用意することが困難である場合もある．

短波長レーザ光を測る場合には，②と③の課題を同時に解決するため，レーザ光を蛍光ガラスに当て，その蛍光のプロファイルを測ってレーザ自体の均一性に代替する試みがある．この手法はレーザ自体ではなく自然光に近い光を撮影するので，撮影光学系が可視光用などでよく，設計が非常に簡単であり，干渉ノイズなども問題にならないことが多い．高精度な線形性などを測定結果に求めなければ便利な手法である．

②の課題は，集光した強いビームの幅をそのまま測りたいという加工試験などでもよく起きる．光量が強すぎる場合には，ピンホールやスリットを移動させて，抜けてくる光量を逐次測定し，分布を求める手法がよく用いられるが，電動ステージや測定光学系などが大掛かりになり，加工面で簡易に直接測定するのが困難である場合が多い．

簡易な測定法としては，マイクロメータの先端にナイフエッジを取り付け，ナイフエッジの移動距離とナイフエッジに隠されずに抜けてきた光量を計測する手法がある．移動距離と光量の関係をグラフ化して，ガウス型ビームなど予想される値にフィッティングするのが，絶対値を気にしなければ，再現性も安定性も非常によい．亜流としてピアノ線を使う手法，ピンホールを使う手法なども試みられる．

(2) 広がり角の測定 レーザの特性で，ビーム形状を測ることと同様に重要なことが，レーザが進むにつれてどの程度広がるかを測ることである．これは集光時にどの程度理想どおりに絞れるかと密接に関係し，むしろ「どの程度，点光源に近いか？」を測定していることに相当している．

従来からある古典的な広がり角の測定手法として，「レーザが射出したところで幅を測り，数m飛んだ後でもう一箇所測って，広がり角とする」という定性的なやりかたがあり，概略を知るときにはこれで十分な場合も多い．

ところが，一般的に，レーザ装置を出て

すぐの光は，進む方向が場所ごとに定まってはいない．外側ほど広がりが大きいとか，真ん中は広がっていないというように，「場所ごとに進む方向の個性」ができるのは十分遠方へレーザ光が飛んだ後になる．特に加工用エキシマレーザのように面状に広がった光は，各部がそれぞれある程度の広がりをもって発散していると考えた方がよい．

このように，複雑な広がり分布をもった光束を，レンズなどで集光したときの絞り込み方を想定するためには，全体の広がり角分布を調べなくてはならない．

まず理想的なガウスビームの広がりは，次式で表される．

$$w(z) = r\left[1 + \left(\frac{\lambda z}{\pi r^2}\right)^2\right]^{1/2}$$
$$\approx \frac{\lambda z}{\pi r} \quad (1)$$

焦点面で測った半径を r とすると，近くでは $w = r$，遠方では $w = \lambda z/\pi r$ となる．

遠方で測った広がり半角を θ とすると

$$\theta \fallingdotseq w/z = \lambda/\pi r \quad (2)$$

であるから，ガウシアンビームでは $r\theta$ は定数になり，非ガウシアンビームでは広がりを示す特徴量となる．ここで，M^2（エムスクエア）値を定義し

$$M^2 = (\pi/\lambda)r\theta \quad (3)$$

とすると，理想状態で1となり，1より大きくなるに従って絞れないビームとなることがわかる．

M^2 値は定義に従って測ればよいが，ビーム形状測定機をかねた専用装置も市販され始めている．

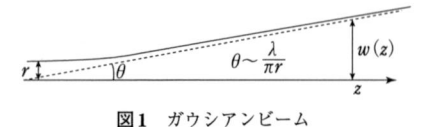

図1 ガウシアンビーム

文　献

1.2.2
1) 久保田広：波動光学，岩波書店，1971
2) 日本光学測定機工業会編：実用光キーワード事典，朝倉書店，1999

1.3.2
1) 鶴田匡夫：第5・光の鉛筆—光技術者のための応用光学，新技術コミュニケーションズ，2000
2) 田幸敏治，辻内順平，南　茂夫編：光測定ハンドブック，朝倉書店，1994

1.6.2
1) 日本光学測定機工業会編：実用光キーワード事典，朝倉書店，1999

2　材料・物質の特性を計測する

　材料・物質はさまざまな特性を有する．このうち，光に対する応答を光学特性という．材料・物質の光学特性の測定は多くの分野で応用されている．

　まず基本となる光学特性は反射，屈折，透過，吸収である．これらを計測することは，第1にレンズやミラーなどの光学素子の特性データを得ることになる．これらは，光学機器や光学測定機の設計に必須である．第2に，さまざまな材料の外観や光透過性などを決めるデータを得て，外装や光透過材など，多くの材料応用につながる．そこで，2.1節で反射率測定について，2.2節で屈折率測定について，2.3節で複素屈折率測定について述べ，さらに2.4節で透過率測定について述べる．

　次に基本となる光学特性は，光の波長による材料の光学特性の違いである．光の波長による光学特性の違いは，我々の日常生活においては，材料の「色」として認識される．その本質は，材料を構成する原子あるいはイオンの光応答の違いである．そのため，光の波長による材料の光学特性の違いを調べることは，材料分析に応用されている．その導入編として，2.5節で分光特性の測定について説明する．

　次に取り上げたのは，膜厚測定である．膜厚は，必ずしも材料の光学特性ではない．一般には，薄膜計測法の一つとして，別項で取り上げるべきものである．材料の表面構成が未知の場合，薄膜の存在は反射率変化や干渉色の発現などによって，我々に材料の光学特性の一つと認識される．そのため敢えて，材料の光学特性測定の一つとして，2.6節に膜厚測定を入れた．

　この他にも多くの材料の光学特性がある．そのすべてを述べることは困難であるが，このうち材料・物質の特性を測る有力な手段となっている蛍光とラマン散乱光を取り上げた．蛍光は一般にも知られ，その応用も多いが，材料分析でも主要な分析手段となっている．ラマン散乱光は，一般にはあまり知られてはいないが，材料分析では主要な分析手段になっている．2.7節で蛍光とラマン散乱光の測定について述べる．

　材料の光学特性の測定は，さまざまな分野で活用されている．それぞれの分野で，その応用に適した方法も開拓されている．これら材料・物質の光学特性測定法を活用している分野の1例であるリモートセンシングについて2.8節で述べることにする．

2.1 反射率を測る

光が物体に照射すると,光の反射(reflection),吸収(absorption)と透過(transmission)現象が生じる.物体の反射率は表面の粗さに関係し,鏡面反射成分と拡散反射成分の和で表現される.光は光沢面(粗さが小さい表面)に照射すると鏡面反射成分が多く,逆に粗面(粗さが大きい表面)に照射すると拡散反射成分が多くなる.

反射率測定は物体の光学性状を評価する重要な手段である.たとえばレンズ表面のAR(Anti-Reflection反射防止)コートの評価,金属材料などをコートしたミラー表面の反射率の評価が一般的に行われている.また,粗面の散乱光分布を測定して,間接的に粗面の粗さを評価することもある.液体や気体の散乱を測定し,液体・気体の成分を分析する応用もある.

吸光測定と透過率測定と同じように,反射率測定は分光光度計(spectrophotometer)を使うのが一般的である.

以下,光沢面,粗面の反射率測定,液体や気体の散乱測定について解説する.

2.1.1 光沢面(金属,光学材)の反射率測定

反射率の測定方法としては,相対反射率測定(図1)と絶対反射率測定(図2)の2通りがある.相対反射率測定はAlなどのミラーの反射率を基準にして,サンプルの反射率を測定する.特徴としては,簡単な治具で測定できるが,基準となるAlの反射率が経時変化したり,個体差があるために,正確な反射率を求めるのは難しい.

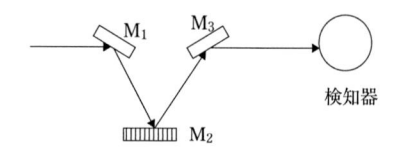

図1 相対反射率測定

そこで,正確な反射率を求めるためには,一般的には図2のような方法で絶対反射率測定を行う必要がある.測定手順としては,まずサンプルを置かずに100%補正(図中の実線部分)を行い,次にサンプルをM_1とM_2の間に置き,サンプルの反射率測定(図中の点線部分)を行う.測定系は光路長,ミラーへの入射角度が100%補正時とサンプル測定時で変わらないようになっている.

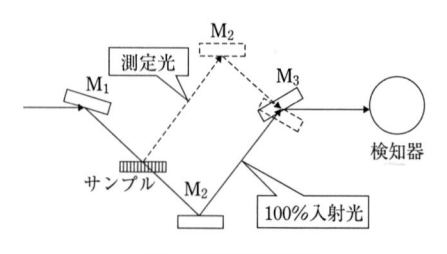

図2 絶対反射率測定

光沢平面の反射率測定は，市販の分光光度計を使って容易に測定することができる．測定波長範囲も300〜2400 nmはほとんどの測定器で対応可能である．レンズやブラウン管のような曲面の反射率を測定する製品も入手できるようになっている．

金属のような透明でない材料の反射率測定では，そのまま測定治具にセットすれば測定可能である．しかし，透明な材料を測定する場合は，図3に示したように裏面反射の影響が出てしまう．そこで測定サンプル形状をクサビ形にするとか，裏面を粗くしたり黒くするなどの処置が必要である．

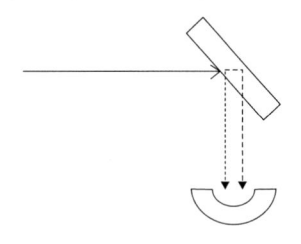

図3 裏面反射の影響

入射角度は5〜80°くらいまで市販品で対応可能である．しかし，入射角度が大きくなると偏光の影響による測定誤差が大きくなるので，偏光子を使ってp，s偏光を別々に測定することが必要となる．図4は反射率測定結果の一例である．

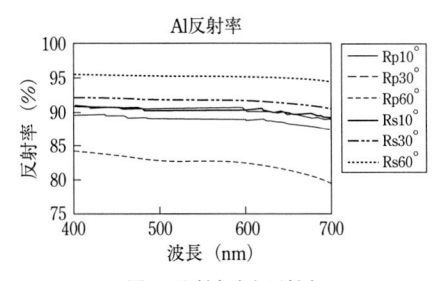

図4 入射角度と反射率

2.1.2 粗面の反射率測定（散乱分布）

粗面の反射率測定は基本的に光沢面と同じ，分光光度計を使っている場合が多い．しかし粗面の反射特性は拡散反射で，反射光は図1に示したようにすべての方向に散乱分布している．この場合，物体の性状を評価するために散乱光分布を測定する必要がある．全領域散乱光分布を測定するためには検出器を回転して測定する．また，空間分解能をあげるために，検出器の前にアパーチャとフィールドストップを設置する必要がある．平面物体の散乱反射分布を測定する簡単な方法として，物体からの散乱光を直接にCCDあるいはCMOSの2次元撮像素子で撮影する方法がある．

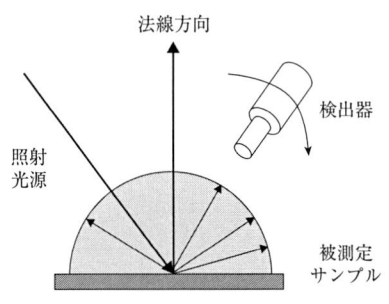

図1 光の拡散反射と散乱分布

2.1.3　液体や気体の散乱を測る

流体の散乱測定（図1）は主に流体中の微細粒子による散乱が原因である．流体の散乱光計測は粒子計測，洗浄液の管理や流体の懸燭度評価などに利用されている．スペクトル検出を併用すると，流体の成分分析も可能である．

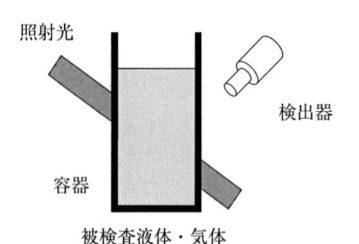

図1　流体中粒子の散乱測定

2.2　屈折率を測る

本節では，屈折率の代表的な測定法について述べる．

2.2.1　最小偏角法（光学材料の測定）

屈折率の計測法の中で，最小偏角法は古くから知られている屈折率測定法である．種々の波長のスペクトルの屈折率を 10^{-5} 〜 10^{-6} の高い精度で計測できることから，今日光学材料の評価計測に最も広く用いられている．次項で述べるように，各種の屈折率計測法のほとんどが比較計測であるが，本方法は直接計測が可能である．

図1に示すようにサンプルはプリズムに加工される．光路1は，頂角 α，屈折率 n の均質，等方なプリズム面ABに入射し，AC面から透過した場合において，入射光と透過光のなす角，すなわち偏角 δ は光路2に示すようにプリズムを対称に透過したときは最小の値 δ' となる．たとえば $\alpha = 60°$，屈折率 $n = 1.5$ のプリズムを透過する光の偏角 δ を最小目盛 $1'$ で読み取れば，屈折率を 10^{-4} 桁まで，$1''$ では 10^{-6} 桁まで計測できる．高精度な計測のため，プリズムの加工精度，分光計の光学系と回転機構精度，環境（温度・気圧）の影響が計測に大きく左右するので細心の注意を要する．

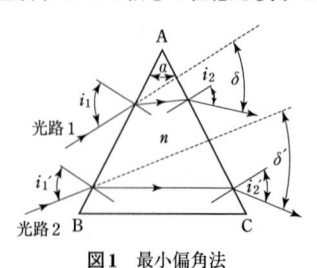

図1　最小偏角法

2.2.2 各種屈折率測定法

(1) オートコリメーション法（アッベ法） 図1のように光路1の光がAB面で屈折しプリズムを透過しAC面で正反射して元に戻る角度と光路2のAB面で正反射した角度の差iを読み屈折率を求める方法で，最小偏角法の変形である．測定精度は最小偏角法の1/2程度である．

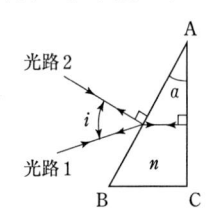

図1 オートコリメーション法

(2) Vブロック法（ダブルプリズム法） 図2はVブロック法と呼ばれる計測法である．既知の屈折率n_1のプリズムIとプリズムIIで頂角90°のV字溝を作り，そこに頂角90°の試料IIIを入れ，透過光の偏角δをテレスコープで計測する．

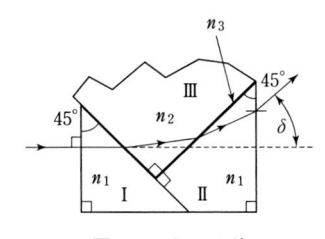

図2 Vブロック法

この場合，Vブロックと試料との間に試料の屈折率n_2に近い屈折率n_3のインデックスマッチング液を入れる．

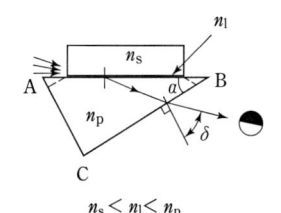

(3) プルフリッヒ法（プルフリッヒ屈折計） 既知の屈折率n_pの平板の上に屈折率n_s（$n_s < n_p$）のサンプルを置き単色光を図3のAB面すれすれに入射すると，全反射の法則により，光は図3のδより下側のみの方向に出射する．

図3 プルフリッヒ屈折計
$n_s < n_1 < n_p$

そのときのδを知れば，既知のα，n_pから試料の屈折率n_sを求められる．

試料n_sとプリズムn_pとの間に屈折率n_1のインデックスマッチング液を入れるが，試料とプリズムの平行を保たないと誤差が生じる．

(4) アッベ法（アッベ屈折計） プルフリッヒ屈折計と同様に原理は臨界角法で，液体の屈折計によく使われる．図4に示すように液体を挟んだ二つのプリズムの界面にすれすれの角度で光を入れプリズムにほぼ臨界角で入射する．この状態で光の出射角δを読みとり，既知のプリズムの頂角αと屈折率n_pから液体の屈折率n_1を求める．実際の装置では屈折率が目盛で直読できるものが多い．

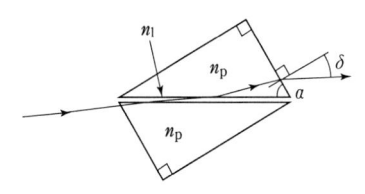

図4 アッベ屈折計

2.2.3 液体利用（粒子の屈折率測定）

小さな単結晶や鉱物などプリズム形状に成形が困難な場合の屈折率を計測するには，粒子状に細かく砕いたものを屈折率が既知の液体に浸し，粒子が認識できなくなるまですなわち屈折率が一致するまで顕微鏡で観察する液浸法が使われる．屈折率差の観察法には大別して以下の四つがある．

(1) **ベッケ法** 液浸試料を平行光で照明し，焦点を上下にずらすと試料片の輪郭に沿って明るいベッケ線が生じ，ベッケ線は屈折率差に応じ移動する．試料と液の屈折率差が合致するとベッケ線が見えなくなり，屈折率が決定できる．

(2) **シュレーダー法** 光源側に遮光板を設け，遮光板を光束を横切る方向に移動し，暗視野近くまで移動すると液浸試料が斜め成分の光で照明されるようになり，試料片の一部が色づいたり，明るく見えてくる．両方の屈折率が合致すると全体が暗くなる．

(3) **位相差法** 照明用コンデンサレンズ側にリング状の絞りを，対物レンズ側に $\lambda/4$ の位相差をつけた位相差顕微鏡を使い，白色光源で色差，単色光で明暗の差がなくなるところを探し，屈折液との合致を見出す．

(4) **イマージョン法（シュリーレン法）** 8.1.2項または9.3.2項で述べるシュリーレン法光学系図の被検物部に屈折率が既知の液体に試料を入れたセルを置く．集光レンズの焦点位置にナイフエッジ（遮光板）を入れ，受光部に届く光束をほとんど遮るようにする．屈折率が一致しないと，光線は試料を通るとき方向を変えるため視野は明るくまたは暗く観察される．屈折率が一致すると一様な明るさになり，屈折率が判定される．

2.2.4 干渉計利用（透過型の測定）

屈折率 n の媒質を通る光の光路長の変化による干渉縞のズレ量から屈折率を計測する．気体，液体，固体に適用できる．

レイリー干渉計，ジャマン干渉計，二光束顕微干渉計などがあり，近年自動計測が行えるものもつくられている．

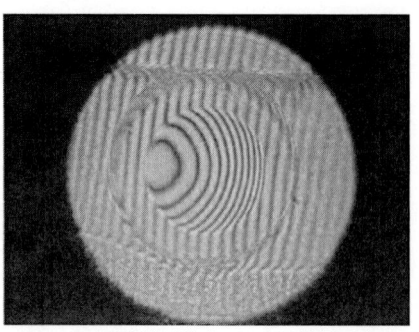

図1 二光束顕微干渉計における屈折率分布の測定例

2.2.5 結晶の測定

材料中の光の偏光の方位により屈折率が異なることを複屈折という．本項では，複屈折の測定について述べる．

(1) 最小偏角法 立方晶系以外の非等方性結晶の主屈折率を求める場合，電気的主軸がプリズム頂角を二等分する面内に含まれるプリズムで2.2.1項で述べた最小偏角法を応用して計測する．一軸結晶の場合，C軸（光軸）が上記面内にありかつ頂角の稜線に平行であることが望ましい．

これに自然光を入射させ屈折光は常光線と異常光線に分かれるので，各々の最小偏角を測定し，常光線と異常光線の屈折率n_oとn_eを求める．

二軸結晶の場合は三つの主軸のうちの二つが上記面内に含まれる二つのプリズムが必要である．

(2) アッベ結晶屈折計 図1は結晶の常光線と異常光線の屈折率n_o，n_eを測定するアッベ結晶屈折計で，一軸結晶の主屈折率を求めるには結晶のC軸（光軸）に平行にカットした面を半球状プリズム上面に液体をはさみ取り付ける．

プリズムを図1のように垂直軸の周りに回転すれば臨界角（前項プルフリッヒ法参照）に対応した射出光の常光線，異常光線の屈折率n_o，n_eが求められる．

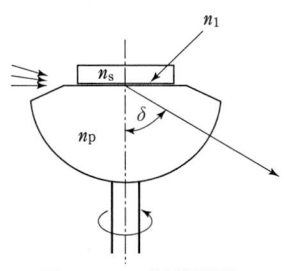

図1　アッベ結晶屈折計

2.3 複素屈折率を測る

屈折率をn，消衰係数をkとして，
$$N = n - ik \quad (1)$$
を複素屈折率という．吸収がある媒質などの光学特性を表すのに用いられる．消衰係数kは光の吸収係数αと関わりのあるパラメータで，
$$\alpha = 2k\omega/c$$
の関係がある．ここで，ωは光の角振動数，cは光速である．

複素屈折率Nは複素誘電率εと，
$$N^2 = (n - ik)^2 = \varepsilon = \varepsilon_1 - i\varepsilon_2$$
の関係がある．ε_1とε_2，すなわちnとkは独立ではなく，クラマース-クローニッヒ（Kramers-Kronig）の関係式と呼ばれる式で結び付けられている．

2.3.1 偏光解析法（エリプソメトリ）

複素屈折率の測定には，偏光解析法（エリプソメトリ）を用いるのが一般的である．分光偏光解析法を用いれば，複屈折率が波長の関数として求められる．

偏光解析法とは，図1に示すように，光の入射面内の方向の偏光（p偏光）と，入射面に垂直な方向の偏光（s偏光）で反射特性が異なることを利用した測定法である．

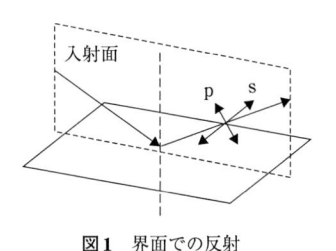

図1　界面での反射

光を試料に斜めに入射させ，試料の界面による反射光を測定する．測定するのはp偏光，s偏光の振幅反射率をr_p, r_sとしたとき

$$\tan\Psi = |r_p|/|r_s|$$

で表されるΨと，p偏光，s偏光の位相差Δである．偏光解析法のデータ解析では，

$$\rho = r_p/r_s = \tan\Psi\exp(i\Delta) \quad (2)$$

で表される複素振幅係数比が用いられる．

まず，試料の表面に薄膜がなく，均一な媒質の複素屈折率を求める場合，振幅反射率の表式，

$$r_p = \frac{N\cos\theta - n_0\cos\theta'}{N\cos\theta + n_0\cos\theta'}$$

$$r_s = \frac{n_0\cos\theta - N\cos\theta'}{n_0\cos\theta + N\cos\theta'}$$

と，式(1)(2)により，Ψ，Δから，複素屈折率を求めることができる．ここで，n_0は空気の屈折率で$n_0 = 1 - i \cdot 0$, θは光の入射角，θ'は屈折角でスネルの法則から求める．

次に，基板上の薄膜の複素屈折率を求める場合には，手間のかかるデータ解析が必要となる．その大まかな手順は，図2の通りである．

このようなデータ解析は，計測機に付属している解析ソフトで行うことが一般的である．だが，データ解析の中身を理解しておくことは必要なことである．データ解析は薄膜の膜厚を求める場合と共通なので，2.6節で概要を述べることとする．

例として，シリコン基板上の自然酸化膜SiO_2の複素屈折率の解析事例を示す．Si基板の光学定数には一般的に知られている値を用い，SiO_2の光学定数には誘電率関数としてセルマイヤーモデルを使用した．測定値と解析値が非常によくフィットし，

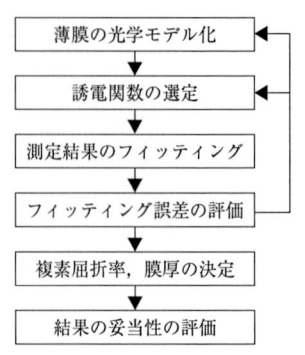

図2 偏光解析法のデータ解析の手順

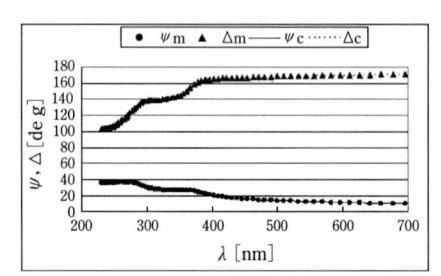

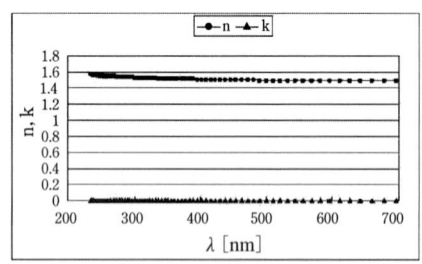

図3 シリコン自然酸化膜の解析例

SiO_2の膜厚は約3nm，図3に示すように複素屈折率としても妥当な値を得た．

2.3.2 反射測定法

複素屈折率の測定はエネルギー反射率Rを利用することも可能である．一般的にエネルギー反射率の計測は偏光計測に比べて機器構成が簡易で計測時間も短時間である．

ただし，エネルギー反射率は実数であるため，正しいモデルを用いても計測値と解析値が適合するパラメータの組み合わせが複数求まってしまい，パラメータの要因切り分けが困難となる場合があるため注意が必要である．

解析の手順としては，
- クラマース-クローニッヒの関係式に基づき，エネルギー反射率Rと位相差Δの関係を求める．
- Rの測定結果からΔを求める．
- 屈折率nと消衰係数kをRとΔから求める．

である．

注意点としては，すべての波長域でエネルギー反射率の測定は困難であり波長範囲が限定されること，吸収波長など特異点における計算に特別な扱いが必要なことなどがある．一般的にはFT-IRなどを用いた赤外領域におけるエネルギー反射率を対象に，マクローリン法や二重フーリエ変換法などの積分法を利用して解析することが多い．

2.4 透過率を測る

透明な物質に光が入射すると，表面で光の一部が反射し，物質内部で光が吸収される．出射光強度と入射光強度の比を透過率という．特に，表面反射の影響を除いたものを内部透過率という．

ここでは，特に断らない限り，光の透過は表面反射の影響を除いた内部透過を指すものとする．

物質を透過した光は，物質内部で必ず吸収の影響を受ける．また吸収の大きさは波長によって異なる．このため，透過光の光量は入射光と比べて減少し，波長に対する透過光の強度も入射光とは異なったものとなっている．

透過と吸収は，同じ現象を別の側面で見たものである．透過率と吸収率の測定も，ほぼ同じ方法が用いられる．光を利用する立場や物質の透明性を論ずる立場では透過率を用いることが多く，物質の性質や組成を調べる立場では吸収率を用いることが多い．

以下，波長による透過・吸収測定は一部述べるにとどめて詳細は次節に回し，透過率測定の全般を述べる．

（1） 分光光度計 透過率の測定には，分光光度計を使うのが一般的である．

透過率の測定には，表面反射の影響を除く必要がある．それには2種類の方法がある．一つが，測定光路が一つで透過光強度と反射光強度の測定を行い，計算によって内部透過光強度を求め，さらに内部透過率を求める方法である．もう一つが，測定光路が二つで，それぞれサンプルと参照サンプルの透過光強度を比較計測し，内部透過光強度と内部透過率を求める方法である．

参照サンプルは，サンプルと屈折率が近似し内部透過率が低い必要がある．石英ガラスやホウケイ酸ガラスが使われることが多い．

分光とは，連続したスペクトルの光を各波長成分に分けることをいう．したがって，分光光度計により透過率を測定すると，波長に対する透過率のデータが得られる．これを，分光透過率という．

分光透過率のデータを得ることにより，光や透明物質の色が，波長に対しどのような透過率となっているのかが，詳細に調べることができる．

分光光度計のしくみについては，2.5節にて述べる．

(2) **ファイバ型分光光度計**　一般の分光光度計では，サンプルを平板状に加工する必要がある．それに対し，さまざまな形状を有するサンプルの透過率をそのまま測定したい場合がある．そのようなニーズに応えるのがファイバ型分光光度計である．

(3) **吸収測定**　材料による光吸収は，一般にランベルト-ベール（Lambert-Beer）の法則

$$I = I_0 \exp(-kcd)$$

に従う．ここで，I_0 は入射光量，I は出射光量，k は吸光係数，c は吸収に関わる材料の濃度，d は材料の厚さである．

透過率

$$T = \frac{I}{I_0} = \exp(-kcd)$$

は，材料が厚くなるに従い，指数関数的に減少する．

2.5 分光特性を測る

分光特性とは，波長をパラメータに光強度や光吸収などがどのように分布しているかを指し示す言葉である．

分光の対象には発光，吸収，蛍光，ラマン散乱，その他がある．本節では発光分光，吸収分光の測定法について記し，蛍光分光についても簡単に述べる．蛍光，ラマン散乱については2.7節を参照されたい．

2.5.1　分光光度計

分光光度計は光（電磁波）と物質との相互作用を波長ごとの強度で計測し，分光透過率や分光反射率を求め，得られたスペクトルの強度や形を分析し，成分，濃度，寿命その他の量について計測する装置である．

(1) **紫外，可視分光光度計**　紫外から可視領域（200～800nm）の波長の光を用いて分光吸光分析を行う装置で，試料が特定の波長に対し励起状態に遷移することでの吸収強度を光の波長に対し計測し，物質の性質やその存在量を知ることができる．気体，液体，固体のいずれについても応用できる．

装置構成を図1に示す．光源，試料セル，分光器，検知器，信号処理装置からなる．試料位置は分光器の後方に置く場合もある．光源には紫外域用の重水素ランプや可視域用のタングステンランプ，分光器は光源から出た光を分光し波長選択する部分で回折格子かプリズムが使われ，検知器はフォトマルやフォトダイオードが使用される．

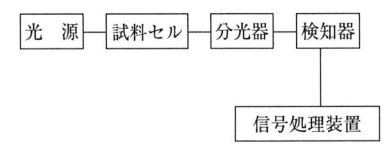

図1 分光光度計

(2) 赤外分光光度計 分散型分光光度計とフーリエ変換（FT-IR）型分光光度計の2種類に大別される．

分散型分光光度計はプリズムや回折格子を使って試料を透過した光を波長ごとに分散させ，各波長における光の強さを計測する．構成は図1の紫外・可視分光光度計と同じである．

フーリエ変換型分光光度計は分解能が高いことが特徴である．光源は連続光を用い，試料を透過した種々の波数成分をもつ光をマイケルソン干渉計に入れ，得られた干渉パターン（インターフェログラム）をフーリエ変換処理し，スペクトル成分を求める（図2）．

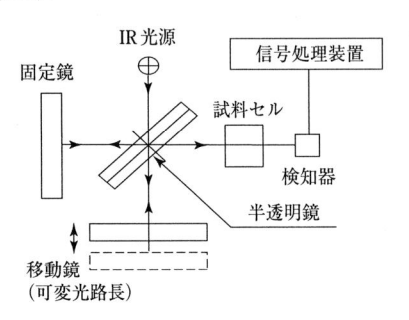

図2 フーリエ変換（FT-IR）型分光光度計

2.5.2 発光と発光スペクトル

原子から放射される光は励起，電離により特定の波長の光が放出され，発光スペクトルとして観測される．このスペクトルは多数の単色光からなり，たとえばNaランプの発光は589.6nmの最も強い輝線のほか，多くの輝線スペクトルからなる．

鉄のスペクトル線は広い波長範囲にあるので，波長の絶対計測を較正するときの基準光源として，ヨウ素安定化He-Neレーザなどと目的に応じ用いられる．

発光スペクトルを得るには，原子がエネルギーを吸収して励起状態になければならない．励起状態にする方法としてスパーク法やアーク法がある．

スパーク法は，金属材料の先端をとがらせ電極とし，高圧放電させてスペクトルを得る方法である．この方法は，アーク法に比べ電極温度は高くないため電極物質の気化が比較的少ないので，微量分析よりは金属の合金成分の分析に適している．

アーク法は，試料が絶縁体の場合に炭素電極間にアーク放電をさせ，その中に試料を挿入し，気化させ，励起した炎色のスペクトルを得る方法である．

分子の場合にも同様に発光が観測される．分子はエネルギー準位が固有で異なるので，吸収した電磁波（励起光）からどのような波長の光が放射されるかを計測することで，どのような分子が存在するか知ることができる．

蛍光法は励起光を照射することにより蛍光発光を得る方法である．蛍光を利用するスペクトル計測において，蛍光とりん光の区別ができる．蛍光はりん光に比べて寿命が短いので励起光をシャッタで切ると，瞬

時であるが,りん光より先に蛍光の発光が消える.励起光源として,XeランプやHg-Xeランプが用いられるが,強度,単色性の点からレーザが用いられることが多くなってきている.この場合,微小部分の発光が可能となる.

アーク放電やスパーク放電などの励起法が開発されたのに続いて,誘導結合プラズマ(ICP)法が実用化されている.これは励起された物質の温度が数千から数万Kと高くイオン線の強度がきわめて大きいため(超)微量の元素分析が可能である.また分光器の受光部に多チャンネルのフォトマルを並べて(ポリクロメータ),迅速なデータ処理も可能である.

輝線スペクトル計測は光(電磁波)をプリズムや回折格子を用いた分光器を通すことによりスペクトルを得るが,さらにスペクトル線の形や微細構造を調べるには,ファブリ-ペロー干渉計がよく用いられる.分光器から出た単色光を干渉計に入れ,スペクトル線の形をさらに高分解能にする計測が可能である.

2.5.3 吸収スペクトル

連続スペクトルをもつ光が物質を透過すると,ある特定の波長の光を吸収し,強度が減少した吸収スペクトルが現れる.

吸収スペクトルは,電子が光を吸収して励起状態になることに起因する可視紫外領域の吸収と,分子が光を吸収して振動することに起因する赤外領域の吸収がある.

可視紫外領域の吸収では,一般に原子ははっきりした線吸収スペクトルと原子のイオン化に伴う連続吸収スペクトルが得られ,分子は幅の広い帯吸収スペクトルが得られる.

赤外領域の吸収はすべての物質に現れるが,特に有機物質で有用である.有機物質では赤外領域で分子を振動させ固有の吸収スペクトルを有する.その吸収された赤外線エネルギーを計測することにより,分子結合の種類を知ることができる.たとえばカルボニル基C=Oの伸縮振動の周波数は1700 cm^{-1} 付近であって,この領域の赤外線を吸収することができる.このように特定波長で固有の吸収スペクトルを得られるため,赤外吸収スペクトルは化合物の種類を知る手段として多く用いられる.

その他,太陽でフラウンホーファー線の吸収スペクトル線がみられるように,恒星は核融合反応のガス球で,その恒星の上層に存在するさまざまな元素による吸収スペクトルが得られ成分分析ができる.

原子・分子がこのように特定の波長(電磁波)を吸収する場合,波長領域の違いによって,吸収過程が異なる特徴があるのでスペクトル計測は大きく,紫外・可視分光,赤外分光などに分類される.

2.6 膜厚を測る

物体の表面は通常何らかの薄膜がある．例えば反射防止膜のように，薄膜は物体の光学特性に変化を与えている．そこで物体表面の膜について，特に重要なパラメータの膜厚を取り上げその測定法について述べる．

2.6.1 分光干渉法

薄膜に白色光を入射させ，反射または透過した光の波長と強度の関係を調べることにより膜厚を測る方法を分光干渉法という．数nm～数十μmの膜厚の計測に適用できる．ここでは，反射光を用いる方法について説明する．

図1のように，媒質1と媒質3の間に薄膜の媒質2がある場合，媒質1の側から白色光が入射すると，媒質2で多重反射することにより，反射光は干渉光となる．

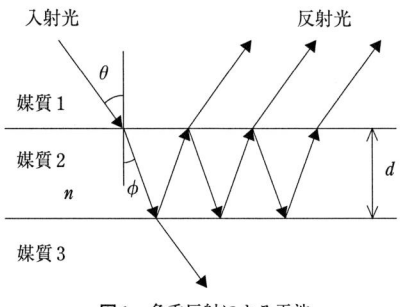

図1 多重反射による干渉

このとき反射光強度は，

$$R = \frac{R_1^2 + R_2^2 + 2R_1R_2\cos\delta}{1 + 2R_1R_2\cos\delta + R_1^2 + R_2^2} \quad (1)$$

$$\delta = \frac{2\pi}{\lambda} 2nd\cos\phi$$

により表され，光の波長λ，薄膜の膜厚d，屈折率nの関数となる．

ここで，δは光が媒質2の薄膜中を1往復することで生じる位相遅れ，R_1は媒質1と媒質2の界面の反射率，R_2は媒質2と媒質3の界面の反射率，ϕは媒質2での屈折角である．

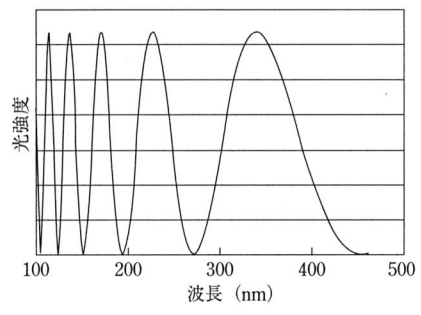

図2 反射光強度の分光特性

図2に反射光強度の一例を示す．図2のような測定結果をカーブフィッティング法やFFTによって解析し，式(1)から屈折率nと膜厚dを求めることができる．また，隣接する極大値と極小値のピーク波長λ_1，λ_2から，

$$nd = \frac{\lambda_1 \cdot \lambda_2}{2|\lambda_1 - \lambda_2|}$$

を求め，膜厚dを求めることができる．このとき屈折率nはピーク波長の反射率から算出する．

2.6.2　エリプソメトリ

2.3.1項で述べたエリプソメトリを用いて薄膜の膜厚を計測することは，広く行われている．エリプソメトリでは，単層膜だけでなく，多層膜の各層の屈折率n，消衰係数k，膜厚dを求めることができる．ただ，多層膜になればなるほど，求めるパラメータの個数が多くなり，分光エリプソメトリを用いて広い波長範囲，入射角の広い範囲で計測することが重要になる．

薄膜の膜厚を求める手順は，2.3節で述べたことと同一である．そこで基本的な手順は，2.3節を参照されたい．

ここでは，その手順の主要部である実際の測定方式と，データ解析の概要について述べる．

（1）エリプソメトリの測定方式　エリプソメトリでは，測定光を試料に斜入射させ，反射光の偏光状態としてp，s偏光の振幅反射率比を角度に換算したΨと位相差Δを測定する．そのためには，図1に示すように，入射光側には偏光子を，反射光側には検光子を置くとともに，位相補償子を用いる．

エリプソメトリは，初期は消光法という，s偏光の反射光が0となる条件を求める方法が主流であった．その後，光強度の変化をフーリエ解析する走査法が用いられるようになった．走査法には，その操作方法によって回転検光子法，回転位相補償子法，位相変調法がある．

① 消光法：測定系は図1(a)のような配置である．方位角の条件を変え消光点を見出し，そのときの条件からΨ，Δを求める．メリットは高精度な測定ができること，デメリットは測定の操作が手間で時間が掛

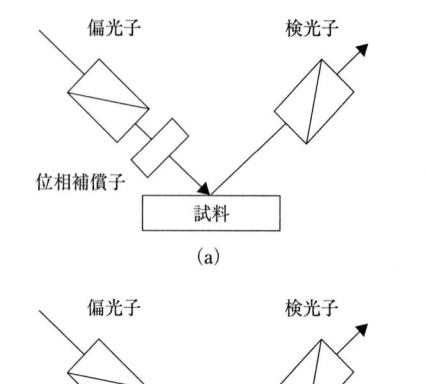

図1　エリプソメータの構成

かることである．

② 回転検光子（偏光子）法：測定系は消光法と同じく図1(a)のような配置であるが，消光法と異なり，検光子が回転できる．検光子を回転させて測定し，測定結果をフーリエ解析して，Ψ，Δを求める．メリットは装置構成が簡単で安価なこと，デメリットは計測範囲が一部限定されることである．

③ 回転位相補償子法：測定系は図1(b)のような配置で，位相補償子が回転できる．反射光の測定値をフーリエ解析することでΨ，Δを求める．メリットは計測範囲の制限を受けないこと，デメリットは位相補償子が温度に敏感で補正が必要なことである．

④ 位相変調法：測定系は図1(b)の配置で，位相補償子の代わりに位相変調器を用いている．位相変調器の方位角と位相との組み合わせと，透過光の光強度によりΨ，

Δを求める．メリットは回転機構をもたず高速な計測が可能であること，デメリットは位相変調器の制御が複雑であることと，測定範囲が一部限定されることである．

(2) データ解析　エリプソメトリで測定値はΨとΔであり，これから薄膜各層の屈折率n，消衰係数k，膜厚dを求めるには，図2に示すデータ解析が必要となる．これは，2.3.1項の図2で示したものと同じ図である．

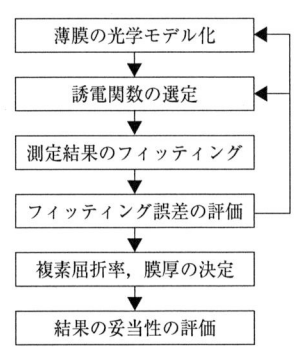

```
┌──────────────────┐
│  薄膜の光学モデル化  │◀─┐
├──────────────────┤  │
│  誘電関数の選定     │◀─┤
├──────────────────┤  │
│  測定結果のフィッティング │  │
├──────────────────┤  │
│  フィッティング誤差の評価 │──┘
├──────────────────┤
│ 複素屈折率，膜厚の決定 │
├──────────────────┤
│  結果の妥当性の評価  │
└──────────────────┘
```

図2　エリプソメトリのデータ解析

薄膜の光学モデル化とは，単純な層構成の膜，薄膜が島状に分布する膜，表面粗さのモデル化など，実際の膜構成を計算できるモデルを構築することである．

次に，誘電関数とは材料の光学的な挙動を計算するための関数である．材料の光学的な挙動は，材料を構成する電子の光に対する応答によって決まる．その応答は，誘電体か金属かなど，材料によって変わる．その応答を表す誘電関数はすでに何種類か確立されていて，データ解析に当たっては，誘電関数の中から材料に合ったものを選定することになる．

① ローレンツ（Lorentz）モデル：紫外から可視にかけての電子の共鳴吸収の影響を受ける領域の材料に対して適用できる．透明であっても吸収を考慮する場合に用いる．

② セルマイヤ（Sellmeier）およびコーシー（Cauchy）モデル：セルマイヤモデルは吸収がない領域での透明媒質のモデル化に用いる．コーシーモデルはその近似的な取り扱いである．

③ タウク-ローレンツ（Tauc−Lorentz）モデル：アモルファスや結晶半導体のモデル化に用いる．

④ ドルーデ（Drude）モデル：金属や半導体のモデル化に用いる．金属中の自由電子や半導体のキャリヤの現象を対象としている．

2.6.3 厚膜の計測

分光干渉法やエリプソメトリといった手法では,厚膜の膜厚計測は困難である.厚膜の計測には,白色干渉やオートフォーカスを用いるのが便利である.

白色干渉は5.2.2項に詳述されているように,形状計測に用いられる.その原理は,測定光路と参照光路が等しいときに干渉を起こすもので,言わば,測定光路は一定距離を指し示す「光の定規」となる.

よって,厚膜の下界面の位置を白色干渉で見出し,白色干渉計を移動して厚膜の上界面を見出し,その移動距離で厚膜の膜厚が得られる.ここで計測されるのは光学的距離なので,厚膜の屈折率で実距離に換算する必要がある.

オートフォーカスも白色干渉に類似で,合焦点を検出する.白色干渉と同様の方法で厚膜を計測すれば,厚膜の膜厚が計測できる.

2.7 蛍光・ラマン散乱光を測る

蛍光やラマン散乱光は物質固有のスペクトルを示すため,特定の物質の高感度な検出や同定に広く用いられている.

2.7.1 蛍光測定と解析手法

(1) 蛍光とは いわゆる蛍光物質に特定の波長の光を照射すると,蛍光物質内の電子が励起されてエネルギー準位が上がり,その後発光によりエネルギーを放出する(図1).この発光を蛍光という.蛍光の発光寿命は,およそ10^{-9}秒から10^{-7}秒といわれている.

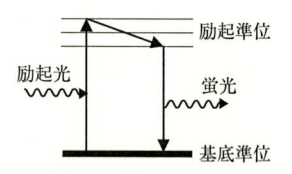

図1 蛍光発光のダイアグラム

蛍光物質は種類によりそれぞれ固有の吸収スペクトルと発光スペクトルを示す(図2).蛍光を発光させるには,励起光の波長を蛍光物質の吸収スペクトル範囲に合わせる必要がある.発光する蛍光の波長帯域は,励起光の波長よりも長くなる.励起光と蛍光の波長の差を,ストークスシフトと呼ぶ.

蛍光は,波長分離によって励起光から切

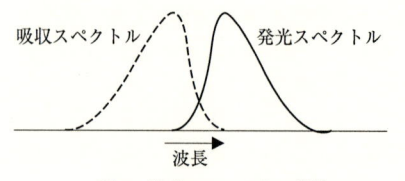

図2 蛍光のスペクトル特性

り離すことが容易なので，非常に高感度な検出が可能である．また，蛍光物質は吸収スペクトル，発光スペクトルとも種類により異なるので，同時あるいは順次に複数の蛍光物質の検出を行うことも可能である．

複数の蛍光物質の存在や状態を発光スペクトルではなく蛍光寿命で識別する蛍光寿命測定装置も市販されている．

(2) 蛍光で分析できる情報 媒質中の蛍光物質を検出する用途のほか，特定の分子に特異的に結合する蛍光物質（蛍光色素）を用いて，目的分子の存在や局在性を調べることができる．また，周囲環境により蛍光の発光スペクトルや蛍光寿命が変化する性質を利用して，pH，Caイオン濃度，膜電位などを検出するために用いられることがある．

(3) 蛍光分光光度計 一般的に光源，励起側分光器，試料室，蛍光側分光器，検出器のユニット組合せで構成される（図3）．光源にはキセノンランプやレーザが用いられる．分光器は，目的によりシングルモノクロメータやダブルモノクロメータが選択される．検出器には，PMT（photo multiplier tube）やシリコンフォトダイオードが一般的に用いられている．

図3 蛍光分光光度計の構成

(4) 蛍光測光上の注意 以下の点に注意する．①測光する蛍光物質に合わせて励起光の波長や検出波長範囲を適切に設定すること．②蛍光灯など外光が検出系に入らないようにすること．③標本以外からの蛍光の発生に留意し，装置専用の石英セルなどを用いること．④励起光の当て過ぎによる蛍光の退色に注意すること．

2.7.2 蛍光顕微鏡

(1) 蛍光顕微鏡の構成 蛍光顕微鏡は，励起フィルタ，ダイクロイックミラーおよびバリアフィルタの備わったフィルタセットが照明光学系と観察光学系を分岐していることが特徴である（図1）．

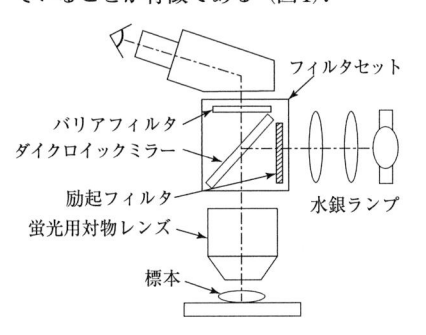

図1 蛍光顕微鏡の構造

使用する蛍光色素に対し，励起フィルタは吸収スペクトルの波長帯を透過するように，バリアフィルタは発光スペクトルの波長帯域を透過するように，ダイクロイックミラーは励起フィルタの透過帯を反射し，バリアフィルタの透過帯を透過するように選択して使用する（図2）．特に，励起フィルタとバリアフィルタの透過帯が重なると，蛍光画像のS/Nを低下させることに

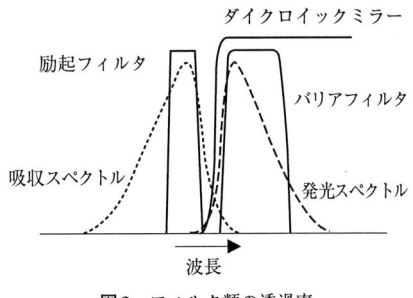

図2 フィルタ類の透過率

なるので重ならないように注意する．

(2) 蛍光顕微鏡の使い方　通常の顕微鏡の使い方に加え，以下の点に注意する．①蛍光観察用の光学部品（対物レンズ，スライドガラス，カバーガラス，イマージョンオイル）を使用すること．②使用する蛍光色素に対し適切なフィルタセットを選択すること．③水銀ランプの芯出しを適切に行うこと．④NDフィルタや開口絞りを調節し，標本への励起光の照射は必要最低限に抑えること．

(3) 蛍光顕微鏡で分析できる情報
生物分野においては，目的タンパク分子に蛍光色素を標識して観察する手法が一般的である．蛍光色素を複数種類用いることにより，タンパク分子間の相互作用を可視化することもできる．

工業分野においては，半導体製造プロセスにおける残留レジストの検出やゴミ解析に広く用いられている．

(4) 生物分野における特殊な検出手法

① FRAP, FLIP：強い励起光を照射して局所的に蛍光分子を退色した後の蛍光回復（fluorescence recovery after photobleaching：FRAP）または周囲の蛍光退色（fluorescence loss in photobleach-ing：FLIP）から，分子の拡散速度などを解析する手法．

② FRET：2種類の蛍光分子間のエネルギー遷移（fluorescence resonance energy transferまたはFörster resonance energy transfer：FRET）に伴う発光スペクトルまたは蛍光寿命の変化から，分子の局在や構造変化を検出する手法．

③ FCS：局所領域の蛍光強度の揺らぎより，蛍光分子の分子量や相互作用などを解析する蛍光相関分光（fluorescence correlation spectroscopy：FCS）の手法．

2.7.3　ラマン散乱光と解析手法

(1) ラマン散乱光とは　励起光が物質の分子振動を励起すると，そのエネルギー遷移の結果，励起光より波長が長くなった散乱光が発生する．それをラマン散乱光という（図1）．

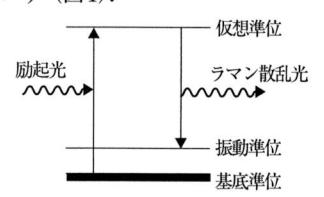

図1　ラマン散乱のダイアグラム

特定の分子には固有の振動スペクトルが存在し，ラマン散乱光のスペクトルから物質の存在や同定を行うことができる．試料に色素などの標識を付けなくても直接観察できる点が大きなメリットである．

(2) ラマン分光測定装置　ラマン散乱光は励起光に比較して強度が10^{-6}倍程度と非常に弱いので，励起光にはレーザが，ラマン散乱光の検出には励起光をブロックするためのエッジフィルタやノッチフィルタが用いられる．レーザの発振波長以外のノイズによるS/N低下を避けるため，レーザの中心波長域以外をブロックするレーザラインフィルタを併用する場合もある．これらフィルタによる励起光ブロックで測定できる分子振動の下限はおよそ100 cm^{-1}である．それより低い分子振動スペクトルを計測するために，これらフィルタの代わりに二重または三重に分光器が用いられることもある．また，試料の自家蛍光もラマン散乱光と同じ波長帯に発生してS/Nを劣化させる要因となるので，特に高分子材料に対しては，励起光に近赤外域のレーザ

を用いて，FT-IRと同様に干渉検出するFTラマン装置が用いられている．

励起光の波長が物体の電子吸収帯に一致すると，ラマン散乱光の強度が増強される．これを共鳴ラマン散乱と呼ぶ．

銀微粒子などをプローブとして表面プラズモン励起を発生させ，ラマン散乱光の強度を増強させる，表面増強ラマンと呼ばれる手法もある（13.3.3項プラズモンセンサを参照）．

（3） FT-IRとの比較　ラマン分光は，分子振動スペクトルを取得できるという点ではFT-IRと似ているが，分子振動の検出感度にはFT-IRと相補性がある．

（4） ラマン分光で分析できる情報
ラマン分光は，工業分野では品質管理や非破壊検査に広く用いられており，生物分野では特にがん診断への応用が期待されている．

表1　ラマン分光の応用

分野	適用
製薬分野	薬剤分布，結晶多形・構造解析
半導体分野	不純物解析，応力解析，欠陥検査，結晶構造解析
材料分野	高分子の配向性・結晶性・成分解析
セキュリティ分野	薬物検査，爆発物検出
地質・鉱物分野	鑑定，成分検査
環境分野	汚染物質の検出，廃棄物材料検査
文化財分野	顔料・絵の具の解析
生物分野	がん診断，病理検査

2.7.4　ラマン顕微鏡とファイバプローブ

（1） ラマン顕微鏡　ラマン顕微鏡の構成の一例は，通常の落射照明顕微鏡の照明光学系の部分に，励起光となるレーザと，励起光の中心波長のみ反射してラマン散乱光は透過するノッチフィルタと，ラマン散乱光を分散するグレーティングと，ラマンスペクトルを撮像するCCDより構成されている（図1）．標本で発生したラマン散乱光は，ノッチフィルタにより励起光のレーリー散乱成分を除去された後，グレーティングにより分光されてCCD上にスペクトル像が投影される．

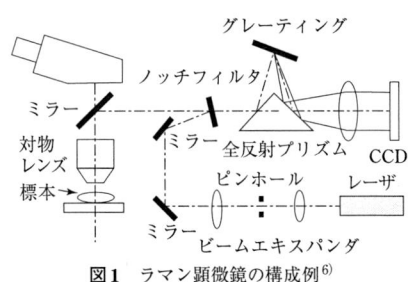

図1　ラマン顕微鏡の構成例[6]

ラマン顕微鏡を用いれば，最大1μm程度の解像度で試料の空間分布を測定することができるため，半導体の不純物・歪解析や医薬品錠剤の成分分布の計測にも用いられている．

また，共焦点検出光学系を組み合わせて空間分解能とS/Nを向上させた，共焦点ラマン顕微鏡も市販されている．

（2） ファイバプローブ　薬品製造プロセス管理や大気や水質などの環境計測に，ファイバプローブタイプのラマン検出器が用いられている．ファイバプローブタイプは，光源および検出光学系とプローブ

がファイバによってつながっており，小型のプローブを用いることにより，測定対象のその場観察も可能である．その構成の一例を図2に示す．

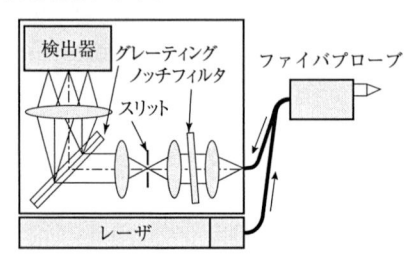

図2 ラマンファイバ検出器の構成例[7]

ファイバを用いたラマンプローブの場合，励起レーザ光を導入するファイバ内部でもラマン散乱光が発生し，それが試料からのラマン散乱光と混じるとノイズとなってしまう．そのため，構成の一例では，ホログラフィックノッチフィルタを複数枚用いて，励起レーザ光を導入したファイバ内で発生したラマン散乱光が検出光学系に戻らないようにしている．また，共焦点ピンホールにより，励起レーザ光が照射された部分以外からの外光の入射を抑え，検出信号のS/Nを向上させている（図3）．

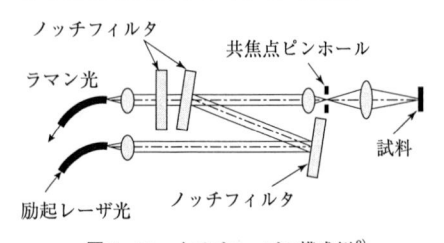

図3 ファイバプローブの構成例[8]

2.7.5 四光波混合

（1）四光波混合とは 結晶や光ファイバなどの光学材料に超短パルスによる瞬間強度の高い光を入射すると，非線形散乱が発生する．3次の非線形感受率に基づく効果を光カー効果と呼び，二つ以上の異なった波長の入射光により，それらと異なる波長の散乱光が発生する現象を四光波混合（four wave mixing：FWM）と呼ぶ．関連する四光波の波数ベクトルは位相整合条件と呼ばれるモーメント保存則を示し（図1），散乱光はこの位相整合条件を満たす方向に発生する．

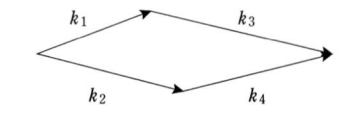

図1 位相整合条件

四光波混合は光パラメトリック変換の一種であり，その発生メカニズムには，フォトリフラクティブ効果によるものと，ラマン散乱によるものがある．波長変換の性質を用いたデバイスや高感度検出としての応用が可能である．

（2）DFWM 特に波長が等しい二つの励起光を対向してフォトリフラクティブ結晶に照射して，同時に物体に照射したプ

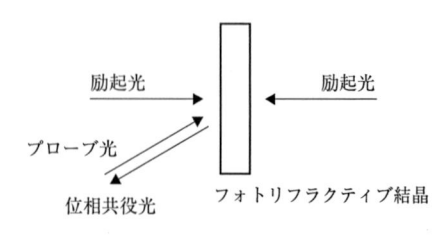

図2 DFWM

ローブ光の位相共役光を発生させる場合をDFWM (degenerated four-wave mixing, 縮退四光波混合) と呼ぶ (図2).

位相共役鏡,実時間ホログラム,超高速光スイッチ,波長変換デバイス,気体流速計測やラジカル分子の検出などのアプリケーションがある.

(3) **CARS**　ラマン散乱の四光波混合過程の一つに,CARS (coherent anti-Stokes Raman scattering) がある.CARS光は,励起光とストークス光と呼ばれる二つの波長の超短パルス光を試料に同時に照射した場合に,励起光とストークス光の振動数の差に等しい分子振動が存在するときのみ発生するため,分子振動の選択的励起が可能である (図3).励起光により発生する蛍光と波長分離できる利点もある.

CARSは,古くから火炎の温度計測や気体分子の解析に用いられていたが,最近CARS顕微鏡が開発され,無染色で生体内脂質の可視化ができるので注目を集めている.

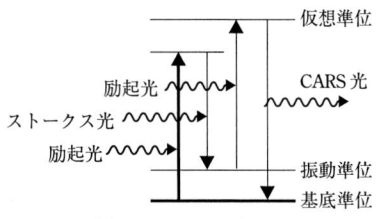

図3　CARSのダイアグラム

(4) **位相緩和時間の検出**　試料に対し,励起光とストークス光を同時に照射して電子やスピンの振動を励起した後,時間間隔を変えながらプローブ光を照射することで発生する四光波混合散乱光の強度を計測することにより,原子振動の緩和時間を評価することができる.長距離量子通信の評価に用いられている.

2.8　リモートセンシングを知る

リモートセンシングとは隔たったところから検知することを意味するが,現在では,衛星から地球上の状況を調べることに限定して使われることが多い.

(1) **リモートセンシングの目的と光計測技術**　リモートセンシングの目的には,地形図の作成,気象情報の取得,海面温度などの海洋情報の取得,火山活動や自然災害の調査,資源探査,植生分布調査,農業生産予測などがある.

地形図の作成にはステレオ法による3次元画像計測が用いられる.それ以外では,分光画像計測,すなわち特定の波長帯の画像による計測が用いられる.これは,温度や材料により,波長ごとの光強度の違いが現れる現象を利用したものである.

リモートセンシングに用いられる光の波長は,可視光から赤外光の幅広い範囲に及んでいる.光学系は,赤外光にも対応するため,反射光学系が主となっている場合が多い.分光画像を得るには,ダイクロイックミラーやバンドパスフィルタを用いて取得する画像の波長帯を絞っている.また,ミラーで光線の方向をスキャンし,広域の画像を得るようにしている.光学センサには,可視,近赤外,中間赤外,熱赤外,それぞれに別のセンサが用いられる.

衛星搭載の光学機器は,光学系,センサ,画像制御系からなる.これらは,打ち上げ時の負荷を減らすための軽量化,昼と夜の大きな温度差に対応できる耐熱性,および長期間の性能保証の技術が求められる.

(2) **代表的なリモートセンシング衛星**
・ランドサット:NASAが打ち上げている地球観測衛星,現在 (2013年) 7号と8号

が運用中である．

・Terra：NASAが1999年に打ち上げた，EOS（earth observing system）計画の最初の大型衛星．日本が開発した観測機器ASTERが搭載されている．ASTERには，可視近赤外，中間赤外，熱赤外の三つの光学系が搭載されており，異なる波長帯での画像を得る．

・もも1号（MOS-1）：1990年に打ち上げられた日本初の地球観測衛星であり，海洋探査を目的としていた．1995年に運用停止．

・TRMM：1997年に打ち上げられた，日米共同の熱帯降雨観測衛星．当初の設計寿命は3年であったが，現在でも運用が続いている．

・だいち（ALOS）：2006年に打ち上げられた陸域観測技術衛星．2011年に運用中止．

・いぶき（GOSAT）：2009年に打ち上げられた温室効果ガス観測衛星．

(3) リモートセンシング衛星情報の利用

地球観測衛星のデータは，各国の機関や民間企業がデータの蓄積と運用を行っている．

日本では，宇宙航空研究開発機構/地球観測センター（JAXA/EOC），東海大学，広島工業大学などで受信，保存されており，JAXAのWebサイトなどを通じ閲覧することができる．商用利用には，（財）リモートセンシング技術センターを通じて，有償で入手できる．

文献

2.7
1) 木下一彦，御橋廣眞編：蛍光測定—生物科学への応用，学会出版センター，1983
2) 御橋廣眞編：蛍光分光とイメージングの手法，学会出版センター，2006
3) 浜口宏夫，平川暁子編：ラマン分光法，学会出版センター，1988
4) 小林孝嘉編：非線形光学計測，学会出版センター，1996
5) 黒澤　宏：入門まるわかり非線形光学，オプトロニクス社，2008
6) Batchelder, D.N.: "Spectroscopic apparatus and methods", USPatent 5, 689, 333
7) Tedesco, J.M.: "Optical measurement probe calibration configurations", USPatent 6, 351, 306
8) Owen, H.: "Remote optical measurement probe", USPatent 5, 377, 004

3 長さを計測する

　長さ（length）とは，長いこと，その程度，直線またはある曲線に沿った2点間の隔たりを表し，国際単位系（SI）における長さの単位であるメートルを用いている．長さ測定のために干渉技術をはじめとする多くの光学技術，原理を用いた測定機器が使用されている．

　長さを測るといっても長さにもいろいろな長さがあるが，どれも1次元，直線上のことである．

・寸法（size, dimension）：　寸法は幅，厚さなど大きさを長さで表すもので，四角形の一辺の長さ，対面間距離，円の直径など実態の大きさを表すときに用いている．

・距離（distance）：　距離は2点間を結ぶ線分の長さを表し，比較的長い，遠いという概念も含まれている．

・間隔（interval, space）：　間隔は，物と物との間の隔たり，距離，特に一定の間隔をあけて並べる場合に用いる．時間に対しても用いる．

・変位（displacement）：　変位は位置を変えること，その変化の大きさを表し，移動，あるいは置き換えるという概念がある．距離に対して短い長さがイメージされる．

・位置（position, location）：　位置は物のあるところ，場所，所在地という概念で，ある基準からの位置関係を長さで表している．位置を決めるためには1次元の長さだけでは決められないので，これは座標（coordinates）に拡張されることが多い．ちなみに座標は平面，空間における任意の点の位置を示すために，互いに直交する直線を基準として表す数値である．

　日本は波長633 nmの赤い光，または波長532 nmの緑の光を発振するヨウ素安定化レーザ光源を実用上の長さの標準（特定二次標準器）としている．

　この光源にトレーサブルなレーザ光源の波長を目盛として長さを測る方法として光の干渉技術を用いた測定機器の代表的なものがレーザ干渉測長機である．これは長さ標準に直結した最も高精度な測長機である．

　レーザ波長を複数使った干渉測長の例としては，寸法測定になるが，合致法を用いた多波長ブロックゲージ干渉測定機などがある．

　一方，スケールの目盛を読み取り長さを測定するリニアエンコーダは長さを測る代表的な測長機である．その検出原理にはいろいろな方法があるが，光電式では光の回折現象を用いたエンコーダが最近の代表的なものとなっている．

　比較的長い長さ，距離を測る測定機としては，光源としてLEDまたはLDを用い反射光の位相，到達時間から距離を求める測量機，レーダ技術を用い距離だけでなく気象観測や環境汚染のモニタリングなどにも使われるレーダレーザ装置などがある．

　逆に短い長さ，寸法であるフォトマスクのパターン線幅などの測定としては，レーザの反射光，回折光を用いパターンのエッジを検出し，レーザ干渉測長機でそのエッジ間寸法を測定する専用の線幅測定機などがある．

3.1 長さの基準の話

長さの基準は，1799年に北極と赤道間の子午線の弧の長さの1/1000万を白金製の確定メートル標準器（端度器）に写し，フランス国内の標準として確定したことに始まる．その後メートル条約成立とともに全世界の長さの単位をメートルに統一し，安定な人工物であるメートル原器（線度器）をその基準とした．そして長さの基準は安定な自然現象であるクリプトンランプ^{86}Kr原子スペクトル線の真空波長へと変わり，さらに不変な物理現象である光の速度に変わり現在に至っている．これらを経てメートルはより安定し，再現しやすくなり，そして精度が高められてきた．

図1 メートル原器のレプリカ

図2 クリプトンランプ

1983年第17回国際度量衡総会で新しいメートルの定義が決議された．

メートルは「299792458分の1秒の間に光が真空中を伝わる行程の長さ」とする．

同時に光速 $c = 299\,792\,458$ m/s および長さの実現方法として三つの方法が勧告された．

①時間 t を測定し，$l = c \cdot t$ の関係から，距離 l を求める方法は，一般の長さ計測では，光の伝わる時間が非常に短く，高精度，高分解能なメートルの実現が難しいため，主に天体観測などに使われている．

②周波数 f を絶対測定し，$\lambda = c/f$ の関係から求めた波長 λ を用いる方法は，周波数 f の測定が装置が非常に複雑などで現実的ではなかった．しかし，昨今の光周波数コムレーザの開発などの技術進歩により周波数測定が実用化され，この方法も現実的なものとなってきた．

③勧告された放射リストを用いる方法では，基準光源として19種のレーザ光源と4種のランプをその周波数と不確かさとともに勧告．この勧告には発振させるための条件も明確に示してあるので，誰もが同じ条件で基準レーザを発振させて同じ不確かさで使えるようになった．また，この放射リストは1992年，1997年，2001年に改訂され，現在，次の改訂に向け，作業が進行している．

図3 ヨウ素安定化He-Neレーザ

日本の長さ標準（国家標準）は，1992年5月20日に公布された計量法第134条に基づき，産業技術総合研究所が保管するヨウ素安定化He-Neレーザ装置と定められていたが，2009年7月16日経済産業省告示第241号で「協定世界時に同期した原子時計及び光周波数コム装置であって，独立行政法人産業技術総合研究所が保管するもの」に置き換わった．

光周波数コム装置の不確かさは 7×10^{-14} (σ) であり，国家標準の不確かさは約300倍高精度になった．今後はこの光周波数コム装置（国家標準）にて値付けられた633nm，532nmのヨウ素安定化レーザ光源が事実上の日本の長さ標準（特定二次標準器）となる．

3.2 長さを測る

本節では一般的に使用される長さを測る三つの手法について述べる.

3.2.1 高精度干渉計測

現在の実用領域における長さ計測では,光の干渉性を利用する干渉計測が最も高精度な方法である.目的に応じて多種多様な干渉計が開発され,広範囲に利用されている.現在の主流はマイケルソン型干渉測長機であり,ホモダイン方式とヘテロダイン方式に分けることができる.

ホモダイン方式は干渉縞の数から長さを求める方法である.図1において,片方の反射鏡を光軸方向に直進運動させると,レーザ光の波長 λ の1/2を1周期とする明暗の干渉縞が観察される.この干渉縞を光検出器で電気信号に変換して,得られた正弦波をカウンタで計数すると,反射鏡の移動量から長さを求めることができる.反射鏡には,コーナーキューブプリズムを用いて,信号の安定化を図ることも多い.また,偏光素子などを利用して4相の干渉信号を形成させ,電気的に分割を行うことによって1 nmを越える高分解能を得ることができる.

ヘテロダイン方式の干渉計を,図2に示す.一般に,本方式の光源は,ゼーマン効果によりわずかに異なる2周波の光を発生させた2周波 He-Ne レーザが利用される.周波数 f_1 と f_2 の周波数の光は偏光ビームスプリッタで分割され,反射鏡からの戻り光は再度偏光ビームスプリッタで重ね合わされ $(f_1 - f_2)$ のビート周波数,つまり唸りを発生させる.片方のコーナーキューブプリズムを移動させると, f_1 の光はドップラ効果によって,移動方向に Δf のドップラシフトを受け,周波数が $(f_1 \pm \Delta f)$ となる.したがってこのとき, $(f_1 - f_2 \pm \Delta f)$ のビート周波数が発生する.このビート周波数と固定の基準となるビート周波数の位相差を検出し,コーナーキューブプリズムの速度から変位量が求められる.

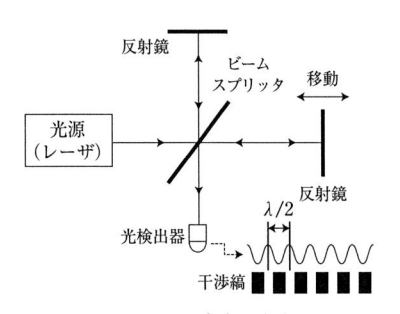

図1 ホモダイン方式干渉計の原理

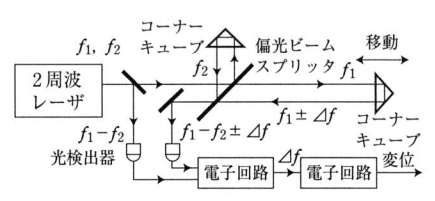

図2 ヘテロダイン方式干渉計の原理

これらの手法を用い高精度な計測を行うためには,干渉計光源として,周波数(波長)が安定化されたレーザが必要である.一般的な633 nm He-Ne レーザは,長さ標準であるヨウ素安定化 He-Ne レーザ装置を基準に波長の校正が行われる.また,さらに高精度な干渉測長では,誤差要因である光路中の空気の屈折率変動の影響を排除するために,測長光路を真空にする方法やレーザ本体や検出器の熱の影響を排除するためにレーザ光を光ファイバで伝送する方法などがある.

3.2.2 合致法による多波長計測

合致法は測定対象の寸法があらかじめ数μmのオーダーでわかっているときに、複数の波長を用い、干渉位相を測定して、その対象物の長さをさらに高い精度で計測する方法である。合致法による計測では、ブロックゲージ用の干渉計が最も典型的な例である。ブロックゲージ干渉計は1930年前後に確立され、現在でも最も精度の高い測定方法として、実用的な工業標準として利用されている。

ブロックゲージの計測にはトワイマン-グリーン干渉計が用いられる。図1にブロックゲージ用の干渉計の原理を示す。

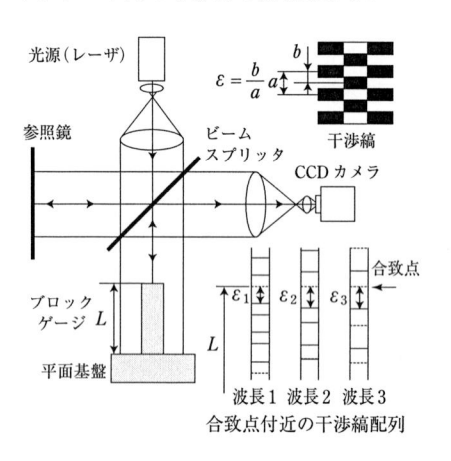

図1 ブロックゲージ干渉計

測定対象となるブロックゲージをオプチカルフラットなどの平面基盤に密着させる。このブロックゲージと平面基盤から反射した光は、参照鏡の反射光と干渉し、平面基盤とブロックゲージで互いにずれた干渉縞が形成される。ここで、ブロックゲージの寸法Lは、光源の波長λ、干渉縞の整数N、干渉縞の端数部εにて、次式で表される。

$$L = \frac{\lambda}{2}(N+\varepsilon)$$

端数部εは干渉縞の位相差b/aとして観測される。ここで、数種類の異なる波長で干渉縞を測定すると、Nが一義的に定まる合致点を決定することができる。この合致法は、①測定のための駆動部分がほとんどなく安定した測定ができる。②位相のみの測定なので、測定が短時間でできるなどの利点がある。

光源として、現在は周波数（波長）を安定化した単一モードのレーザが用いられる。合致法にレーザを用いる場合は、複数の安定化レーザが必要になることが大きなネックとなる。実用標準レベルでは、He-Neの633 nmレーザ、543 nmレーザなどがある。また、国家の標準研究所レベルでは、Nd:YAGレーザなどの固体レーザの安定化が行われ、使用されている。

位相差の測定には、従来は目視やフォトディテクタによる測定が行われていたが、最近はCCDカメラによるフリンジスキャン法を用いた測定が主流となっている。CCDの画像から測定面の任意の位置における位相情報が得られるので、長さに加えて、図2のようにブロックゲージ測定面の平面度や平行度も計測することができる。

図2 ブロックゲージ測定面の測定例

高精度化においては、波長の空気屈折率補正やブロックゲージの熱膨張補正が重要である。

3.2.3 リニアスケール

長さの物差,リニアスケールの基本的な構成を図1に示す.

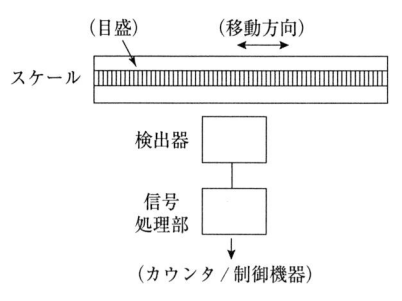

図1 リニアスケールの構成

リニアスケールは,一般にステージなどにスケールを取り付け,その移動量を検出器(信号処理部を含む)で検出することで長さを測るシステムである.マニュアルのステージや測定機などに使用する場合は,カウンタに接続し移動量を読み取る.また,各種制御機器に接続することで,ステージの位置制御や速度制御にも用いられる.

リニアスケールの最大測定長は,ガラス製のスケールを用いた場合で4 m程度,金属製のスケールを用いると30 m強である.

また,リニアスケールは,任意2点間の長さを測定するインクリメンタル方式と絶対原点からの長さを測定するアブソリュート方式があり,最小分解能が$0.1 \sim 0.001 \mu m$程度のものが主流となっている.

リニアスケールの検出原理には,光電式や磁気式,電磁誘導式などがある.光電式は比較的高精度,高分解能な測定が行いやすく,磁気式や電磁誘導式は汚れに強いという特長をもっている.ここでは光電式リニアスケールを紹介する.

光電式リニアスケールは,図2に示す透過型と図3に示す反射型に大別される

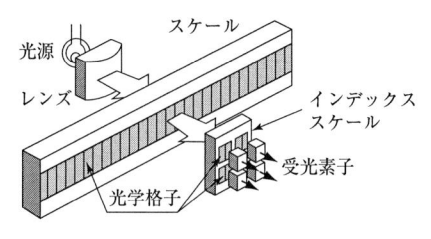

図2 透過型

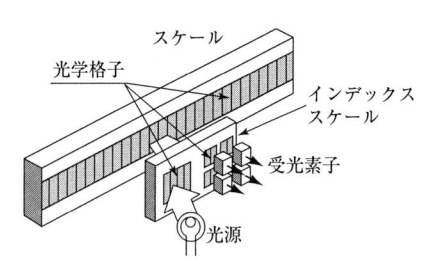

図3 反射型(3格子原理)

図2の透過型は,スケールおよびインデックススケールに配置された光学格子の相対的な移動により発生する光の強度変化を受光素子(光-電気変換素子)で検出し,移動量に変換する.

図3の反射型では,光がインデックススケールに配置された第1の光学格子を通過した後,スケールに配置された第2の光学格子で反射し,再度,インデックススケールに配置された第3の光学格子を通過し受光素子に到達する.スケールとインデックススケールの相対的な移動により発生する光の強度変化を受光素子で検出し,移動量に変換する.

3.3 距離を測る

本節では比較的長い距離の測定を行うときに有効な手法について解説する.

3.3.1 測距・測量用機器

角度と距離を同時に測定するトータルステーション（total station）が，現在の代表的な測量機である．その距離測定部は，「光波測距儀」（または「光波距離計」）と呼ばれ，数kmの長距離や大気が不安定な状態，あるいは低高温の屋外であっても，数mmから10 mm程度の精度で測定が可能である．

光波測距儀の測距方式は，位相差方式とパルス方式の二つに大別され，さらに測定点に反射鏡（コーナーキューブプリズム）を設置するタイプと，反射鏡を必要とせずに建造物などを直接測定可能なノンプリズムタイプに分類される．光源には主に近赤外光のLEDまたはLDが用いられる．

表1 光波測距儀の分類

測距方式	光 源	測 定
位相差方式	発光ダイオード	プリズム
	レーザダイオード	ノンプリズム
パルス方式	レーザダイオード	ノンプリズム

位相差方式は，強度変調された光の位相差を測定し距離を求める方式で，その概念を図1に示す．

変調周波数をfとすれば，式(1)と書ける．

$$\lambda_m = c/f \quad (1)$$

ここで，λ_m：変調波長，c：光速度.

したがって，測定距離Dは光の往復を考慮し式(2)で表される．

$$D = (\lambda_m/2) \times (\theta/2\pi) \quad (2)$$

ここで，θ：位相差．

位相差方式は，分解能と長距離測定の両立のため複数の変調周波数を使用し，短距離用の変調周波数を高く設定することで高分解能化が可能である．

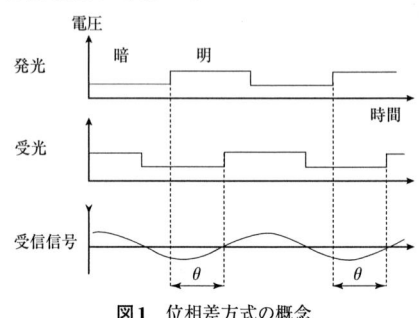

図1 位相差方式の概念

これに対しパルス方式は，非常に短い時間に極めて大きな出力でパルス状の光を放射し，その光が測点から戻ってくる時間により距離を求める方式で，その概念を図2に示す．

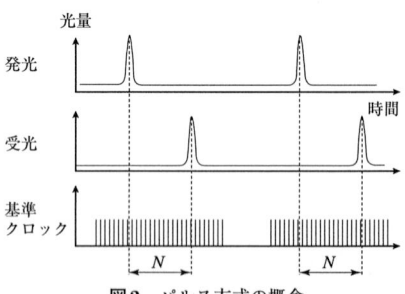

図2 パルス方式の概念

パルス方式では，微小時間のパルス点灯，微弱信号の処理のほか，必要な精度を達成するために，多数回測定，パルス列処理などの工夫をしている．特長は，遠距離までノンプリズム測定可能なことであり，反射鏡が必要ないことから，作業時間の短縮と危険箇所や人が立ち入りにくい箇所の測定などでその効果が大きい．

3.3.2 気象・大気用レーザレーダ

気象観測や環境汚染のモニタリングなどに使われる装置で，レーザを用いたレーダである．このためレーザレーダ（laser radar）と呼ばれたりするが，最近ではライダ（lidar: light detection and ranging）という呼び名が定着している．

レーダは電波を用いるため，金属物体からの反射効率は高いが，雲，岩といった非金属物体からの反射率は低く，検出が難しい．これに対しライダは，電波より波長が短くエネルギー密度の高いレーザを用いるため，非金属や分子状の小さな対象からでも充分な後方散乱強度が得られる．また，多くの化学物質は光と強く相互作用するので，適切に波長を選べば，高効率で物質組成をモニタリングできる．さらに，通常レーザ光束は絞り込まれた細いビームとなっているため，非常に高い解像度で大気の状態をマッピングできる．大気の温度，ドップラシフトによる風向風速も測定できることから，局地的な気象観測や，環境監視システムとして注目されている．

システムは，赤外レーザ（$2\mu m$，$1.5\mu m$のアイセーフレーザ，1064 nmなど）や可視レーザ（532 nm），投受光光学系（投光系，走査光学系，受光系），処理系などから構成される（図1）．遠隔から対象物（大気自身，雲など）にパルスレーザを照射し，そこから戻ってくる微弱な後方散乱光を集光，送信時間と信号受信時間の遅れから散乱源までの距離が求まり，受信強度から光路に沿った散乱係数の分布が求まる．また，特定分子の波長による吸収係数の違いを使って，複数波長のライダ信号波形の比較から吸収分子濃度の空間分布を求めることもできる（差分吸収法）．他にもラマン散乱を使って大気中に存在する物質の特定，濃度算出などができるラマンライダ，周波数のドップラーシフトから散乱源の移動速度（風速として）を測るドップラライダなどがある．

このようにライダは，大気中の水蒸気，エアロゾル，微粒子，汚染物質（NO_x，SO_2など），炭酸ガス，オゾンなどの濃度，分布状態を検出することができる．しかしながら，大気観測では従来からさまざまな方法が使われており，それなりの評価がされている．それらに対する優位点は，

・リアルタイム測定可能
・地上から上空の観測可能
・直接採取困難なものの測定可能
・車載，航空機搭載可能なシステム
・時間空間的に連続測定可能

などがある．特徴を生かした小型ライダの気象環境モニタが期待される．

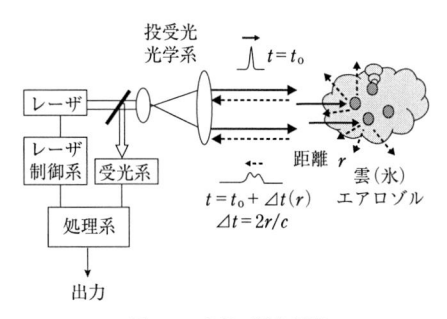

図1 ライダの測定原理

3.4 微細線幅を測る

ICの原版となるフォトマスクや，半導体デバイスとなるウエハ上の，規則的に配列された密集パターンやランダムに孤立した単独のパターンの線幅の寸法を測定する方法について述べる．

3.4.1 光式のIC線幅計測

微細な線幅測定機には測長SEM(scanning electron microscope)があるが，ここでは光学的に線幅検出する方式について説明する．

図1に従って，レーザ光学系を使った線幅測定機の構成と測定原理について説明する．

レーザ光源からのビームは，ビームエキスパンダによって拡大された後，走査系によって載物台の試料上を移動される．この走査系は，光路長を変えることなく，ビームを平行にシフトさせることができる．ビームは，対物レンズで集光され，微小スポットとなって，試料面で1次元に走査される．さらに，ビームローテータの回転により，スポットの走査方向が決められる．そして，スポット走査の移動量は，走査系につけられたレーザ干渉計などの位置モニタによって，読み取られる．このとき，走査系の移動量は試料面に対して5倍程度の倍率がかかっており，たとえば，干渉計のパルスとして$5\mu m$の移動に対して，試料面上では$1\mu m$となり，測定のための読み取り精度が向上する．

集光スポット光が，ウエハパターンなどのエッジ（微小な凹凸段差）を横切ると，エッジからは散乱光（回折光）が生じる．この散乱光は対物レンズの周囲に環状に設けられた散乱光集光系（楕円ミラー）で集められ，その上部の環状で多方向に配置された散乱光検出器で検出される．

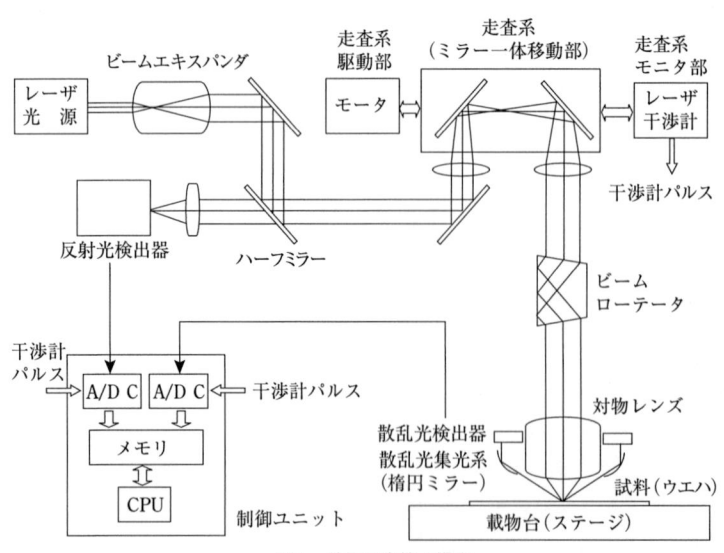

図1 線幅測定機の構成

一方，試料からの反射光は，対物レンズを通り，元の光路を戻ってハーフミラーを通過後，反射光検出器で，散乱光とは別に検出される．

試料面のスポットは，走査系駆動部により走査されると同時に，モニタ部のレーザ干渉計からのパルスが出力される．このパルスと同期して，散乱光または反射光の光電信号は，制御ユニット内のA/D変換器によって，デジタル化されてそのデータがメモリに読み込まれる．

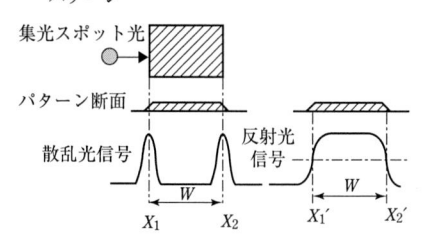

図2 パターン検出信号とデジタル処理

図2はパターンからの検出信号とデジタル信号処理による線幅測定の説明図であり，図の左側が散乱光，右側が反射光の検出器からのそれぞれの信号波形例である．読み込まれたデータは，制御ユニット内のCPUが処理する．散乱光信号では波形のピーク位置として，反射光信号では一定のしきい値との交点として，X_1, X_2を検出し，その差（$X_2 - X_1$）を計算する．そして，この値に干渉計パルスの単位走査量（たとえば$0.01\mu m$）を乗算することにより，パターンの線幅値Wが算出される．

文　　献

3.3
1) 日本測量機器工業会編著：最新測量機器便覧，第5章，山海堂，2003

4 寸法を計測する

　寸法を測定する場合には，被測定物の大きさ，材質，要求される測定精度，測定環境を考慮して測定機を選定することが重要となる．

　接触式の測定機として最も汎用的なものとして，ノギスやマイクロメータがある．ノギスは内側用測定面と外側用測定面をもち，バーニヤ目盛にて分解能を高めたものであり，穴径，軸の直径，板厚を測定するのに適している．マイクロメータは，精密なねじ機構により送り（長さ）方向を回転角度に変換して分解能を高めた測定を実現している．他にも，歯車機構やテコ機構によって高い分解能を得るダイヤルゲージなどがある．これらは，1次元の長さなどの測定機として用いられるが，3次元空間の座標系をもち接触子（プローブ）を用いて立体形状を高精度で測定するものとして3次元測定機が使われている．

　前述のように接触式の寸法測定機は分解能を高めるために機械的な方式を用いている．これに対して，光学的に被測定物を拡大するなどして分解能を高め高精度で測定するものとして光学式測定機がある．光学式測定機は非接触測定であり，特に接触式では測定が困難なところや高速で測定したい場合に用いられる．光学式であるため目の代わりにカメラを用い画像処理技術を利用することによって高精度化や自動化も実現している．

　寸法とは長さ寸法，角度寸法など形体の実寸法を表し，長さ寸法は2点間の長さ，角度寸法は二つの直線ではさむ角度となる．寸法公差はその形状偏差までは規制せず，真直度，平面度，真円度などの形状偏差は，幾何公差として規制することになる．

　つまり，図面に寸法のみを記載した場合，作りたいものができあがるとは限らない．幾何交差を記載することによってはじめて作りたいものができる．

　前述した寸法公差と幾何公差については，4.1節で詳しく説明する．次に光を用いた2次元・3次元の寸法および幾何形状，そして，角度，穴などの寸法および幾何形状の計測について記載する．

　なお，本章では，幾何形状の計測も含むが一般的にわかりやすい言葉とするために，寸法を計測するという名称とした．

4.1 幾何形状の計測について

寸法および幾何形状の計測を説明する前に,製品・図面の公差について述べる.

4.1.1 図面と幾何公差

(1) 図面と幾何公差　図面は,あいまいさがなく,誰がみても同じ解釈がされることが重要な要件として求められる.

寸法公差を主とした精度情報では図面の解釈にあいまいさが残るため,幾何公差を記載する必要がある.これは,製品の幾何特性仕様(geometrical product specifications：GPS)として規格化されている.

寸法公差と幾何公差の例を図1に示す.寸法公差は2点間の距離の誤差を規定しているにすぎず,大きくゆがんでいても成立する.

幾何公差で真円度を指定することで,初めて円としての形状を規定できる.

グローバル化が進展する現在,事業の国際分業化が加速している中,部品を海外メーカーから調達したり,共同で開発したり,また,それに伴って設計者にはグローバルなものづくりに対応できる図面づくりが求められている.当然,図面の中の精度情報(公差)は,設計者の意図を製造現場に正確に伝えるものでなくてはならない.欧米ではGPS規格に基づいて幾何公差を取り入れた図面が書かれているが,日本ではまだ十分に浸透しているとは言いがたい.JIS B0021でもGPSの幾何公差表示方式が規定されているので,ぜひ,参照して幾何公差を採用していただきたい.

(2) 幾何公差の分類　幾何公差には以下の種類がある.
・形状：真直度,平面度,真円度,円筒度
・姿勢：平行度,直角度,傾斜度
・位置：位置度,同軸度,同心度,対称度
・その他：振れ

(3) 寸法公差と幾何公差との相互依存性　ISO 8015およびJIS B0024に規定する独立の原則は,「寸法公差と幾何公差は,特別な関係が指定されていない限り,それぞれ独立して適用する.」としており,特別な関係が必要ならば,図面に指定しなければならない.特別な関係とは,包絡の条件,最大実体公差方式,突出公差域および最小実体公差方式である.

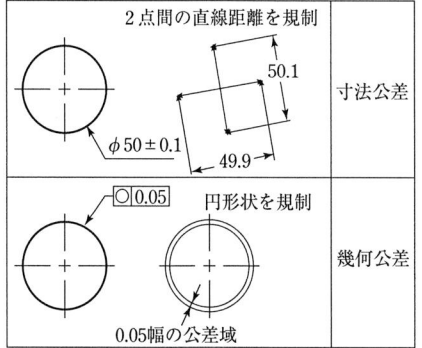

図1　穴形状を規定する寸法公差と幾何公差の違い

4.2 2次元幾何形状を測る

光を用いる2次元の寸法および幾何形状の測定法は，レンズを用いて測定物を拡大し，スクリーンや接眼レンズおよびTVカメラにてその像を測定することになる．

4.2.1 投影機

投影レンズを用いて測定物の拡大像をスクリーンに結ばせ，基準図形（チャート）と照合による測定，あるいは精密十字動テーブルによる測定に用いられる．

図1は測定投影機の概略図で，拡大像をつくる投影レンズLp，光路を折り曲げる平面鏡M，スクリーンSc，光源Sとコンデンサレンズ Lcからなる透過照明装置，測定物Oを保持する載物台または精密十字動テーブルで構成される．透過照明装置と投影レンズの配置により，縦型光軸上向き型，縦型光軸下向き型および横型光軸横向き型（図1(a)～(c)）に分類される．(a)はスクリーンを観察しながらの測定物の操作，(b)はスクリーン上の基準図形の取り扱いが容易である．(c) 横型は一般に光軸に平行な載物面をもつ載物台と併用され，剛性の高い構造が可能で重い測定物に都合がよい．

・テレセントリック光学系（16.2.2項参照）

測定投影機にはテレセントリック光学系が採用されている．これは測定物を平行透視する光学系で，主光線が後側焦点（像焦点）を通るように配置されたものである．この光学系では，焦点合わせ誤差があってもボケの中心像高は変わらず倍率誤差とならない特徴をもつ．

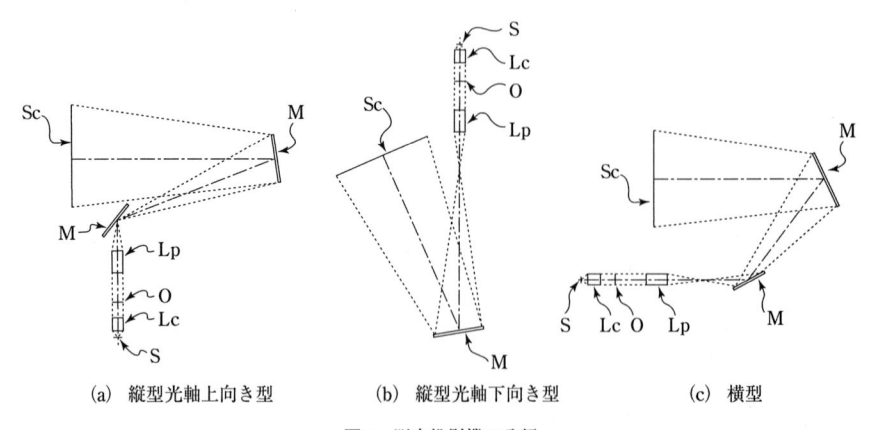

(a) 縦型光軸上向き型　(b) 縦型光軸下向き型　(c) 横型

図1 測定投影機の分類

4.2.2 測定顕微鏡

投影レンズでスクリーンに像を写す代わりに，対物レンズにより結像した中間像を接眼レンズで観察，測定を行うのが測定顕微鏡である．一般の（観察用の）顕微鏡と異なるところは，対物レンズの性能が色収差や解像力よりも，倍率精度と像のひずみの少なさおよび作動距離を長くすることに重点をおいているところにある．

図1に測定顕微鏡の原理図を示す．透過照明はテレセントリック光学系となっており，コンデンサレンズで一度集光した照明光をコリメータレンズで平行光にしている．コリメータレンズの前側焦点に照明光のNA（開口数）を制限する絞り，いわゆるテレセントリック絞りを配置している．円筒の直径を測定するときに生じる照明光のNAに起因する誤差を最小にするための絞りである．最適絞り値は，いわゆるギュンターの式により，以下のように表される．

$$D = 0.18 \cdot F^3 \sqrt{1/d}$$

ここに，D：最適絞り径，F＝コリメータレンズの焦点距離，d：丸棒の直径．

反射照明では，光源をオプチカルファイバ端面に結像し，反対側の端面を2次光源とする．これをコンデンサレンズで集光し，対物レンズをコリメータレンズとして測定物を照明する．照明光をオプチカルファイバを通すことにより光源の熱の影響を除去している．

図の例では，対物レンズで結像した像をリレーレンズにて再度結像し，その像を接眼レンズで観察する．最初の結像面が測定投影機でのスクリーン面に当たり，ここに十字線や，測定物の形状に合わせたテンプレートが配置される．測定方法は測定投影機と同様である．

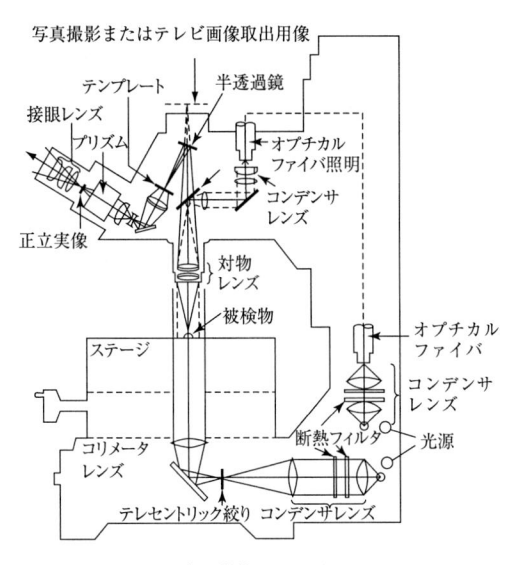

図1 測定顕微鏡の原理図

4.2.3 画像測定（2次元画像測定機）

大きな測定対象にも対応できるように，リニアエンコーダ，あるいはレーザ干渉測長計を備えたXYテーブルに測定対象を載せて，CCDカメラなどのエリアセンサで受像し，画像処理を利用してエッジ像を検出，座標を求める．画面内寸法は画像から求め，大きな測定対象はリニアエンコーダで求めるように構成した座標計測機である．主として，LCD部品，ガラス部品，プリント基板などの平物の測定に利用される．

画像測定機は，エッジ検出（XY平面内の測定），オートフォーカス（ピント合わせ/Z測定），パターン認識（アライメント/位置決め/欠損チェック）の機能をもつことが多い．

パターン認識とは，観測されたパターンをあらかじめ定められた概念（クラス）の一つに対応させる処理のことで，通常は，特徴抽出と識別の二つの過程で行われる．

エッジ像の検出は，明暗の境を人間の目に代わり検出するものであり，2値画像では画素サイズで精度が決まるので，サブピクセル処理という隣接する複数の画素を利用して画素サイズの10分の1程度の精度でエッジ位置を検出する手法を用い，測定機としてはサブミクロンの分解能を得ている．画素単位を長さに変換するには，校正プレートにより1画素の長さを求めてエッ

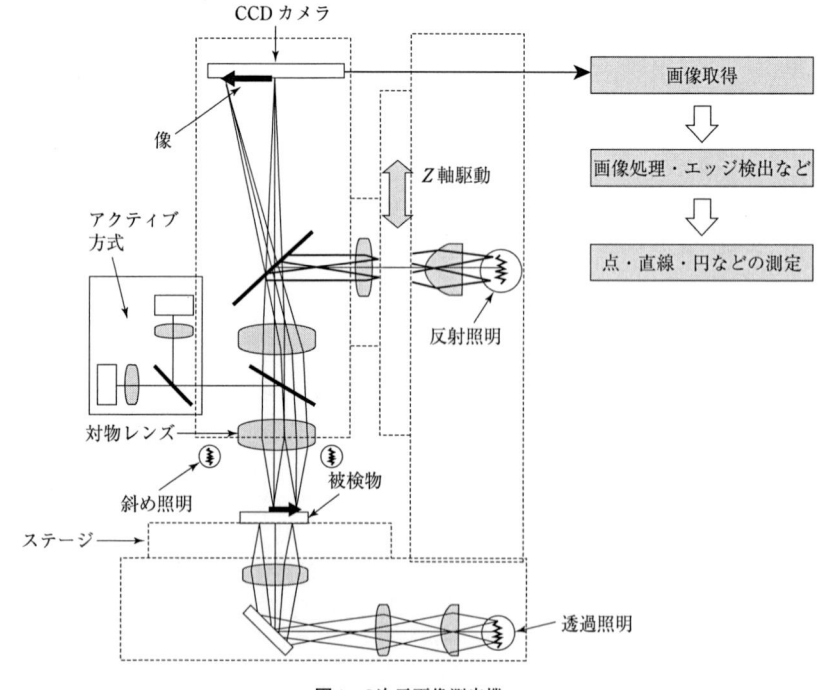

図1　2次元画像測定機

ジ位置およびエッジ間距離を長さに換算する．

大きなサンプルに対しては，CCDセンサで画像を取得したときのステージの位置情報と画像の位置情報を足し合わせて測定結果を求める．

CCDカメラでは，2次元平面の測定は行えるが，段差や高さの測定は行えない．高さ測定を行うために，オートフォーカス機構を備えているものもある．オートフォーカスは画像処理によるもの（画像AF）やアクティブ方式として専用のAFセンサを用いたものがある．画像AFは，Z軸を上下に移動しながら画像を取り込み，そのときのコントラストを解析する手法が一般的である．画像が鮮明に見えていれば，コントラストは高く（ピークに）なり，ピントがずれて画像がぼけていれば，コントラストが低くなる．コントラスト値がピークを示した高さがピントの合った位置ということになる．

図1は2次元画像測定機の一例としての構成を示す．

4.3 3次元幾何形状を測る

接触式のプローブをもつ3次元測定機は座標測定機CMM（coordinate measuring machines）と呼ばれ，寸法・形状測定による品質管理においては欠かせない測定機となっている．近年，より詳細に形状データを求めるために非接触式のプローブを用いて高速に測定することが重要となってきた．

4.3.1 3次元測定機 ＋ センサ

光を用いた3次元測定機は，CCDカメラの画像やレーザを用いて3次元座標値を求めることができる測定機であるため，任意物体の寸法，形状，位置，姿勢を測定できる非接触万能測定機である．

非接触3次元測定機は，設計値と物体寸法との比較において，その精度は接触式におよばないが，膨大な測定値を短時間で取得できる利点がある．最近は，製品開発全体の期間短縮や，複雑形状の設計データを検証する目的に使われていて，検査用途として活躍の裾野が広がってきている．

表1に非接触式の3次元測定システムの分類を示す．a, bはCMM（3次元測定機）の接触式プローブの代わりにセンサを付けたタイプであり，cは座標を読み取るための移動機構を持たないシステム，dは内部を測定できるX線CTである．ここでは，

表1 非接触式3次元測定システムの分類

a．CMM（3次元測定機）＋画像センサ
b．CMM（3次元測定機）＋光センサ
c．レーザスキャナ，パターン投影など
d．X線CT

座標移動機構をもつCMM＋センサについて述べることとする．

CMMに取り付けるセンサは，2次元測定用の画像センサや形状測定用の光センサがある．形状測定用の光センサは，光切断方式が一般的であり，スリット上の光を投影してその像をレンズおよびセンサで受ける．図1が光切断方式の原理図である．このセンサを接触式プローブの代わりに取り付け，CMMにて移動させながら形状を測定する．

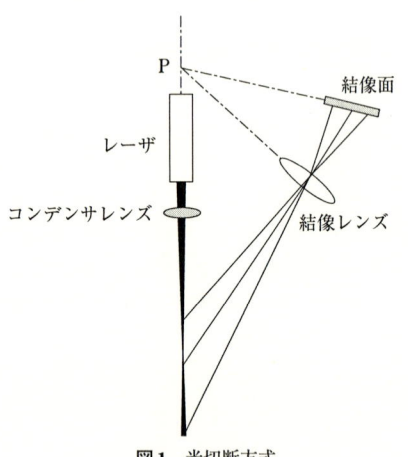

図1　光切断方式

1点1点を測定する接触式の測定方法と異なり，多くの測定点を短い時間に獲得できるため形状計測，特に幾何公差の計測には有用である．一方，光を用いた非接触式センサは，その原理からノイズや外乱，測定対象の表面の微細形状や材質の変化などの影響を受け，異常点が発生する．異常点などをソフトウエアにてフィルタリングする処理が不可欠となっているが，精度評価や不確かさ評価が難しくなる．

4.4　穴径を測る

穴やパイプなどの内径，あるいは内面形状の計測は多くの工業分野で必要である．内面の観察においては医療用では内視鏡としてのファイバスコープが多用されているが，工業用には工業用内視鏡（たとえばボアスコープ）による観察や欠陥検査が行われている．こうした肉眼による観察とともに内径や形状を数値的に捉えることも重要であり，機械的な触針法あるいは空気マイクロメータを利用することが古くから行われている．さらには光学的手法に基づく非接触計測装置が利用されている．大きな径をもつ排水管[1]やトンネル[2]などの場合には，高輝度のスポット光が必要なために，モータによりミラーやプリズムを回転させてレーザビームによって内壁を走査し，いわゆる光切断方式によって断面を形成し，これをCCDカメラで捉えて内面形状を得たり欠陥を検出することが行われている．これに対して，小さな径の穴やパイプの場合には，必ずしも高い輝度の光源は必要としないが，高精度での計測や装置の小型化が要求されるので，目的に応じた工夫がされている．

図1は光点検出法であり，動圧軸受けのように数mmの内径をもつ部品に関する測定を目的としている．光源からの光を光ファイバで導き集光し，ピンホールで形成したスポット光を穴の内面に照射する．図のE_0が直径32μmのピンホールであり，レンズKにより測定試料内面のE_0に実像Oを形成する．このときステージにより試料を微小移動させながら反射像を捉えて，光点位置から内径を精度よく測定する．軸受け内面に設けられた深さ数μm，幅0.3

4 寸法を計測する

mm 程度の溝の幅や深さを計測するなど，内径を $\pm 0.2\mu m$ 以下の高精度で測定している．

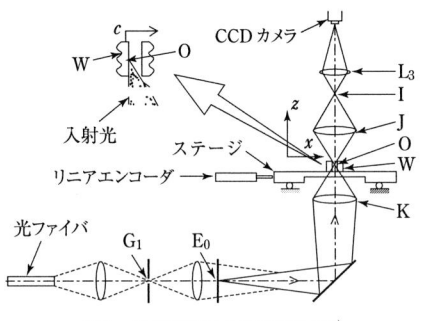

図1 光点検出による内径計測[3]

これと同様の目的のために，図2のパターン投影法では（光点ではなく）円形のスリットパターンを試料内面に投影している．そして形成された断面の反射像を処理することにより，内径3mm程度の軸受けの内径を $\pm 1.5\mu m$ 以内のばらつきで測定することを目標としている．これら二つの場合は光が内壁に対して斜入射するので，壁面からの等価的反射が高くなるというシーン現象を利用している．

図3はコーンミラーを利用した方法であり，数mmから1m程度の内径をもつパイプなどを対象としている．半導体レーザLDから出射したビーム光を円錐型のコーンミラーの先端部に当てると，円盤状のディスクビームが生じて広がる．そこでこれがつくる光切断面をCCDカメラで捉えれば内面形状の計測と欠陥の検出が行える．光学系がシンプルであり，コーンミラーやカメラまたLDがミニアチュア化しているので，すべてをコンパクトに一体化できるメリットがある．この特徴を活かして長いパイプ内を移動させながら内径を測定することができる．パイプやエンジンブロックの内面形状，あるいは医療用内視鏡と組み合わせた用途が期待されている．

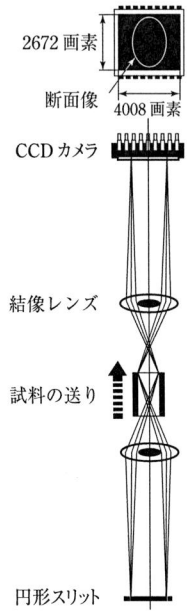

図2 パターン投影による内径計測[4]

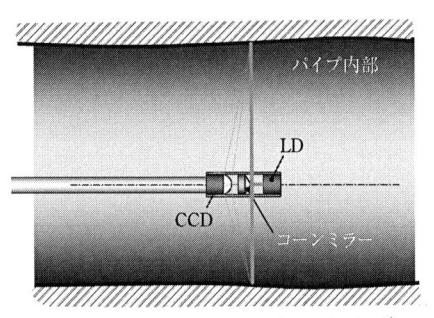

図3 コーンミラーを用いた内面形状計測[5]

4.5 角度を測る

 角度を測定する方法として高い分解能をもつ格子法とモアレ法,ロータリエンコーダ,オートコリメータについて紹介する.

4.5.1 格子法とモアレ法

 光を用いて高い分解能で角度を測定する方法として,格子法とモアレ法の二つの方法を紹介する.

 (1) 格子法 格子を利用して測定対象物に固定したミラーMの回転角度を測定する光学系を図1に示す.この系の動作原理は,角度をミラーを用いて格子の変位に変換し,その変位の測定を介して角度を求めるものである.

 図1の光学系では,格子G_1の像をMで格子G_2に重ね,G_2を通過した光量を測定している.ミラーMが回転するとG_1の像がG_2に相対的に移動し,透過光量が変化する.これを検出してフィードバックし,光量が最大となるように平行平面板O_2の傾きを制御する.つまり,Mの回転によるG_1の像の移動をちょうど打ち消すように平行平面で逆の変位を与えるのである(零位法).こうして定まるO_2の傾きからMの回転角度を求めることができる.Mのわずかな回転がG_1の大きな変位に対応するので(光てこの利用),高感度な測定ができる.10^{-10} radまで測定できる.

 (2) モアレ法[1] 格子法と同様,角度を格子の変位に変換して,その変位を測定するものである.その測定系を図2に示す.ここでも格子を用いるが,格子間のモアレ縞を利用することにより格子の変位を拡大した測定ができるようにしてある点で,エンコーダの系とは異なる.

 図2において,格子間隔の等しい二つの格子(G_1, G_2)を互いにわずかな角θだけ傾けて重ね合わせると,モアレ縞が形成される.いま,格子間隔をd,格子の幅をaとする.モアレ縞の間隔lは,θが小さいときは$l = d/\theta$と近似できる.図のSは光源,S_1, S_2, S_3はスリット,Lはレンズ,Mはミラー,H.Mはハーフミラー,Dは受光素子,Pは平行平板である.平行平板Pは,モアレ縞のゼロ点調整などに使われる.なおミラーの回転方向を知るために,モアレ縞に平行にピッチlの1/4の間隔で二つの矩形窓を置き,それぞれ受光素子でその点の明るさを電気信号に変換して利用する方

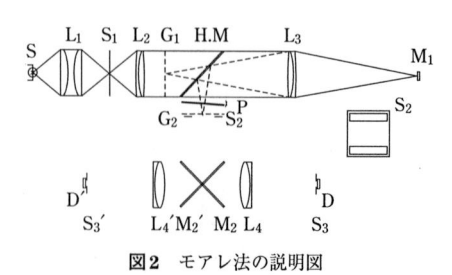

L:レンズ
G:格子
M:ミラー(測定対象)
O:平行平面板
S:光源

図1 格子法の説明図

図2 モアレ法の説明図

法がとられる．二つの電気信号は，互いに1/4周期だけ位相がずれており，一方に対して他方の位相が進んでいるか遅れているかでミラーの回転方向が判別できる．ちなみにモアレ縞の間隔 l が mm オーダーで，格子間隔 d が μm オーダーであると，変位が数千倍に拡大されたことになる．この系で，5×10^{-9} rad（約 $0.001''$）の微小角の測定も可能である．

4.5.2 ロータリエンコーダ

ロータリエンコーダとは，回転の機械的変位量を電気信号に変換し，この信号を処理して位置・速度などを検出するセンサである．これに対して，直線の機械的変位量を検出するセンサをリニアエンコーダという．

放射状に細いスリットを刻んだ回転円板をはさんで，発光素子（発光ダイオード）と受光素子（フォトトランジスタ）を配置する（図1）．円板が回転すると，受光素子の受光量はスリットの通過とともに周期的に変化するから，受光素子の出力電圧の波形を処理すれば，パルス列が得られる．このパルスの数をカウンタ回路でカウントすれば回転角が測定できる．

エンコーダの分解能は回転円板上に刻まれたスリットの数で決まる．たとえば，360 ppr（pulse per revolution）の場合，円板が1回転したときに360個のパルスを出力する．1パルスあたりの回転角は $1°$ である．

回転方向を知るためには，正回転ではカウント数が増し，逆回転ではカウント数が減るというように，回転方向によってカウント数が増減するような工夫が必要となる．そのために，発光素子と受光素子をもう一組設置し，この受光素子の波形は $90°$ 位相が異なるように配置されている．これら二つの信号はA相信号，B相信号と呼ばれる．回転方向によって，どちらの信号が進相であるかによって，計数の増減の方向が変化するようなカウンタ回路を使用する．

このような方法で回転角と回転方向がわかるが，角度のゼロの位置（原点位置ともいう）は不明である．ゼロの位置検出のために，さらにもう一組の発光素子と受光素

子を配置し，これに対するスリットは円盤上に一個所のみに設けられている．この受光素子の出力信号はZ信号と呼ばれる．

A相信号とB相信号の間に90°の位相差があることを利用して，これら二つの信号を電気的に処理することによって，1個のスリットの通過に対応した回転に対して，2個，または4個のパルスを得るようにすることができる．エンコーダの分解能が等価的に2倍，4倍になる．このような方法を「てい倍」という．

上述したエンコーダはパルス数をカウントして角度を求めるものであり，インクリメンタル方式と呼ばれる．これに対して，複雑なパターンを用いて，パルス数をカウントすることなくある角度でのパターンを認識して角度を求めるものをアブソリュート方式と呼ぶ．

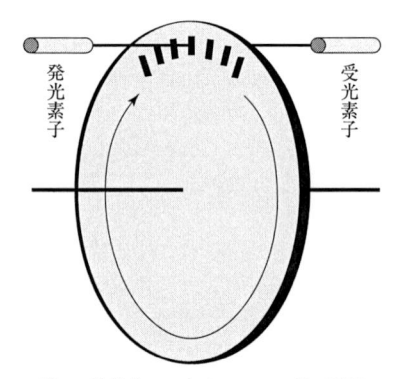

図1 光学式ロータリエンコーダの原理

4.5.3 オートコリメータ

対物レンズの焦点面にある標板（一般には十字線）を無限遠に結像させるとともに，対物レンズの先にある平面鏡によって反射された平行光線を標板面に共役な位置に結像させ，結像した十字線の面内の変位から平面鏡の微小な角度の変位を読み取る装置である．図1はその基本的な構造を示す．

対物レンズOの焦点位置に標板Tを配置して背後より照明すると，対物レンズ光軸上の点Sから出た光はハーフプリズムPにより反射され，対物レンズを通過して光軸と平行な光束となって射出される．対物レンズの前方に反射鏡Mを正対させておくと，光束は反射されてもとの光路を戻り対物レンズとハーフプリズムを通過して，対物レンズの焦点位置に置かれた焦点板の対物レンズ光軸上の点S′に結像する．ここで反射鏡Mがθだけ傾くと，破線のように標板のSから出て対物レンズから光軸に平行に射出された光束は，光軸に対して反射鏡の傾きθの2倍の角度2θで反射され，対物レンズ，ハーフプリズムを通過したあと焦点板のS″の位置に結像する．

対物レンズの焦点距離をfとすると，反射鏡の傾きによる，焦点板上での像の変位S′S″は$f \cdot \tan 2\theta$となる．θを微小角度とすると，S′S″$= 2f\theta$となる．たとえば，$f = 700$ mm，$\theta = 1' = 0.00029$ radとすれば，変位は$2f\theta = 2 \times 700 \times 0.00029 = 0.407$となる．

したがって，焦点板に1目0.407 mmの目盛を刻線しておき，これを接眼レンズEで拡大して読み取ると，反射鏡の傾き角を1′単位で容易に測定できる．実際には，さらに測微装置を用いることにより，1″程度

の分解能で測定できる．

　目視で読み取る代わりに，検出部にCCDセンサなどを用いることにより，0.1″以下の高い分解能で測定することも可能である．

　この原理を応用することにより，反射鏡の角度を測定したり，離れた位置の二つの反射鏡の角度を合わせたり，反射鏡を乗せてステージを動かせばステージの位置による傾きの違いの測定などもできる．

　また，反射鏡の精度が悪ければ反射像の結像状態がくずれるので，反射鏡の精度を確認することにも利用できる．

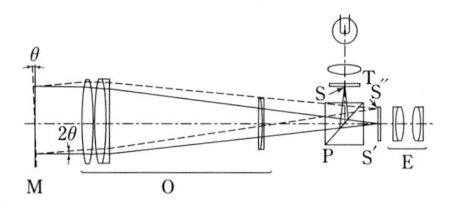

図1 オートコリメータの構造

文　　献

4.2.1, 4.2.2
1) 日本光学測定機工業会編：実用光キーワード事典，朝倉書店，1999
2) 桑田浩志編：機械製図マニュアル（2000年版），日本規格協会，2000
3) 藤村貞夫編：光応用技術・III—5　光計測，日本オプトメカトロニクス協会，1997
4) 久保田広，浮田祐吉，會田軍太夫編：光学技術ハンドブック（増補版），朝倉書店，1975

4.4
1) Clarke, T.A. : The development of an optical triangulation pipe profiling instrument (http://www.optical-metrology-centre.com/Downloads/Papers/Optical%203-D%20Measurement%20Techniques%201995%20Profiler.pdf)
2) 安東　滋：レーザ応用計測，pp.170-171，日刊工業新聞社，1971
3) 秋山，小林，エカリット，吉田，桑原：小型穴内面形状計測装置の開発，精密工学会誌，Vol.68, No.7, pp.967-971（2002）
4) 沖田，小野，佐藤，丸山：パターン投影像の画像処理による動圧軸受けなどの内径測定機の開発，光計測シンポジウム2006論文集，pp.57-60（2006）
5) 若山，高野，吉澤：小型内面形状計測装置の開発，光計測シンポジウム2007論文集，pp.81-84（2007）

4.5.1
1) 藤村貞夫編：光応用技術・III—5　光計測，日本オプトメカトロニクス協会，1997

5　形状を計測する

「計れないものは作れない」と言われる通り，形状測定技術は製造業に欠かせない重要な技術である．

形状計測の発展は，製品の高度化や高性能化と密接な関係がある．たとえば，半導体ウエハの大型化や微細構造デバイスの発展に伴い，数〜数十nm精度の加工が必要となり，その精度の形状計測技術が発展してきた．また，デジタルカメラレンズや携帯電話用カメラレンズは，小型化，高画素対応，諸収差性能改善のため，非球面レンズが多用され，高精度の非球面レンズや金型の形状計測が求められるようになった．自動車産業をはじめとする機械産業においては，3次元CADの普及に伴って部品の3次元形状の測定が求められるようになり，それと併行して複雑な3次元形状の部品が作られるようになってきた．

形状測定技術を測定の次元からみると，2次元形状計測と3次元形状計測とに分けられる．

測定方式で分類すると，測定プローブをスキャンして形状を得るスキャン方式と，スキャンせずに一括して形状を得る方式がある．スキャン方式には，変位計プローブなどにより測定対象を2軸方向に沿ってスキャンし形状を得る方法と，等高線や断面形状データを得て1軸方向にスキャンして形状データを得る方法がある．

測定原理をみると，スキャン方式では，変位計プローブとして，三角測量，共焦点光学系，干渉測長などがあり，等高線データを得る方法では低コヒーレンス（白色）光顕微干渉計，断面形状を得る方法では光切断法がある．一括方式では光干渉，モアレトポグラフィ，光切断法と原理的には同じパターン投影法，多眼式画像処理（ステレオ画像法）がある．また，輪郭度などをみるには，オートコリメータ法や画像形状計測がある．

対象物のスケールで考えると，μmからnmに迫るものと，μm以上のものに分けられる．μm付近を境に分けるのは，この付近が光の波長よりやや大きい寸法であり，このあたりを境に形状計測に使われる測定原理が異なるからである．μmからnmに迫る形状計測が可能なものとして，共焦点光学系，低コヒーレンス（白色）光顕微干渉計，光干渉計などがある．

本章では，ユーザによって対象物の精度が分かれることから，まず一般の形状計測，次に微細形状計測を述べ，さらに真直度や平面度などの特定目的の形状計測を述べる．

形状の特定部分の測定や物体の外形測定などは，「第4章 寸法を計測する」を参照されたい．

5.1 3次元形状計を測る

物体の3次元形状をそのまま測る方法は、モアレトポグラフィ、パターン投影、多眼式画像処理などがある。これらは、数μmから数mまでのさまざまな対象物に適用可能である。

5.1.1 モアレトポグラフィによる形状測定

2枚の格子を少しずらして重ね合わせると新たな縞模様が発生する（図1）。これがモアレ縞であり、2枚の格子のピッチとモアレ縞の間隔がわかれば2枚の格子のなす角度がわかるので、角度の測定や、物体の変位や変形の計測に用いられる。

モアレトポグラフィはモアレ縞を利用した形状測定法であり、大別して二つの方法がある。一つは物体の直前に格子を置いて斜めから物体を照明し、物体上に落ちた格子の影を格子を通して見る実体格子法であり、もう一つは投影レンズにより格子を物体上に投影し、物体の形状に応じて変化した格子の像を結像レンズにより同じピッチの格子上に結像してモアレ縞を発生させる格子投影法である。

いずれの場合にも光源の位置、格子ピッチ、観察点の位置が決まればできるモアレ縞の深さが決定され、モアレ縞は等高線を表すことになる。図2に格子投影法で撮影されたモアレ縞を示す。ただし、点光源で照明した場合には、モアレ縞は等間隔の等高線とはならないので注意が必要である。

図2 等高線を表すモアレ縞

モアレトポグラフィは人体の計測、機械部品の計測などに利用されている。図3に実体格子法により撮影したコインのモアレ縞画像とその解析例を示す。

図1 モアレ縞

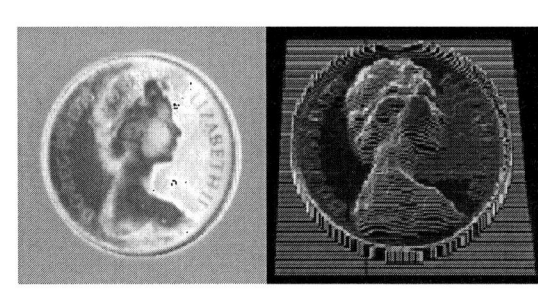

図3 コインのモアレ縞画像(左)とその解析例

5.1.2 パターン投影法

パターン投影法(pattern/fringe projection method, structured light technique)は物体の表面形状を非接触で面計測できるという特徴をもつ3次元形状計測法の一つである．なんらかの基準パターンを物体に投影し，これを投影光学軸とは別の光軸方向から見ると，対象物の表面形状によって変形したパターンが観察される．この変形パターン像をCCDカメラなどのディテクタでとらえて解析すれば，対象物体の3次元形状が得られる．この方式における光学系の配置は図1の例のように三角測量方式の一種である．この方式にあって肝心な点は，①測定対象物体に投影する基準パターンをどのように形成するか，②基準パターンを物体に投影した場合，形成された変形パターン像をどのように解析処理して物体の形状を算出するか，の2点に集約される．まず基準となるパターンを投影する手法には，1) 干渉などによる光学的縞を投影する，2) ガラスやフィルムに描かれた実格子パターンを投影する，3) 液晶格子やDMD (digital mirror device) などのデジタルデバイスにより形成したパターンを投影する，の三つが中心である．また変形パターンの解析法にはいくつもの考え方が適用できるが，いわゆる「位相シフト法」あるいは「縞走査法」と呼ばれるテクニックが多用されている．この場合に高精度な測定を実現するためには，正弦状の強度分布を有するパターンを投影する，また投影パターンの位相を正確にシフトすることが重要となる．その他，実用上からは使用環境における振動，温度，熱，電磁ノイズの影響も考慮せねばならない．

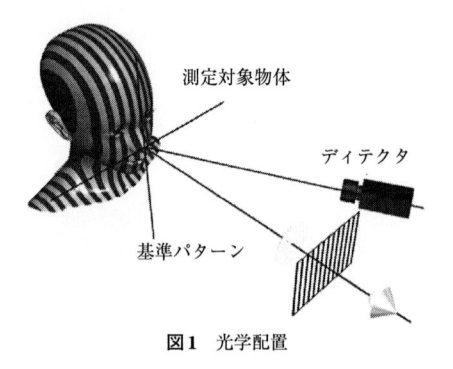

位相シフト法で得られた「位相分布図」では，投影縞の位相が 2π ごとに折りたたまれた(ラップされた)状態が示されている．実際の形状(凹凸を含む)を示す3次元座標値に変換するには，この折りたたまれたパターンを広げる(アンラップする)作業が必要となる．この場合に物体の表面形状(段差や急峻な凹凸など)によっては位相が連続的にはつながらず，位相飛び(ジャンピング)が生じるので注意する必要がある．

パターン投影法によれば，3次元形状の取得がきわめて短時間で行えるために，実用的な3次元座標測定機として，時には3次元デジタイザあるいは3次元スキャナとしても活用されている．実際に行われている計測対象や用途には次のような例がある．(a) 意匠デザイン分野：自動車，自動車部品，衣服，靴など，(b) 塑性加工分野：金型，プレス製品，機械部品，プラスチック製品，板金製品など，(c) 流体機器分野：ファン，ブレード，スクリュー，パイプなど，(d) 医療，美容分野：生体，顔，骨，臓器，歯型，皮膚など，(e) 考古学分野：骨董品，出土品，化石など，(f) その他：エンターテインメント，ディスプレイ，バーチャルリアリティ，芸術など．

図1 光学配置

5.1.3 画像測定機による形状計測

画像測定機は，本来は歪みの少ないテレセントリック光学系で得られた高品質なデジタル画像から，被検物のエッジを検出し，自動寸法測定をする装置である．その際，被検物のばらつきによるピンボケを防ぐため，オートフォーカス（AF）機能が必須である．画像測定機では，このAF機能を応用し，被検物の断面形状や輪郭度を測定する活用事例が少なくない．

画像測定機の高さ検出には次のような方式がある．
・ビデオAF方式
・Shape from focus方式
・レーザAF方式
・コンフォーカル方式

ビデオAFは，おそらくすべての画像測定機が標準で備えている機能である．Z軸を一定速で送っている状態で連続的に焦点方向に高さの異なる画像を取得し，指定範囲の特徴値（コントラスト値）を求める．離散的なコントラスト値の中から，最大値とその前後の3点のデータを用い，2次関数やガウス関数などのピーク関数にフィットして補間計算し，コントラスト最大となる高さを推定する（図1）．

Shape from focus方式は，上記ビデオAFと同様の処理を，画像のピクセル単位で実行し，視野内の面形状を一括で求めるものである．

ビデオAFおよびShape from focus方式は，原理的に被検物表面の光学的テクスチャに依存するパッシブ方式であるため，たとえば鏡面など，適用しにくい被検物（部位）が少なくない．そのため，ビデオAFに加えてレーザAFを備える画像測定機

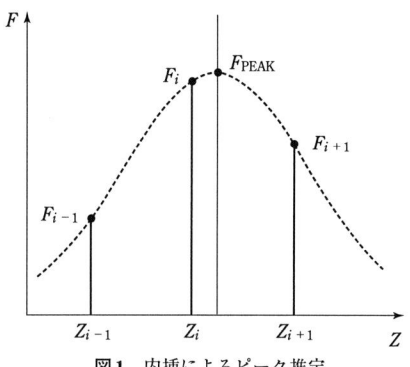

図1 内挿によるピーク推定

が多い．図2にナイフエッジ方式のTTL（through the lens）レーザAFを示す．半導体レーザを補助光としたアクティブ方式であり，偏った半光束によって高さの変位をセンサ上の横変位として検出する．シングルポイントのAFや高さ測定はもちろんであるが，ならい測定機能によって，断面曲線あるいは表面形状を連続的に測定できる．ステージ（XY軸）を一定速スキャンさせて，合焦位置を目標にZ軸を連続的にフィードバック駆動する．このとき，Z軸が追従しきれなかった微小なずれを補完して測定値とする．

さらに高さ測定能力を高めた例として，コンフォーカル光学系を備えた画像測定機がある．コンフォーカル光学系の，合焦高

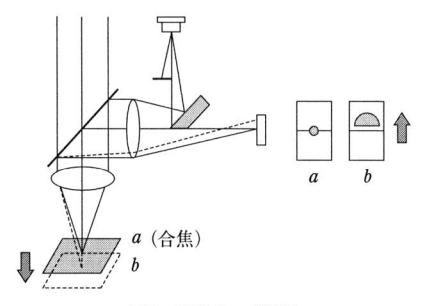

図2 TTLレーザAF

さのみ光がピンホールを通過できるというセクショニング効果を利用し，視野内の面形状を一括で求めることができる．Z軸を一定速で送っている状態で連続的にコンフォーカル画像を取得し，図1のコントラスト値を光量値と読み替えた方法で，光量ピークとなる高さを推定する．被検物テクスチャに依存しないアクティブ方式の検出能力と，視野一括検出の高速性をあわせもっている．

ハンダボールの表面形状測定例を図3に示す．XY平面上各点の高さをZ軸にとり，グラフ表示したものである．

画像測定機において，いくつもの高さ検出方式が並存しているということは，すべてに万能な方式はなく，ケースバイケースで最適な検出原理が違ってくるということの裏返しでもある．被検物や目的に応じて，適切な装置（構成）を選択することが肝要である．

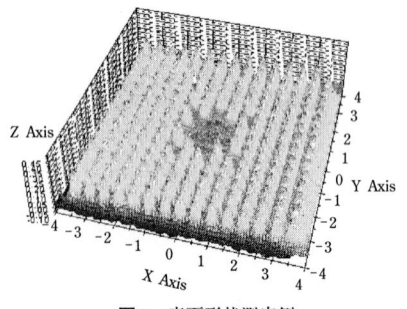

図3 表面形状測定例

5.1.4 多眼式立体撮影 I

3次元形状を画像で計測する場合，1枚を単位として1枚から複数枚の画像で計測する方法と，2枚を一組（ステレオペア）として2枚以上の画像から計測する方法，またそれらを組み合わせた方法がある．ここでは，それら画像による3次元計測の幾何学的原理について説明する．撮影方法や3次元データの記録，処理の流れに関しては，5.1.5項で説明する．

(1) 単写真計測法　図1（左）は，単写真の幾何学を表したものである．実空間の任意の点Pから出た光線は，すべて投影中心Oを通過して写真上に像pを結ぶという共線条件からなりたっている．単写真計測（測量）法で被写体の3次元測定を行うには，次に示すような条件が必要である．

① 求めるべき被写体の3次元座標が少なくとも一つ与えられる．たとえば，図1（左）の点PのZ座標Zが与えられる場合．
② 求めるべき点が，幾何学的に定義される曲面または平面の上にある．たとえば，図1（左）の点P′が特定の平面 $aX+bY+cZ=0$ の上にあるような場合．これらの条件から，平坦な平野の地形測量や，建物の壁などの写真測量では，このような条件を加えた単写真測量が行われる．上記①の条件も②の

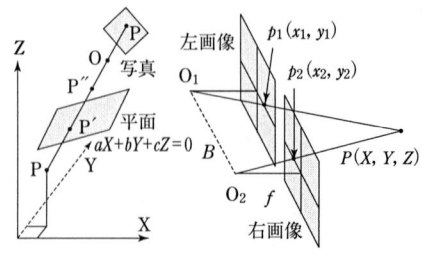

図1 単写真計測法（左）とステレオ計測法

条件も，未知変量の次数を3次元から2次元に減らしている．この場合には，2次元の情報をもつ写真と，2次元の実空間との間に2次の射影変換がなりたつ．

(2) ステレオ計測法 ステレオ計測法とは2枚以上の画像上の同一対応点を求めることで3次元座標を求めるものである．たとえば，同じカメラを2台使用し，それぞれの光軸は平行でカメラレンズの主点から撮像面までの距離fが等しく，撮像面は光軸に直角に置かれているものとする（図1(右))．二つの光軸間距離（基線長）をBとする．その場合，物体上の点$p_1(x_1, y_1)$，$p_2(x_2, y_2)$の座標の間には，以下のような関係がある．式(3)は視差と呼ばれる量である．

$$x_1 = f \cdot X/Z \quad (1)$$
$$y_1 = y_2 = f \cdot Y/Z \quad (2)$$
$$x_2 - x_1 = f \cdot B/Z \quad (3)$$

ステレオ計測法では，2枚の画像から画像処理により面の自動計測をすることが可能である（ステレオマッチング法)．すなわち，対象エリアを指定するだけで，短時間で一括して数千点から数十万点までの3次元データが得られる．ステレオマッチング法とは，左右画像の同一対応点を画像処理で求める方法で，残差逐次検定法(SSDA)，相互相関係数法などが利用される．

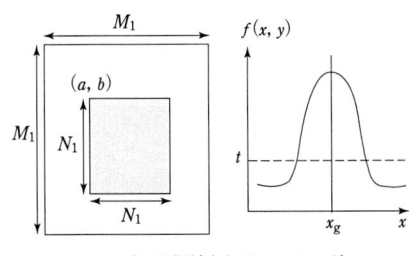

図2 相関法(左)とモーメント法

残差逐次検定法は，図2(左)に示すように，$N_1 \times N_1$画素のテンプレート画像（たとえば左画像に設定）を，それより大きい$M_1 \times M_1$画素の画像内（右画像に設定）の探索範囲$(M_1 - N_1 + 1)^2$上でテンプレート画像を動かし，式(4)の残差$R(a, b)$が最小になるような左上位置を探索し，その探索された位置を画像上の対応点とする．

$$R(a,b) = \sum_{m_1=0}^{N_1-1} \sum_{n_1=0}^{N_1-1} |I_{(a,b)}(m_1, n_1) - T(m_1, n_1)| \quad (4)$$

ただし，
$I_{(a,b)}(m_1, n_1)$：探索範囲内の部分画像，
$T(m_1, n_1)$：テンプレート画像，
(a, b)：テンプレートの左上画像．

左画像上に対する右画像上の各対応点ごとにこの処理を繰り返し，その求められた対応点の左右画像上の位置から式(1)～(3)により3次元座標を算出することで面の自動計測が可能となる．

(3) 複数画像計測（バンドル調整）法
複数枚の写真を扱う場合は，単写真計測法やステレオ計測法にバンドル調整法を組み合わせる．バンドル調整法とは，個々の写真のバンドル（光束）に対して，その中に含まれる基準点や各画像で共通に写し込まれている点の位置を求めて，各カメラの外部パラメータ(カメラの位置と3軸の傾き)や内部パラメータ（レンズ歪，画面距離，主点位置）と対象空間の3次元座標を最小二乗法により同時に決定する方法である．これらの基本となる共線条件式は，以下に示すとおりである．

$$x = -f \frac{a_{11}(X-X_0) + a_{12}(Y-Y_0) + a_{13}(Z-Z_0)}{a_{31}(X-X_0) + a_{32}(Y-Y_0) + a_{33}(Z-Z_0)} + \Delta x \quad (5)$$

$$y = -f \frac{a_{21}(X-X_0) + a_{22}(Y-Y_0) + a_{23}(Z-Z_0)}{a_{31}(X-X_0) + a_{32}(Y-Y_0) + a_{33}(Z-Z_0)} + \Delta y \quad (6)$$

ただし，
f：画面距離（焦点距離），x, y：画像座標，
X, Y, Z：対象空間座標（基準点，未知点），
X_0, Y_0, Z_0：カメラの撮影位置，
$a_1 \sim a_9$：カメラの傾き（3×3回転行列の要素），
$\Delta x, \Delta y$：カメラの内部パラメータ補正項．

　工業計測で利用されている対象物に反射式ターゲットを貼り付け高精度に計測を行う方法は，カメラ1台で画像を多重撮影し反射ターゲットの点を3次元計測する方法で，精度は，〜1/200000くらい（10mの撮影距離で0.05mm精度）まで求められるとの報告がある．この方法は，円形の反射ターゲットの中心位置を画像処理によりサブピクセルで求め，バンドル調整法を利用することで高精度化している．反射式ターゲットの重心位置を画像処理により求める方法の一例としてモーメント法がある．モーメント法は，設定したしきい値t以上の点について，以下の式を施す（図2右）．

$$x_g = \{\Sigma x \times f(x, y)\} / \Sigma f(x, y) \\ y_g = \{\Sigma y \times f(x, y)\} / \Sigma f(x, y)$$ (7)

ただし，
(x_g, y_g)：重心位置の座標，
$f(x, y)$：(x, y) 座標上の濃度値．
これにより，反射式ターゲットの座標を画素の1/10〜1/20位までの精度で求めることができる．

5.1.5　多眼式立体撮影 II

　画像で3次元形状を計測し記録するための処理の流れ，撮影方法について説明する．

（1）　処理の流れ　処理の流れを図1（左）に示す．高精度に計測するためには，使用するカメラの内部パラメータである歪曲収差，画面距離（焦点距離），主点位置（画面中心）を正確に求める必要がある(カメラキャリブレーション)．そして計測対象物を撮影し，外部パラメータ（カメラの位置と3軸の傾き）を算出する．外部パラメータは，既知の座標がある場合はその画像上の位置を計測することにより求めることができる（5.1.5項(2)参照）．ステレオ計測法では，左右画像の外部パラメータを求め，そのパラメータから画像を縦視差のない画像に修正し（水平ライン上に同一点がくるよう画像を再配置する：偏位修正画像，図1(右)），3Dモニタに映し出すことで立体観測をすることができる．さらに画面上で3D計測を行うことや計測結果の確認も可能となる．3Dモニタは，偏光を利

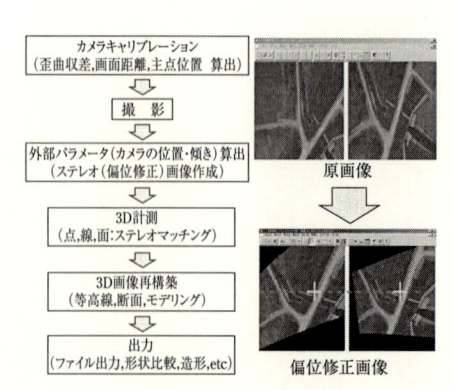

図1　処理の流れ(左)と偏位修正

用して左右画像を時間的に分割し左右眼に投影する装置が多い．たとえば，液晶画面の奇数，偶数ラインごとに90°偏光させた特殊なフィルムを貼り付け，偏光眼鏡でそれぞれ観察するμポール方式などが低価格で実用化されている．

ステレオ計測法では，左右画像の同一対応点を求めることにより行う．そして得られた3次元データから，ポリゴンや実写画像を貼り付けたテクスチャマッピング画像を作成し（モデリング），再構築した画像をさまざまな視点から見ることが可能となる．それらの3次元座標データは，DXFファイル，CSVファイル，VRMLファイルなどで出力し記録される．また，それらデータは，図面作成，CADデータとの形状比較，造形などにも利用される．

(2) カメラキャリブレーション 計測に先立って，カメラのキャリブレーションを行う．カメラの内部パラメータ（画面距離，主点位置，歪曲収差）は，1台のカメラで異なる位置・方向から3次元状に配置された精密基準点を撮影し（図2（左）），複数枚の画像から画像処理によりその精密基準点を抽出し，それらの座標から各パラメータを算出することにより求める．簡易型としてシートに印刷した基準点を同様に計測する方法もある（図2（右））．

レンズディストーションの補正モデルはさまざまなものがあるが，放射方向と接線方向の歪曲収差を考慮したものが一般型である．その式を以下に示す．

$$\Delta x = X_p - X'(K_1 r^2 + K_2 r^4) - P_1(r^2 + 2X'^2) - 2P_2 X' Y'$$
$$\Delta y = Y_p - Y'(K_1 r^2 + K_2 r^4) - 2P_1 X' Y' - P_2(r^2 + 2Y'^2)$$
$$X' = X - X_p, \ Y' = Y - Y_p \quad (1)$$

ただし，

X, Y：写真座標，X_p, Y_p：主点位置ずれ，
$\Delta x, \Delta y$：写真座標の補正項，
r：主点位置から写真座標までの距離，
$K_1 \sim K_2$：レンズの放射方向歪曲収差，
$P_1 \sim P_2$：レンズの接線方向歪曲収差．

(3) 撮影記録方法 画像を撮影し計測・記録するには，以下の2種類の方法がある．

① カメラを固定する方法： 主にステレオ法などで，カメラを固定しその位置と傾き（外部パラメータ）を事前に求めておく方法．2個のカメラの既知点を結ぶ線分を基準（基線長B：5.1.4項の図1（右）参照）にして，求めたい3次元座標点を2方向線の交点として求める方法である（前方交会法）．多眼式カメラにおいては，2個以上の複数のカメラ位置を既知とし，それぞれの方向線の交点を求める．この方法は，カメラを固定するので計測・記録に必要な撮影を短時間で行え，生体などのような動的な対象物に対しても3次元計測・記録が可能となる．図3（左）にステレオカメラ撮影装置と外部パラメータ算出用被写体（あらかじめ被写体上のターゲット位置を計測してある）を，右に多眼カメラ撮影装置の一例を示す．

② カメラを固定しない方法： 計測したい対象物の周辺もしくは対象物上に3点以上の既知点がある場合，その点を視準した方向線の交点としてカメラの位置と傾き

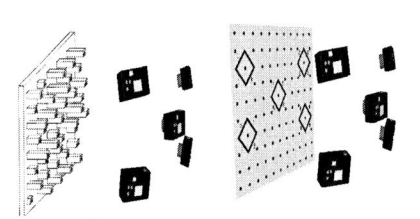

図2 カメラキャリブレーション

外部パラメータ
算出用被写体

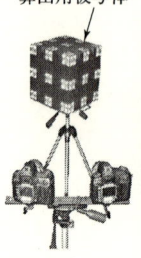

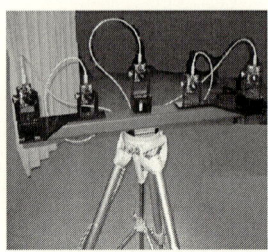

ステレオカメラ　　　　多眼カメラ
図3　撮影装置

を求めることができる（後方交会法）．そして求めたカメラの位置と傾きから，前方交会法により対象物の3次元座標を求めることができる．既知点でなく長さの基準（点間距離）を入れることによっても実スケールで計測可能である．この方法にバンドル調整法（5.1.4項(3)参照）を適用すれば，2枚以上の複数枚の多重撮影画像から高精度な3次元計測が可能となる（図4）．

この方法は，既知点もしくは基準スケールを同時に写しこむ必要があるが，静止物体であれば，カメラ1台で複数枚撮影することにより，カメラが複数台であれば，カメラを固定することなく撮影・3次元計測・記録が可能となる．

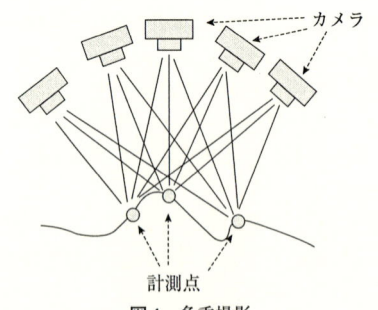

カメラ

計測点
図4　多重撮影

5.1.6　ホログラムによる3次元形状記録・再生

1948年にGaborがホログラフィの原理を考案し，1960年にMaimanがレーザ発振に成功すると，1962年にはミシガン大学のLeithとUpatnieksがオフアクシスホログラフィを発明し，さらに1964年には拡散照明した3次元物体の像再生[1]を実証してみせた．それ以来ホログラムは立体像表示技術として発展して来た．

Leithらのホログラムはレーザ光で再生するタイプであったが，一方，ロシアのDenisyukは1962年に白色光で再生可能なタイプのホログラム（デニシウクホログラムあるいはリップマンホログラムと呼ばれている）を発明している．

その後，1968年にはBentonがレインボウホログラム（白色光再生透過型）を発明し[2]，1972年にはCrossがマルチプレックスホログラム（白色光再生透過型／円筒形）を発明して，白色光再生可能なホログラムが立体像表示に広く普及することになった．

ホログラムの記録，再生方法を図1に示す．図1(a)は3次元物体を記録する場合の一般的な方法で，レーザから出た光をハーフミラーで二つに分け，一方で物体を照明し，他方はホログラム用感光材料に直接照射する（参照光）．物体からの散乱光（物体光）と参照光は干渉し，フィルム上に干渉縞が記録できる．これを現像処理したものがホログラムである．

フィルム上にはピッチが$1\mu m$程度の非常に細かな干渉縞が記録されるため，露光中は被写体やフィルムが微動だにしないことが肝要である．人体や動植物，運動して

5 形状を計測する

いる物体などをホログラムに記録する場合には，光源としてパルスレーザが必要となる．

ホログラムを再生するためには，撮影時と同じ参照光を照射すればよい．図1(b)に示すように，ホログラムを窓として覗き込むと物体の立体像が観察できる．

レーザ再生ホログラムは被写体から反射してくる波面を正確に再現するので，ホログラムを通して見ると，そこにレーザ光で照明された実物があるのとまったく同じに見え，非常にリアルな3次元像を再生できる．ただし，大きくて明るい像を再生するためには比較的パワーの大きなレーザが必要であり，展示には安全性を考慮する必要がある．

ホログラムのカラー化も可能であるが，技術的問題がたくさんあり簡単ではない．ナチュラルカラーの3次元像を再生できる

図2 ホログラムの再生像

ホログラムとしては，リップマンホログラムが優れている．レインボウホログラムでもナチュラルカラーの再生は可能であるが，視域が限られてしまう欠点がある．

コンピュータ技術の進歩とともに記録メディアがデジタル化の波にさらされている．デジタルでホログラムを記録と再生できるデジタルホログラフィの研究が進められている．撮像デバイスの解像度の制限と膨大な情報量の処理が必要などの問題があり，実用化に時間がかかるが，ホログラフィ干渉3次元形状計測と記録再生の有望な方法の一つと考えられる．

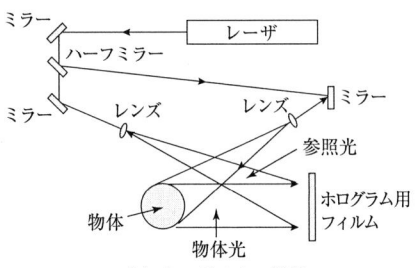

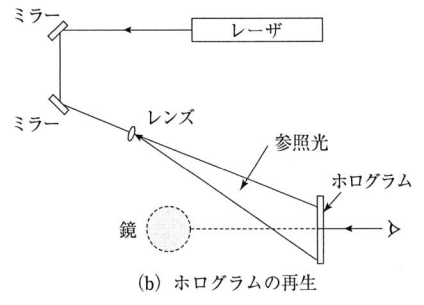

(a) ホログラムの記録

(b) ホログラムの再生

図1 ホログラムの記録・再生

5.1.7 レーザレーダやTOF

レーダは電波を射出して帰着するまでの飛行時間（time of flight：TOF）を測って，対象までの距離を求めるものであるが，電波であるため広がりは大きく，形状分解能はよくない．

そこでパルスレーザのパルスや，CW光を強度変調した光を用いて，その強度振幅を電波の代わりとする手法が現れた．初期には月ロケット計画で月面に反射鏡を設置し，パルスレーザを地球より照射して，月の軌道変動を観測した．現在は光半導体素子の進展に伴い，一般の場面をリアルタイムで2次元距離測定可能な製品が出現した．これらは，3次元カメラの端緒ともいえる．

方式は，光源の種類，強度変調の方法，走査の方法，受光の方式，処理内容などの技術内容により細分化され，また気象・軍事からリモートセンシングまで幅広い技術拡散がみられるが，最も基本的な構成で，測定原理を説明する．

図1において，レーザ光を正弦波状に強度変調して，走査鏡で対象物に向かって射出する．反射して帰着した光をセンサで光電変換し，元の変調信号との位相差を求めて，距離の変化を知ることができる．走査鏡で2次元を走査すれば，任意の範囲の距離画像を得ることができる．また同時に反射散乱画像も得ることができる．

距離の分解能よりも絶対値の方が重要な場合には，パルスレーザの1パルスの帰着時間を用いる場合もあり，これは狭義のTOFである．同期検波できるエリアセンサで全画角同時に位相測定し，光走査が不要である手法も増えている．

応用分野として，ロボット視覚や工業用センサ，交通安全利用などが期待されている．また，装置自身が光源をもっているため，火災現場，深海，宇宙など極限条件における計測にも強みをもっている．

今後，光源と撮像素子や回路素子の高速化が民生品レベルでも進むと，mm以下の分解能で3次元画像を容易に得ることが可能となる．また，電波領域でのレーダで開発された高度な信号処理技術の援用も期待されている．目の安全保護技術の向上も重要である．

注意事項を以下に挙げる．本手法は光を強度変調して，その往復飛行時間を測定するものであって，光の電場の位相を求める干渉計とは，原理・用途ともまったく異なることを誤解しないこと．また，気象測定への展開が多いため「レーザレーダ」などの用語には，観測用のイメージが強くあり，たとえば，測量用の場合には「レンジファインダ」という用語で表現する場合も多い．時間測定でない通常の三角測距方式などの形状測定装置に「レーダ」という名称を付与する製品が散見されるので，配慮が必要である．

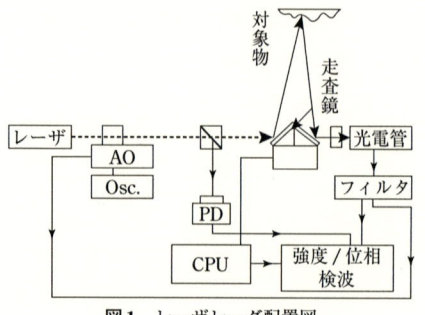

図1　レーザレーダ配置図

5.2 微細3次元形状を測る

測定光の進行方向にμm以下，nm程度までの分解能の形状計測が可能である．ここではその代表格として，AFプローブ走査型測定機と干渉計を応用した形状計測について述べる．

5.2.1 AFプローブ走査型測定機

観察物体のピント位置を自動的に合わせる制御機構がAF（auto focus）であり，AFは物体の合焦（ピント）位置からのずれを検出する機能と，レンズを駆動して位置ずれを補正する制御機能をあわせもっている．

合焦位置からのずれを検出するAFの機能を利用することで，物体までの距離を計測することができ，物体の位置や表面形状を計測することが可能になる[1]．

AFで合焦位置からのずれを検出する方法には，照射した光を受光しその変化を検出するアクティブ方式と，画像のコントラスト変化検出するパッシブ方式がある．こ
こでは，アクティブ方式の形状計測について述べる．

図1に，レーザ共焦点法と呼ばれる形状計測器を示す．観察光学系の集光位置と受光素子面が互いに共役な位置にあるとすると，レーザ光が物体面上に集光するときは，その反射光も受光素子上に集光して合焦位置となる．しかし，物体面上で集光位置から外れると，受光面上のレーザ光も合焦位置から外れ，ビームに広がりが生じる．

ここで，受光面上に集光したときのレーザスポット径とほぼ同じ程度のピンホールを配置してレーザ光を受光すると，物体面の合焦位置からのずれ量zと受光強度Iの間には図2に示す関係が現れる．Iが最大になる位置を検出することで，合焦位置を検出することができる．

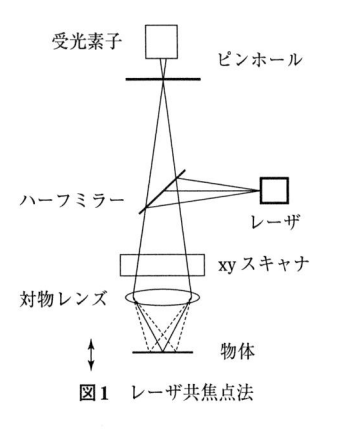

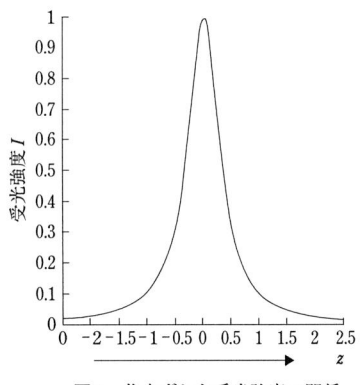

図1 レーザ共焦点法

図2 焦点ずれと受光強度の関係

レーザビームを物体面上で2次元走査して各走査点のレーザ光を受光し，物体と対物レンズの間隔を一定方向に変化させると，各走査点で図2に示す特性が現れる．各走査点でIが最大になるzの値が，物体面上の各点の形状情報に対応する．この方法を用いて物体の3次元情報を得ているのが共焦点顕微鏡である[2]．

次に，別の合焦位置検出方法として非点収差法を示す．図3に示すように，受光素子の前にシリンドリカルレンズを配置すると，合焦位置を挟んで二つの焦線ができ，物体の位置によってレーザビームの断面形状は直交する楕円状に変化する．このレーザビームを4分割ディテクタ（PD）で受光し，四つの受光領域（PD1～PD4）から式(1)の演算を行うと，図4に示す物体位置zと演算信号Sの関係が得られる．

$$S = (PD1 + PD3) - (PD2 + PD4) \quad (1)$$

$S = 0$となるようにレンズを駆動することでAF制御ができる．また，図4に示す検出信号は$S = 0$付近で直線近似でき，検出した演算信号Sの値から物体上の集光位置zが検出できる．また，$S = 0$となるように補助レンズを移動させ，その移動量からzを求めることもできる．この方法でも，レーザビームを2次元走査することで物体の形状などが計測できる．

演算信号
$S = (PD1 + PD3) - (PD2 + PD4)$

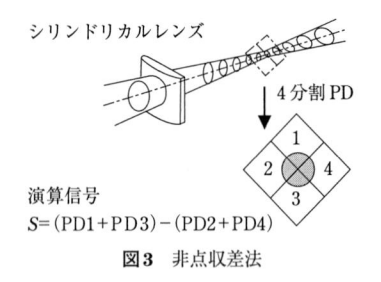

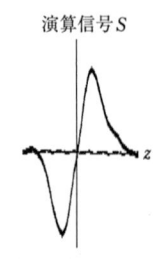

図3 非点収差法

図4 焦点ずれと演算信号の関係

5.2.2 低コヒーレンス光干渉計測（白色干渉計測）

低コヒーレンス光とは，ランプなどの白色光やLED，そしてパラメトリック効果による発光など，発振波長幅がレーザなどに比べて広く，可干渉性が悪い光のことをいう．たとえばコヒーレンスのよいHe-Neレーザのような共振器長が$L \fallingdotseq 0.3 \, \text{m}$程度で，縦モードが3本ぐらい立っているという典型的なものでは，発振している光の幅は波数差で概略$1/L$程度になるため，可干渉距離はLと同程度とかなり長い．ところが中心波長$\lambda = 600 \, \text{nm}$で，発光幅が$\Delta \lambda = 300 \, \text{nm}$程度の光源の場合，波数差で表した発光幅は$\Delta \lambda / \lambda^2$程度となり，可干渉距離はわずか$1 \, \mu \text{m}$前後となる．この干渉性が悪いことを逆手にとって，干渉する位置を検出し，その位置より対象の形状や，光路差を定量する計測法が低コヒーレンス光干渉技術（low coherence interferometry）である．

従来のレーザ干渉を用いた高精度な形状計測の課題は，干渉縞の1周期（$\lambda/2$）より大きい不連続な変化があるとき，その不連続量を測定できないことである．

レーザの代わりに白色光を干渉光源とすると，干渉計両翼の行路長が，波長オーダーで一致したときにのみ干渉するので，干渉の有無より等高線が得られる．ただし，生画像を見ただけでは，通常の干渉計では可能なnm近い精度は得にくい．

そこで，被測定物の光軸方向に干渉計を精度よく走査し，低コヒーレントな光源でも対象全体の干渉信号が得られ，分解能とダイナミックレンジをともに得る装置が開発された．特に，微細な3次元構造測定が望まれる，顕微鏡タイプの干渉計にて進歩

が著しい.

代表的装置構成を図1に示す.白色ランプを適当な線幅のフィルタで帯域制限したあと,マイケルソン型の干渉計を設置した顕微鏡対物レンズに導き,反射像をカメラ上に形成させ,ピント方向に走査しながら,干渉縞を含む像を順次取得して,画像処理にて高さ情報を求める.奥行き分解能は,メーカー各社が信号処理に工夫を行い,1nm近くが得られており,LSIやMEMS分野で多用されている.ただし,横方向分解は,干渉縞の画像解析である分,通常の顕微鏡像より若干悪化する.

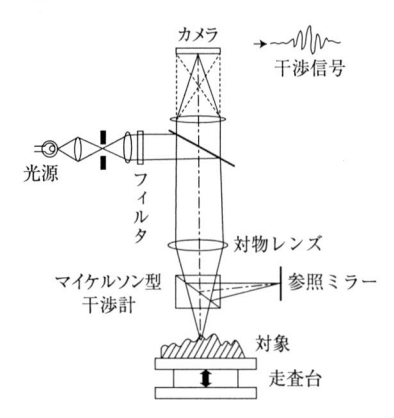

図1 低コヒーレンス光干渉計原理図

光源としては,ランプ以外に,ASE (amplified spontaneous emission), SLD (super luminescent diode),スーパーコンティニウム (supercontinuum: SC) 光,色素レーザなどが使われる.

低コヒーレント干渉は低反射率物体でも距離信号をかなりよいS/N比で得られるため,形状測定以外にも,人体断面や,半透明の内部測定などにも応用されている.光コヒーレンストモグラフィ (OCT, 7.1.1 項) もこの範疇に入る技術である.

5.2.3 干渉計による形状測定I（干渉と干渉計の原理）

光波は電磁波であり,一定条件を満たして複数の光波を重ね合わせると,強め合う,あるいは弱め合うという現象（干渉）を起こす.

位相差がゼロ（同相）である二つの光波（振幅は A_1 と A_2）を重ね合わせると,互いに強め合い,干渉後の光の振幅 A は $A = |A_1 + A_2|$ となる.位相差が180°（逆相）である二つの光波を重ね合わせると,互いに弱め合い,干渉後の光の振幅 A は $A = |A_1 - A_2|$ となる.この干渉現象を利用して幾何量と物理量を測定する装置が干渉計である.

1805年ころトーマス・ヤングが,光源からの光を平行な二つのスリットに通すと衝立上に干渉縞を生じることを示し,光が波動であることを実証した.これが有名なヤングの実験である.17世紀後半には,ニュートンがニュートンリングでレンズの曲率半径を測定する方法（ニュートン干渉計）を考案した.ニュートンリングは現在でもレンズの形状検査に使われている.

19世紀になるとジャマンが気体の屈折率を測定（ジャマン干渉計）した.また,マイケルソンは2本のアームをもつ干渉計（マイケルソン干渉計）を考案し,ナトリウムランプを光源として,光を伝搬する媒質（エーテル）の存在を調べるため,有名な「マイケルソン-モーリーの実験」を行った.マイケルソンはエーテルの検出には失敗したが,マイケルソン干渉計の発明とそれによる分光学およびメートル原器の研究により,1907年度のノーベル物理学賞を受賞している.

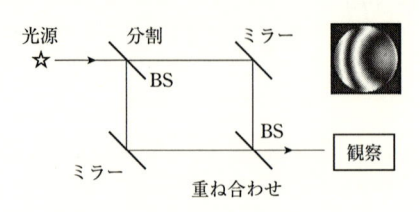

図1　干渉計の例

図1は干渉計の一例である．光源から出た光はビームスピリッタBSで二つの光束に分けられ，それぞれミラーで反射したあと，再びBSによって重ね合わされる．二つの光束の光路差が波長の整数倍の場合（光路差 = $m\lambda$），明るい縞が観察される．光路差が波長の整数倍でない場合（たとえば光路差 = $m\lambda + \lambda/2$），暗い縞が観察される．明暗の干渉縞画像を観察すると被検面の大まかな形状や平面度（あるいは球面度）がわかる．干渉縞が生じる条件としては，光源，波面の分割，2光束の光路差が可干渉距離以内で，そして2波面が合成されることである．

光源の可干渉性は干渉計にとって非常に重要な因子である．ヤングやマイケルソンが干渉計で実験を行った当時，光源としては可干渉性が非常に低い白色光や単色光が使用されたため，干渉計は使いづらく，あまり広く応用されなかった．

1960年に可干渉性が高いレーザが発明された．レーザを光源とした干渉計は使いやすく，さまざまな分野に広く応用されるようになった．また，コンピュータや解析技術の発展により，複雑な干渉縞でも高速に解析できるようになり，多くの干渉計は，精密測定などに必要不可欠な装置となっている．

5.2.4　干渉計による形状測定Ⅱ（干渉計の種類と応用）

干渉計は種類が多く，応用と測定対象によってさまざまな拡張と変形がある．たとえば，マイケルソン干渉計は主に光学部品の表面形状測定，分光器，OCT（optical coherence tomography）などに利用されている．フィゾー（Fizeau）干渉計は主に光学平面，球面レンズ形状，レンズの透過波面測定などに使用されている．フーコー（Foucault）干渉計は主に入射角度の検定に，ファブリ-ペロー干渉計（Fabry-Perot Interferometer）はレーザの安定化，分光器や波長測定，バンドパスフィルタなどに用いられている．バンドパスフィルタとして用いられるものはエタロン（Etalons）とも呼ばれる．マッハ-ツェンダー（Mach-Zehnder Interferometer）干渉計は物質の屈折率，偏光特性，光束の波面などの測定に利用されている．ミロー（Mirau）干渉計は顕微干渉計で，微小領域の形状・段差と粗さ測定に適している．

ここでは形状を計測するための干渉計の原理と，その応用例に限定して紹介する．

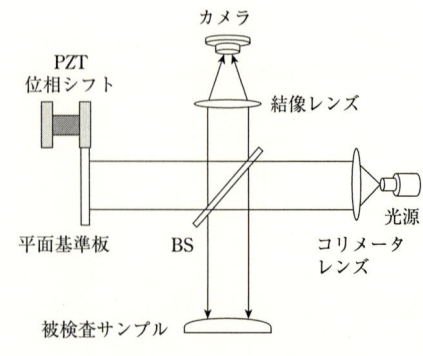

図1　マイケルソン干渉計

（1）マイケルソン干渉計　図1はマイケルソン干渉計の概要を示している．光源からの光束はコリメータレンズによって平行光束となり，ビームスプリッタ（BS）によって2光束に分けられる．一方は平面基準板とBSで反射し，結像レンズでカメラに結像される．もう一方は被検査表面で反射し，BSを通って結像レンズでカメラに結像され，干渉縞を観察できる．

マイケルソン干渉計は共通光路干渉計ではないので，高精度形状測定用干渉計としてあまり使われていないが，近年薄いガラス基板，フォトマスク，大型ウエハなどの形状測定に使われている．その場合，可干渉距離の短い光源を使う，あるいはフーリエ解析で多層反射干渉縞の影響を除去するなどの工夫が必要になる．可干渉距離の短い光源として，従来はハロゲンランプ（白色光）を使用していたが，点光源が必要な場合にはSLD（super luminescent diode）を使う必要がある．しかし，SLDは高価なのでLEDを使用する場合もある．

OCTはマイケルソン型の干渉計から拡張して構成される．OCTは生体透過可能な光源（特にSLD）を使って，生物・医療領域で広く応用されるようになっている．特に眼科領域では，眼底の断層像をOCTで検査できるようになり，眼科疾患の診断に威力を発揮している．

（2）フィゾー干渉　図2はフィゾー干渉計の構成を示している．光源からの光束は集光レンズによって発散光束となり，BSを透過後にコリメータレンズによって平行光束とされ，一部の光は基準板の基準面で反射する．他方，基準面を透過した光束は被検査表面で反射し，再び基準板を透過し，先の光と干渉を起こす．干渉光はBSで反射し，結像レンズでカメラに結像

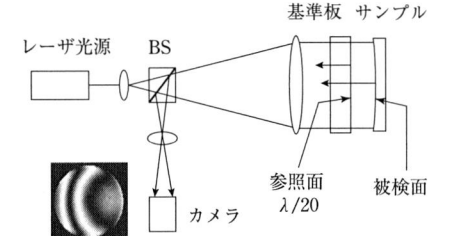

図2　フィゾー干渉計の構成概要

され，干渉縞を観察できる．

フィゾー干渉計は光学部品の表面形状と透過波面形状の測定に幅広く利用されている．

平面度測定の方法（5.3.4項参照）はいろいろあるが，最も測定精度が高く速度の速い方法はフィゾー干渉計である．フィゾー干渉計で測定可能なサイズは直径数mmから数百mmであり，光学ガラス板，フィルタ，半導体ウエハなどの形状測定に適している．

フィゾー干渉計による平面形状測定法の拡張として，ガラス基板やフィルムの透過波面測定あるいは厚みムラ測定（図3）も行われている．

フィゾー干渉計による光部品測定のもう一つの応用は，球面レンズの表面形状測定とレンズの透過波面測定である．球面レン

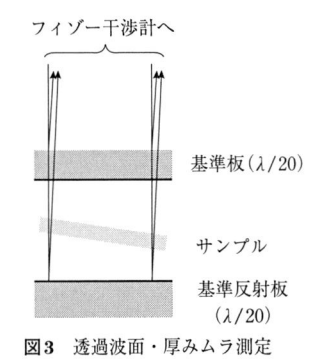

図3　透過波面・厚みムラ測定

ズの表面形状を測定するときには，基準平面板の代わりに基準球面レンズが必要となる（図4）．

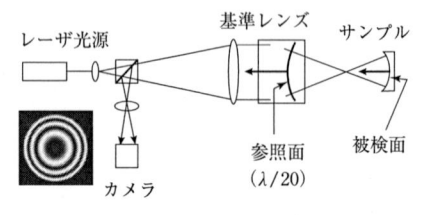

図4 球面形状の測定

レンズの透過波面を測定するときには，図3の透過波面・厚みムラ測定法の基準反射板の代わりに，基準反射球面を使用する必要がある（図5を参照）．光記録用の光ピックアップ対物レンズの透過波面測定には不可欠な測定法である．

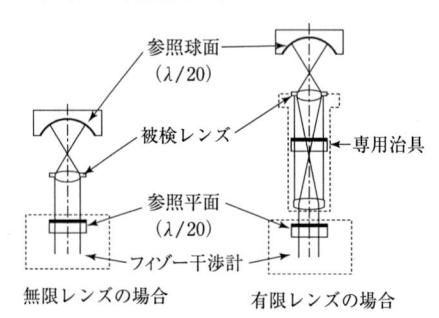

図5 レンズ透過波面の測定

(3) マッハ-ツェンダー干渉計　マッハ-ツェンダー干渉計は被測定対象によって構成が変化する．図6に光束の波面を測定するマッハ-ツェンダー干渉計の概要を示す．5.2.3項の図1で示した干渉計からの拡張である．被測定光束はBS1で2光束に分けられ，一方はレンズと透過型ピンホールで構成される基準波面創成部を通り，理想に近い波面（参照波面）になる．もう一方は被測定波面を保持したままであり，二つの光束を再びBS2で重ねて干渉させ，結像レンズでカメラに結像する．この干渉縞を解析すれば，被測定光束の波面収差が得られる．

図6ではマッハ-ツェンダー干渉計の基準波面創成に透過型ピンホールを使用しているが，反射型ピンホールの使用も可能である．反射型ピンホールを使用する場合には，干渉計の構成はマッハ-ツェンダーではなくマイケルソン型が適している．さらに点回折干渉計方式を利用する場合もある．

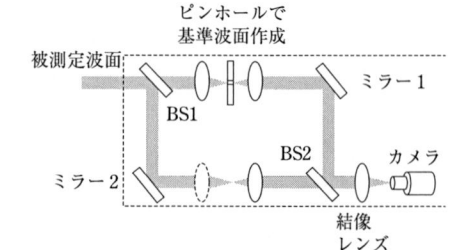

図6 マッハ-ツェンダー干渉計

(4) 斜入射干渉計　斜入射干渉計とは被検面に対して光が斜めに入射する干渉計である．斜入射干渉計には，プリズムを使用するアブラムソン方式や回折格子を使用するバーチ方式がある．

アブラムソン方式の斜入射干渉計を図7に示す．プリズムの斜面（基準面）からの反射光と被検査表面からの反射光との干渉を利用して平面形状を測定する干渉計である

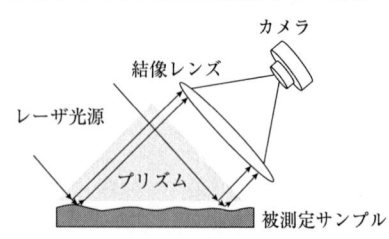

図7 アブラムソン方式斜入射干渉計

る．構成は簡単で，小型サンプルから大型半導体ウエハまでの平面度測定に利用されている．

回折格子を用いた方式（バーチ式）の斜入射干渉計を図8に示す．レーザ光束（平行光）は第1の回折格子に入射し，直進する光（0次光）と回折する光（1次回折光）に分割される．1次回折光は被検面に斜めに入射，正反射して第2の回折格子を透過する．一方，第1の回折格子を透過した0次光（参照波面）は第2の回折格子で回折され，被検面からの反射光と重なり干渉する．この光をスクリーン（HOE）に投影し，その像をTVカメラで観察すれば，被検面の表面形状が測定できる．

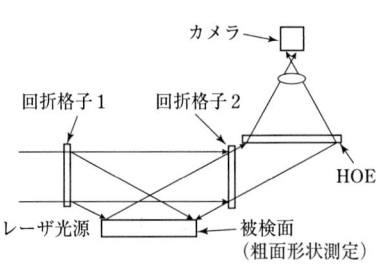

図8 回折格子を利用した斜入射干渉計

斜入射方式では，垂直入射方式に比べ，サンプル表面において高い反射率が得られる．そのため，粗い面からの反射光でも干渉縞のコントラストが高く，ポリッシュウエハの測定から，ラップ，エッチおよび研削ウエハの測定まで幅広く使用することができる．また，斜入射方式なので干渉縞の感度が低く，測定可能な平面度レンジが広いことが特徴である．

(5) 顕微干渉計 顕微干渉計は顕微鏡と干渉計の組み合わせであり，微小領域の形状測定，特に段差をもつ半導体チップ，MEMS（micro electro-mechanial systems）

部品，高精度光学部品や研磨部品などの形状測定，表面粗さ測定と膜厚測定に広く応用されている．近年，細胞培養状況の観察などにも応用されるようになった．

一般的に実体顕微鏡の対物レンズを干渉対物レンズに置き換えると顕微干渉計になる．高倍率（10～100倍）干渉対物レンズには有名なミロー干渉対物レンズがある．低倍率干渉対物レンズはマイケルソン型やフィゾー型がある．その他，リニーク式干渉計もある．

顕微干渉計の光源は可干渉距離の短い白色光源（ハロゲン光源），SLD，あるいはLEDを使う場合が多い．

図9はミロー対物レンズを利用した顕微干渉計の概要を示している．ミロー対物レンズ以外は普通の顕微鏡と同じであるが，ミロー対物レンズによって，入射した光の一部分はハーフミラーを通って被検査サンプルから反射され，結像レンズによりカメラに結像される．もう一部分はハーフミラーと小さいミラーにより反射され，結像レンズによりカメラに結像され，被検査サンプルから反射した光と干渉する．PZTでミロー対物レンズを光軸方向にスキャン

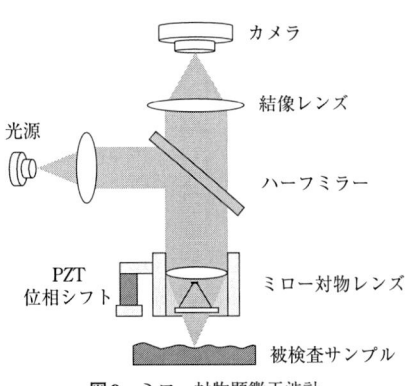

図9 ミロー対物顕微干渉計

したときの，カメラ上の一点の干渉縞信号を図10に示す．可干渉距離の短い光源を使っているので，光路差がゼロの場所で干渉信号の包絡線にピークが現れる．この包絡線のピークを検出して，形状の高さを求めることができる．包絡線のピーク位置を検出する方法としては，フーリエ変換法，FDA法（周波数領域解析法），多重スペクトル位相クロス解析法と狭帯域制限解析法などがある．測定速度，測定分解能とスキャン範囲は解析方法に大きく依存する．

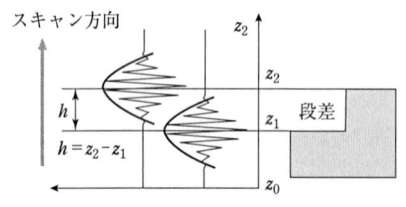

図10 顕微干渉計の干渉縞

可干渉距離が数十μmの光源を利用する場合には，位相シフト法での干渉縞解析が可能である．

(6) シアリング干渉計 通常の干渉計，たとえばフィゾー干渉計は基準器との比較測定であるが，シアリング干渉計は自分自身の波面を横ずらしなどして干渉させ，波面を測定する干渉計である．

最も簡単なシアリング干渉計は，オプチカルパラレルを使って実現できる．発散するレーザ光をオプチカルパラレルに対して斜めに入射させると（図11），表面で反射した光と裏面で反射した光は異なる点光源からの球面波となり，重なり合った部分にはほぼ等間隔で平行な干渉縞が形成される．もし発散光ではなく平行光を入射させると，表面の反射光も裏面の反射光も同じ角度で反射されるので，重なり合った部分はヌル状態となる．この方法でレーザ光が

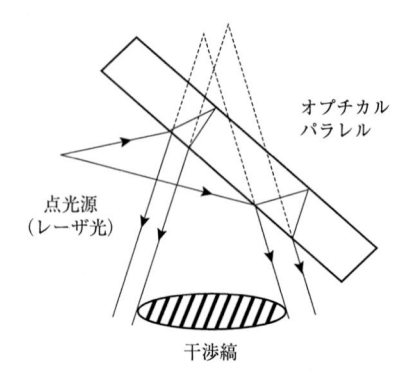

図11 オプチカルパラレルによるシアリング干渉

平行光かどうかを調べることができる．

シアリング干渉で形成された干渉縞から元の波面を求めるには，干渉縞の積分計算を行う必要がある．シアリングの量が小さいと積分計算の精度が上がらず，シアリングの量が大きいと元の波面の一部しか求めることができない．

シアリングの方法としては，横ずらしと光軸方向ずらし（ラジアルシアリング）の2通りがある．

シアリング干渉計はLDなどのレーザ光束の出射波面の検査に使われ，光ピックアップから出射する波面の計測にはラジアルシアリング干渉計が用いられている．

シアリング干渉計は非球面，球面，平面の表面形状の測定にも使われている．図12は偏光を利用したシアリング干渉計の概要を示している．

レーザからの光はまずポラライザを通り，発散レンズと集光レンズで収束光線に変換され偏光ビームスプリッタに入射する．直進収束光はウォラストンプリズムに入射する．ここで常光線と異常光線に分かれ，コリメータレンズで平行光線になる．平面形状を測定する場合，そのまま被検査平面サンプルを照射し，反射された光は再

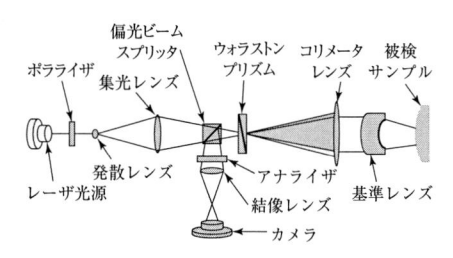

図12 偏光を利用したシアリング干渉計

びウォラストンプリズムを通り，アナライザと結像レンズによって，カメラの上に干渉縞画像を形成する．球面や非球面形状を測定する場合，基準面をもつレンズで収束光になった光線が被検面に当たり，そのまま反射してカメラの上に干渉縞画像を形成する．シアリング干渉縞には被検面の差分情報が含まれているので，通常積分法でシアリング干渉縞を解析でき，被測定サンプルの表面形状を測定できる．シアリング干渉計はより傾斜の大きいサンプルの測定ができるという利点があるが，積分縞解析法で誤差が累積されることがあるので，一般的に測定精度は位相シフト法には及ばない．

5.2.5 干渉計による形状測定 III（干渉縞の解析方法）

前項で述べたように，明暗の干渉縞画像を観察すると被検面の大まかな形状や平面度（あるいは球面度）がわかるが，複雑な形の干渉縞の場合には専用の解析装置が必要である．干渉縞解析装置は，カメラで撮影した干渉縞画像をコンピュータに取り込み，各点の光の位相分布を求め，形状あるいは波面を再生する装置である．位相を求める方法にはいくつかの方法があるが，ここでは代表的なフリンジスキャン法とフーリエ変換法について簡単に解説する．

（1） フリンジスキャン法　干渉計で得られる干渉縞は，通常，明るさが正弦波状に変化する干渉縞である．したがって，着目する点の明るさがわかれば，その点の初期位相がわかり，光路差（高さの情報）が得られる．しかしながら，1枚の干渉縞画像から明るさを決定し，初期位相を決定することは，画面のシェーディングやノイズがあって難しい．初期位相を正確に求めるために考案された方法がフリンジスキャン法である．

参照面または被検面を光軸方向に少し移動すると，両者の間隔が変化し，それに伴って干渉縞が変化して見える．実際には干渉縞全体の形は変わらないが，各点に注目すると明暗が周期的に変化し，干渉縞が走査されて見える．

干渉縞がちょうど1周期分（2π）走査されるだけ参照面と被検面の間隔を変化させ，その間に，たとえば干渉縞が$\pi/2$（1縞の1/4）走査されるごとに4回画像を取り込んで（4ステップ法），その明るさの変化から初期位相を計算する．着目する点の明る

さが，i_0，i_1，i_2，i_3と変化したとき，初期位相（ϕ）は，

$$\phi(x, y) = \arctan\left(\frac{i_3 - i_1}{i_0 - i_2}\right)$$

となる．ただし，ϕは$-\pi \leq \phi \leq \pi$となるので，隣り合う点に2πの位相飛びがある場合には，2πを足したり引いたりして，位相をつなぎ合わせる必要がある．この操作を位相接続（位相アンラップ）という（図1）．

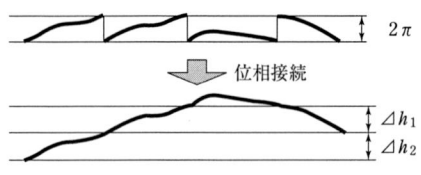

図1 位相接続（位相アンラップ）

位相アンラップは位相再生時の非常に重要なルーチンである．位相アンラップ方法はさまざまなものがあるが，MST(minimum spanning tree)法，最小二乗法などのアルゴリズムが高速で安定な方法である．また，外乱や振動による誤差を減少し，干渉縞解析の精度を高めるために，5ステップ法，7ステップ法，11ステップ法などの位相シフト解析法も提案されている．

位相シフト法は精度が高いが，少なくとも3枚の位相シフトした干渉縞が必要で，高速測定には適していない．特別な光学配置で，同時に3枚あるいは4枚の位相シフトした干渉縞画像を取り込める動的位相シフト干渉計もある．一方，1枚の干渉縞画像で位相を再生できるフーリエ変換法は高速測定に利用されている．

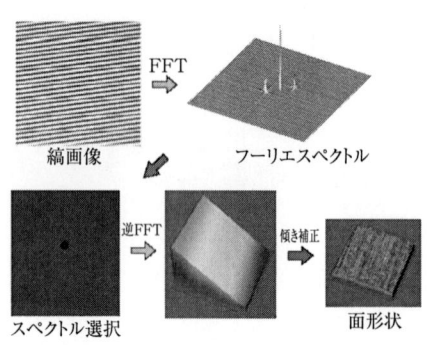

（2） **フーリエ変換法**　図2にフーリエ変換法による縞解析の概要を示す．参照面あるいは被検面を少し傾けると傾きによる干渉縞が発生し，被検面の形状を表す干渉縞にキャリアとなる干渉縞を重ねることができる．この干渉縞画像を2次元フーリエ変換すると，被検面の情報を含む緩やかに変化する成分と，画像のバイアス成分（ノイズやシェーディング）をスペクトル分離することができ，被検面の情報を含むスペクトルのみを取り出して，逆フーリエ変換すると被検面の位相情報を求めることができる．フーリエ変換法の場合も，求まる位相は$-\pi \sim \pi$の間の値であり，やはり位相接続を行う必要がある．

フーリエ変換法の特徴は，1回の画像取り込みで解析を行えることや，フリンジスキャンのメカニズムが必要ないことであるが，撮像系の収差などで画像に歪みがあると解析精度が低下する点に注意が必要である．また，フーリエ変換の特性による辺縁形状解析誤差もあるので，窓関数を使うなどの対策が必要である．フーリエ変換法を利用してニュートンリングのような閉じた干渉縞を解析する場合，極座標変換で閉じた干渉縞を開放した干渉縞に変換して解析する必要がある．

図2 フーリエ変換法による縞解析法

5 形状を計測する

5.3 特定目的の形状計測

ここで取り上げるのは，輪郭度，真直度や平面度などの特定の形状を測定する技術である．まず，共通の手法としてオートコリメータ法を取り上げ，さらに輪郭度，真直度などについて述べる．なお，外形形状計測については，「第4章 寸法を計測する」を参照されたい．

5.3.1 オートコリメータ法

オートコリメータは角度を測る単純な測定機であるが，その使用例・応用範囲は大変に広く，真直度・平面度・平行度・直角度・たわみ量・寸法差・端面の振れ・分割角度・曲率半径などを精度よく測れる光学測定機である．オートコリメータの原理は，4.5.3項を参照されたい．ここでは，面形状を計測する応用例として，定盤などの平面度測定とレンズやミラーなどの曲率半径測定を記載する．

(1) 平面度の測定（定盤など） 精密機械の摺動面の真直度や精密定盤の平面度は，角度の変化量を長さ（高さ）に変換することにより測定することができる．

平面度は，平面上の各直線の真直度を測定して，それをつなぎ合わせることにより測定する．それぞれの真直度は図1のように，足の間隔が一定ピッチである反射ミラーを用いた2点連鎖法にて，各測定点での角度 θ を高さ H に換算して測定点分積算して求める．それぞれの真直度の両端の交点を合わせることにより平面としてつなぎ合わせ，最小領域法にて平面度を求める（図2）．なお，平面度測定に関しては，JIS B 7513（精密定盤）に記載されているのでそちらを参照されたい．

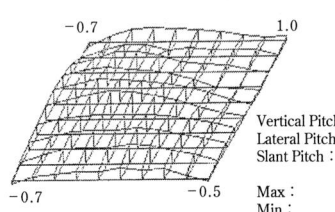

図2 精密定盤の平面度測定結果

Vertical Pitch： 100mm
Lateral Pitch： 100mm
Slant Pitch： 135mm
Max： 5.8μm
Min： −0.7μm
Flatness： 6.5μm

(2) 曲率半径の測定 オートコリメータには，対物レンズ補正環を備えたものがある．これは，反射ミラーの平面度が悪いときに十字線のぼけを補正するものであるが，この機能を利用して反射ミラーやガラス部品などの曲率を測定することができる．

図3のように曲面をオートコリメータで見たときに十字線がぼけるので補正環を回してピントが合うようにする．そのときの補正環の目盛りを読むことにより表1のような換算表で曲率を求めることができる．本例では，補正環の目盛が100のときが曲

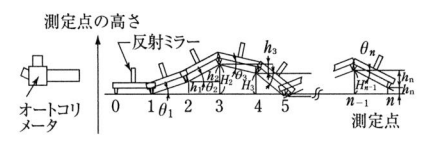

図1 真直度の測定

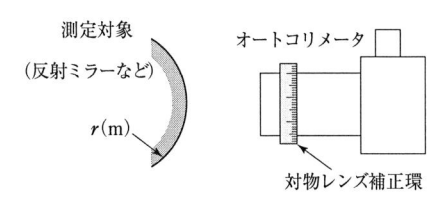

図3 曲率半径の測定

率が0（曲率半径が無限大）で測定対象物は理想的な平面となる．

表1　曲率換算表

補正環目盛	曲率半径 r(m)	補正環目盛	曲率半径 r(m)
102.0	−39	99.9	+807
101.9	−41	99.8	+404
101.8	−43	・	
・		99.0	+81
・		・	
100.1	−805	98.1	+43
100.0	∞	98.0	+41

−のときは凸面，+のときは凹面．

5.3.2　輪郭測定

輪郭度とは，JISによれば設計形状からどの程度異なっているかを指すものとして定義されている．

輪郭度測定機は，ワーク表面を触針などでトレースして測定し，図1のように段差や角度，半径，幅などの輪郭度が解析できる測定機である．

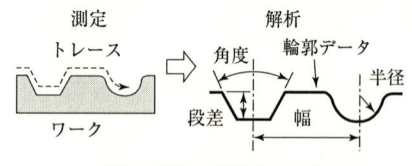

図1　測定・解析イメージ

ワークの輪郭度を測定する方法は，接触式と，光学的な手法による非接触式の2種類がある．

（1）接触式　接触式の測定機は，図2のように触針をワークに接触させて，z方向のワークの高さを測定しながら，x方向にワーク表面をトレースして測定を行い，PC上の解析ソフトでワークの輪郭度

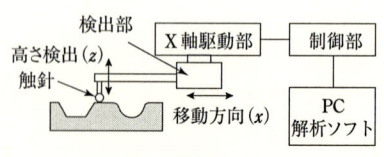

図2　接触式の測定

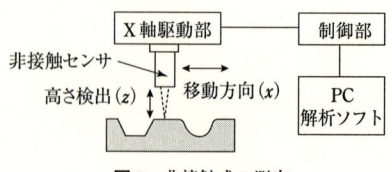

図3　非接触式の測定

表1 非接触センサの分類

分類	方式
投影	三角測量, 光切断 パターン投影
光触針	非点収差・臨界角 ナイフエッジ・共焦点
干渉	ホログラフィック・コノスコピー 干渉縞走査, 白色干渉
光散乱 回折	ビーム散乱, スペックル

の解析を行う．近年，数値制御（CNC）により操作性や測定効率を向上した輪郭度測定機がある．

接触式のz方向の検出範囲は数十mmと大きく，0.001～1 μm程度の分解能で測定ができる．また，めねじなどの円筒の内側もワークを切断することなく測定できる特長をもつ．

接触式の測定では，ワークに触針を接触させるための測定力が発生するため，軟質材料などのワークを測定する際に，測定力によってワークが変形する場合やトレース時にキズが付く場合などは，次に述べる非接触式で測定を行う方がよい．

(2) 非接触式　非接触式の測定機は，図3のように非接触センサでz方向のワークの高さを検出する．多くの非接触センサのz方向の検出範囲は数mm以下と小さい．また分解能については，0.01 μm以下の高精度で測定ができるセンサもある．

光学式の非接触センサには粗さ計も含め，微細形状を測るための種々の方式がある．

また，非接触センサ使用時の検出範囲を拡大するため，センサ（またはテーブル）を上下に移動させるZ軸駆動軸を兼ね備えた多軸制御の測定機もある（図4）．

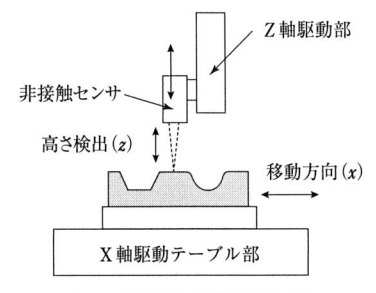

図4　多軸制御の追従測定（例）

5.3.3 真直度計測

真直度とは，直進運動すべき運動物体の幾何学的直線（基準直線）からの狂いの大きさのことである（図1）．一般的に水平真直度（運動物体の移動軸の左右（水平）方向の動き）と垂直真直度（運動物体の移動軸の上下（垂直）方向の動き）で表す．工作機械の運動部品の真直度は，工作機械の性能に大きく影響するパラメータで，精密測定の重要課題でもある．

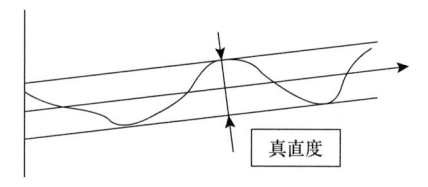

図1 真直度の定義

図2に示すように，オートコリメータを用いて真直度を測定するとき，ミラー移動距離と角度をデジタル積分によって描かれた測定値の両端を結んだ直線を基準線とし，これに平行な二つの直線で，その間隔が最小になるように挟んだときの2直線の間隔を真直度とする．真直度データ処理には最小二乗法と最小領域法が有効である．

高精度移動ステージに変位計あるいは角度計を乗せて，被測定サンプルをスキャンして真直度を測定する方法もある．この場合，走査ステージの案内誤差（並進誤差と回転誤差）は測定精度に影響するので，並進誤差を除去するために反転法，2点法（2個の変位計を使う方法，図3参照）がよく使われる．また，回転誤差（ピッチングとヨーイング）を除去するために，3点法（3個の変位計を使う方法），差動オートコリメータ法（2個の角度計を使う方法），混合法（変位計と角度計を同時に使う方法）などがある．

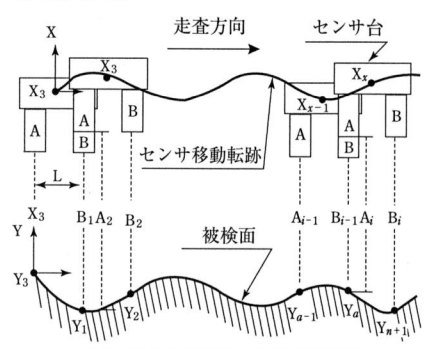

図3 逐次2点法による真直度測定

レーザ測長器を用いて，真直度の測定も可能である．図4に示すように，レーザ測長器で対称的に傾斜面を有するミラーを計測すると，戻ってくるレーザ光の周波数信号には移動ミラーの運動誤差（真直度誤差）が含まれ，真直度を測定できる．

真直度測定は1次元形状測定の特例であり，センサの特性によるシステム誤差を除去するために，3枚合わせ法を使う場合もある．

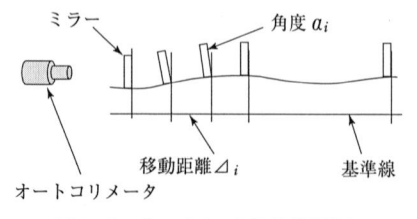

図2 オートコリメータ法真直度測定

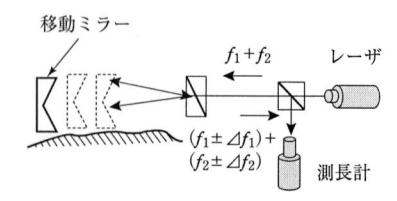

図4 レーザ測長器を用いた真直度測定

5.3.4 平面度計測

平面度とは平らさを表す度合いで，1次元の幾何学量である真直度を2次元に拡張したものと考えればよく，被測定平面の形状の，幾何学的平面（基準平面）からのずれの大きさのことである．指定された測定面内で，その面上のすべての点が，面の代表平面に平行な二つの平面内にあり，かつ，この平面の間の距離が最小となるときの二つの面の間の距離で表す．

平面度はその属性を備える対象物により自ずと度合いが違ってくる．たとえば机の表面は文字を書いたりするために平面度（1mm以下）が必要であり，工作物の組立などに使用される石あるいは金属製の定盤は机よりも良い平面度（数十μm）が必要である．また，シリコンウエハやオプチカルフラットはさらに良い平面度（数十nm）を必要とする．

平面度は真直度を2次元に拡張したものと考えると，真直度の測定法を2次元に拡張すると平面度の測定ができる．平面度の測定方法は多いが，最も高精度，高速の測定方法は平面干渉計である．図1は産業技術総合研究所（産総研）にある大型干渉計の写真である．干渉計による平面形状測定の詳細に関しては5.2.4項に参照されたい．

世の中で一番良い平面度を必要とされるものは，フィゾー干渉計などの原器（参照平面）として使用されるガラスの板（基準板，transmission flatなどと呼ばれる）であり，通常その平面度はP-V値で30 nm以下である．では，その干渉計の原器はどのようにして校正されるのか？

原器の平面度を保証する方法としては，①液面基準による方法と，②3枚組校正による方法がある．

①液面基準による方法では，水銀の表面を絶対平面として原器を校正する方法，シリコーンオイルの中に原器を沈めて，シリコーンオイルの表面を絶対平面として校正する方法などがあるが，液面の波立ちなど，液体は取扱いが大変で現在はほとんど行われていない．

②3枚組校正による方法は，3枚の同程度に平面度の良い原器を準備し，これらを組み合わせて3回の測定を行い，その結果から各原器の平面度を計算で求めるものである（図2参照）．未知数（各面の平面度）三つに対して方程式（測定結果）が三つあるので，これを解くことはできるが，実際には一断面の形状のみが求まる．したがっ

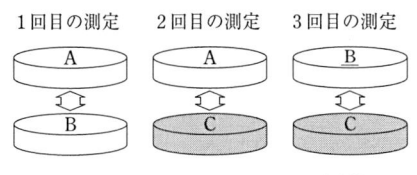

図1 産総研の大型干渉計

1回目の測定　　2回目の測定　　3回目の測定

A　　　　　A　　　　　<u>B</u>
B　　　　　C　　　　　C

$A+B=R1$, $A+C=R2$, $\underline{B}+C=R1$, ただし$R1\sim R3$は測定結果で，また，$\underline{B}$はBを反転させた状態

図2 3枚組校正の方法

て，平面全体の形状を求めるためには，回転して測定するなどの工夫が必要である．

3枚組校正によりきちんと面形状が求められた基準板を原器とし，被検体の面形状を測定した結果から原器の形状を引き算することにより，被検面の平面度を正確に求めることができる．

平成17（2005）年に「計量法」の改正があり，長さ区分の中に平面度が新設された．これにより基準板などの平面度は，特定標準器（ヨウ素分子吸収線波長安定化He-Neレーザ）からのトレーサビリティが確立した．トレーサビリティ体系を図3に示す．

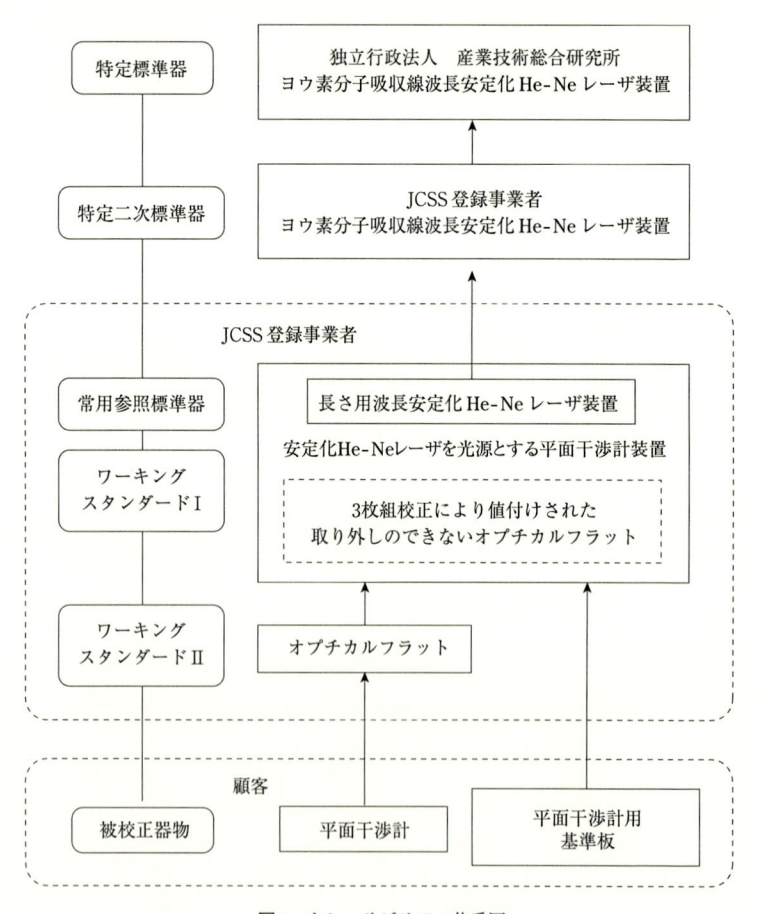

図3 トレーサビリティ体系図

文　献

5.1
1) 吉澤　徹編著：光三次元計測（改訂版），新技術コミュニケーションズ，1998
2) 吉澤　徹編著：最新光三次元計測，朝倉書店，2006
3) 吉澤　徹編著：光三次元・産業への応用，アドコムメディア，2008

5.1.6
1) Leith, E.N., Upatnieks, J.："Wavefront Reconstruction with Diffused Illumination and Three-Dimensional Objects", JOSA, Vol. 54, p.1295（1964）
2) Benton, S. A.："Method for making reduced bandwidth holograms", US Patent 3633989

5.2
1) 社団法人 計量管理協会 光応用計測技術調査研究委員会編：光計測のニーズとシーズ，p.229, コロナ社，1990
2) 日本光学測定機工業会編：実用光キーワード事典，p.83, 朝倉書店，1999

6 変位・変形を計測する

　変位・変形の計測はさまざまな分野において広く使用されており，多くの計測法が開発されてきた．接触式であればノギスやマイクロメータさらにはリニアスケールを組み込んだ電気マイクロメータやひずみゲージも多く利用されている．本章では光を利用した代表的な方式として，三角測量式，光ファイバ方式，顕微鏡による測定方式，ヘテロダイン干渉，ホログラフィ干渉，スペックル干渉について説明する．

　変位・変形を計測する場合，事前にどの程度の時間でサンプリングを行うのか（応答性），どの程度の精度を得ようとしているのか（安定性），どの程度微細な動きが見たいのか（分解能）を考える必要がある．ここではこれらの項目を簡単に解説しておく．

・応答性

　光を利用した計測方法の場合高速での測定が可能なため，比較的ゆっくりとした変位や変形を計測する場合は問題ないが，機械的な動きを伴う方式や平均化処理を行った結果を出力するものもあるので確認を行ったうえで計測を行うことが必要である．

・安定性

　特に長時間で行う変位・変形を計測する場合最も注意すべき点である．測定環境を整えることは当然であるが，その環境下で得ようとしている精度に十分であるか再考することが必要である．温度変化による物体の膨張や，振動によるノイズなどは注意しなければならない．またレーザ波長を基準として計測を行っている場合は温度だけでなく，気圧や湿度にも注意が必要となる．

・分解能

　分解能と測定可能範囲は相反する関係にあることが一般的である．この双方を満たすことができる方式の選定が必要となる．

　以上の点に注意し，光メリットを生かして変位・変形の計測を行っていただければ幸いである．

6.1 変位を測る

変位とは非検物が移動し元の位置から移動した量であり,長さX,Y,Zや角度θなどで表せる.本節ではこれらのうち,直線変位,角度変位の測定方法や種類について述べる.

6.1.1 直線変位を測る

(1) 三角測量方式 拡散面で利用する散乱タイプと鏡面を利用する正反射タイプがある.

① 散乱タイプ: 散乱タイプは測量における三角測量に似た方法をとっている.投光されたレーザ光は,対象物の表面で拡散反射する.その反射光の一部を受光レンズで集光し,位置検出センサ上に結像させる.対象物に変位が発生すると拡散反射光の集光する角度が変化して,位置検出センサ上の結像位置が移動する.それを検出することによって,対象物の変位量を測定する.結像位置と変位量は線形の関係にないので補正が必要である[1].その例を図1に示す.

位置検出センサには1次元のPSDやCCDが使用されるが,図2に示すようにガラスなどの透明体の裏面反射や金属表面のキズなどによる多重反射がある場合,PSDではこれらの反射の重心を検出するのに対して,CCDの場合はいくつもの反射のピークを識別することが可能である(図3).

このため,最近ではCCDなどの位置センサを使用するものが増えている.

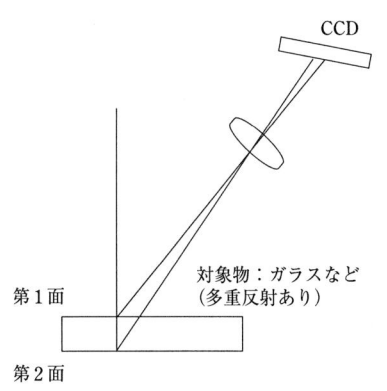

図2 多重反応がある場合

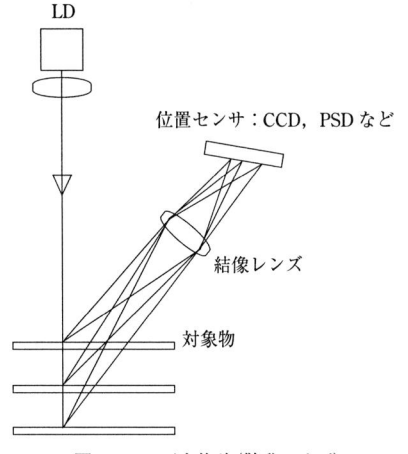

図1 レーザ変位計(散乱タイプ)

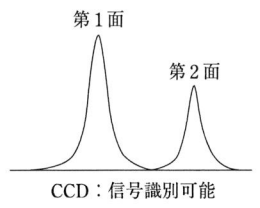

図3 多重反応がある場合の信号

分解能は,0.01~数μm程度,測定範囲は大きなものでは±250 mm程度のものまである.応答周波数は,CCD使用のもの

で50kHz程度である．

② 正反射タイプ： 正反射タイプは変位の方向に対してある角度でレーザを入射させ，同じ角度の反対方向に位置検出センサを配置する．この場合，変位が起こると測定位置が変動する．しかしながら，測定面が傾いても変位として検出されるので注意が必要である[1]．

(2) 光ファイバ方式 図4に原理を示す．反射光量式（フォトニックセンサ）とも呼ばれる．光ファイバは投光用と受光用に分かれ，投光範囲と受光範囲はファイバの開口数NAで決まる．それぞれ円錐状の広がりをもつ．投光と受光の重なった部分からの反射光が受光ファイバへ戻り測定信号となる．投光ファイバと受光ファイバはバンドル状になっている．

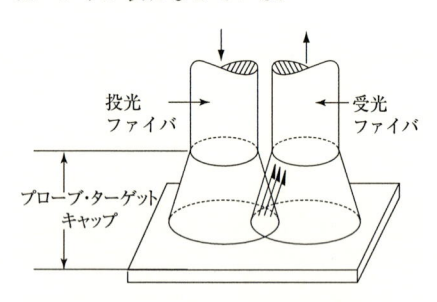

図4 光ファイバ式変位計原理図
（(株)交洋製作所，MTIインスメルメンツ社資料より）

ファイバの束ね方には図5のようにランダム型（R），同心型（CTI），半円（ハーフ）型（H）があり，それぞれ測定レンジ，測定感度が異なる．変位や振動の測定にはフロントスロープ（Range1）とバックスロープ（Range2）と呼ばれる変位対出力が直線部分を用いる．感度は標準的なもので0.02～1μm/mV程度（特注は0.5nm/mV），リニアリティ範囲は0.1～4mm程度である．応答周波数は0～190kHz程度．高分解能，

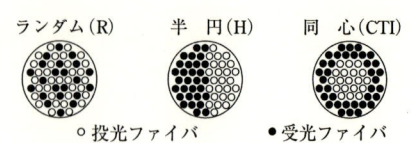

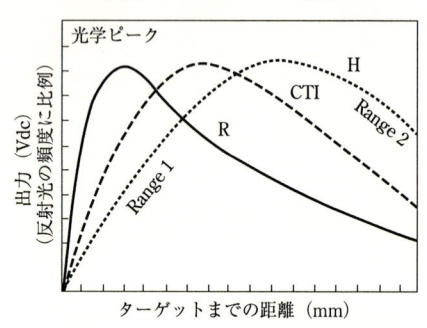

図5 ターゲットまでの距離と受光量（出力電圧）の関係
（(株)交洋製作所，MTIインスメルメンツ社資料より）

広帯域，微小点測定，電磁場の影響を受けないなどの特徴をもつ．初期設定時にキャリブレーションが必要．粗さや色など測定点（面）の表面反射率が測定中に変化する場合は誤差を生ずるなどの欠点がある[2]．光学ピークと呼ばれる最も出力の高い部分（非直線部分）は，鏡面の欠陥検出などに使用できる．

(3) 顕微鏡による測定方式 顕微鏡による変位測定では顕微鏡用オートフォーカス（以下AF）とリニアエンコーダなどを組み合わせることで実現できる．顕微鏡用AFには照射した光を受光しその変化を検出するアクティブ方式と，画像のコントラスト変化を検出するパッシブ方式がある．

パッシブ方式は，エリアセンサによる画像信号のみでAFを行うことができ比較的簡単な構成で実現できるが，何もパターンがないようなベアウエハやガラスではコントラスト変化がなくAFを行うことができ

ない．また応答性も画像取得時間に大きく依存するので注意が必要である．

アクティブ方式にはレーザを使用するものと，パターンを投影するものがある．パターンを投影するものは構成上パッシブ方式に似ているが，パターンを投影するという点でアクティブ方式に分類することとした．アクティブ方式では応答速度に利点があるが，スポット径やパターンサイズによっては表面状態の影響を受けやすくなることがある．レーザを利用したものは5.2.1項に記載されているので，ここではパターン投影方式AFの一例を図6で説明する．

物体上に投影されたパターン像は光路差プリズムによって結像位置の異なる2光路に分岐される．両者の結像位置の中間にラインセンサを配置し，それぞれの信号レベルが等しくなるように軌道部を介して対物レンズと物体との相対位置を制御してリニアエンコーダの出力により変位を計測する．

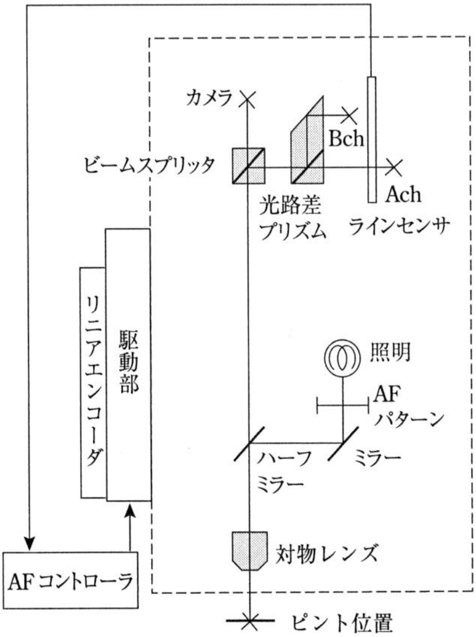

使用するAFの方式は一長一短あるため応答性や対象物体の性質を考慮し決定するのが望ましい．またどの方式を採用したとしても，測定分解能は使用する対物レンズの焦点深度によって決定されるため目的にあった対物レンズを選定する必要がある．使用する対物レンズによってはサブミクロン程度の変位は十分測定が可能である．

図6 顕微鏡用AF（パターン投影方式）

6.1.2 角度変位を測る

 角度変位を測る方法としてはオートコリメータと干渉を利用した方法が一般的である．オートコリメータについては4.5.3項に記載されているので，ここでは干渉を利用した方法について説明する．

 光のドップラ効果を利用したヘテロダイン干渉方式の測長器を角度計測に応用したものである（図1）．光源より干渉計へ向かった光は偏光ビームスプリッタで分離され，f_1は光路L_1を通り，f_2は光路L_2を通ってそれぞれ戻ってきた後，干渉する．角度測定ユニットに角度変位が生ずるとL_1とL_2の光路長が変化し，f_1とf_2の光はドップラ効果による周波数シフトを受け，検出器には$f_1-f_2\pm\Delta f$の周波数が検出される．一方基準周波数f_1-f_2は検出されており，これらの周波数はそれぞれカウンタで積算された後，減算されてΔfが取り出される，これが角度に変換されて表示される[3]．

特性を次に示す．
 測定範囲： ±1°〜±10°程度，±1°を超えると補正が必要になる．
 最小分解能： 0.005秒
 測定精度： 表示値の±0.2%±0.05秒×反射鏡の移動距離
 最大距離：15 m
高精度，高分解能であり，工作機械，半導体製造装置，電子顕微鏡などの移動テーブルのピッチング，ヨーイングの測定などに有効である．

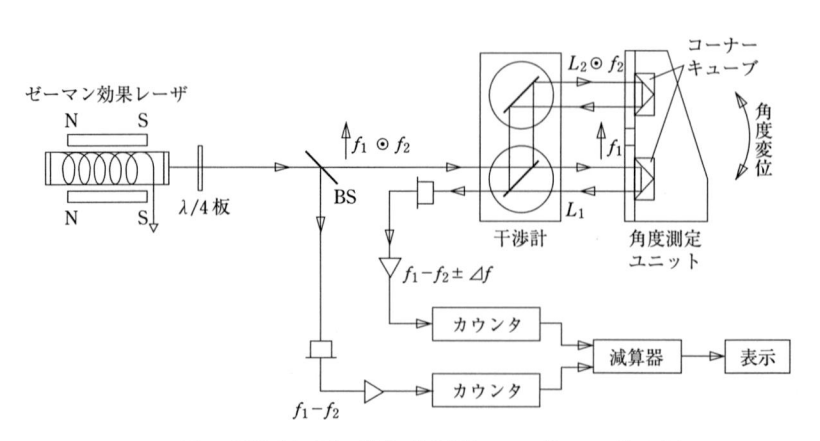

図1 干渉式角度計の構成（「光計測のニーズとシーズ」より）

6.2 微小変形を測る

微小な変形を測る方法としてホログラフィ干渉,スペックル干渉について説明する.

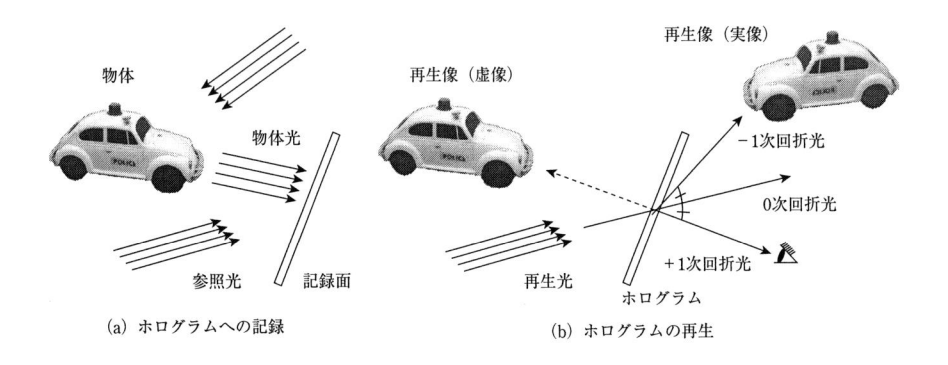

6.2.1 ホログラフィ干渉

ホログラフィの応用技術であるホログラフィ干渉を用いればサブマイクロメートルの感度で物体の変位や変形を捉えることができる.ホログラフィはレーザ光のようなコヒーレント光を利用した画像技術であり,画像の記録と再生という2段階の操作から成り立っている.従来の写真技術では光の強度(振幅の2乗に比例する)のみが記録されるが,ホログラフィでは物体からの光の強度と同時に位相情報が記録できることが大きく異なり,物体からの光波そのものが再生できるので,物体の奥行き情報が再生され,物体の3次元情報を得ることが可能となる.

まず画像を記録する場合には,図1(a)に示すようにレーザからの光を二つに分け,一方の光で物体を照明する.物体表面から拡散反射した光(物体光)は記録面に到達する.もう一方の光(参照光)は直接に記録面に当てられる.この二つの光は重なり合って干渉し縞模様を形成する.ここで乾板のような感光媒体を置けば(物体そのものではなくて)二つの光による干渉像が記録される.現像,定着処理した乾板などをホログラムという.ホログラムには物体の像が直接見える形では記録されていないので,次には像の再生が必要となる.図1(b)に示すように,元の物体がない状態でホログラムを戻して,記録時と同じ条件で再生光を照射する.この光はさきの参照光そのままでよく,この段階では再生光と呼ぶ.再生光はホログラムに記録された干渉縞模様によって回折し,そのままの透過光(0次光)と-1次回折光および+1次回折光が生じる.0次光は物体光の記録面における強度情報のみで位相成分を含まないので像の形成には寄与しない.ここでは+1次回折光に限って述べる.+1次光は虚像を形成するので図のように観察すれば,物体が置かれていた元の位置に物体の虚像を見ることができる.

(a) ホログラムへの記録　　(b) ホログラムの再生

図1 ホログラフィの原理

こうしたホログラムの物体からの光波が再生できるという性質を利用して、物体の変形前後の二つの干渉縞模様を二重に記録すると、ホログラムから変形前後の二つの光波が同時に再生され、それらが干渉して縞が形成される。このテクニックを二重露光法によるホログラフィ干渉法という。このようにして得られたホログラムを再生すれば図2のように物体の変形量に応じた縞パターンが見られる。縞の視線（奥行き）方向の変位間隔はおよそ光の波長の1/2となり、図2の場合は約0.3μm間隔ごとに縞が形成される。これに対して物体が振動しているような場合に露光時間を長くすると、振動物体からの光波の時間的な平均振幅を記録することができ、振動の振幅やモードが観察できる。これは時間平均法と呼ばれる。さらには、実物から出てくる現在の光波とホログラムから再生される過去の光波を干渉させる実時間干渉法がある。パルスレーザを用いた高速ホログラフィ干渉法は、高速変形や衝撃波などの解析に役立つ。

以上は初歩的な説明であり、詳しくは文献1-4) を参照いただきたく、また文献5)には多くの実際例が記されている。

図2 熱による変形

6.2.2 スペックル干渉

粗面や散乱粒子にレーザビームなど干渉性のよい光を当てたとき、反射あるいは透過の散乱光が互いに不規則な位相関係で干渉して生じる非常にコントラストの高い不規則なパターンをスペックル（小斑点の意）という。スペックルは照射した面の動きに伴い移動・変化するので、これを定量化することで計測することができる。図1にスペックルパターンの発生例を示す。

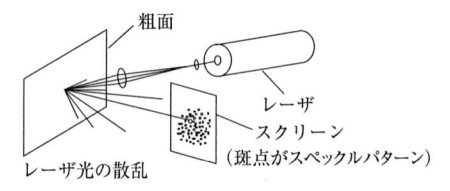

図1 スペックルパターンの発生

先ほどのスペックルパターンと参照面からの光を干渉させることにより、スペックルパターン取得し、その後、測定面が変形することと重ね合わせるとスペックルパターンによる干渉縞を得ることが可能となる。

スペックルを用いた計測の方法には、表面の変化に伴い変化するスペックルパターンを重ねた、一種のモアレ縞で観察するスペックル干渉法、スペックル移動を表す干渉縞を利用するスペックル写真法などがある。眼ではスペックルの重ね合わせができないため、二重写真撮影や撮像素子を利用しコンピュータの画像処理などで実現する。

得られた干渉縞を解析してつなぎ合わせると変位が求められる。図2に示す測定系の例では、二つの可干渉な光を観察方向に対し、角度θの互いに対象方向から照射

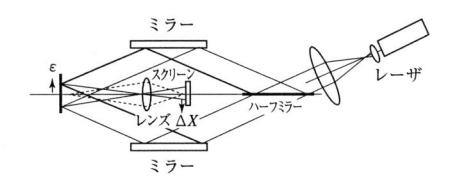

図2 2光束干渉を使ったスペックル法

したとき，変位量 $\varepsilon = \lambda/2m \sin\theta$ ごとの干渉縞ができる．ただし，測定体の表面の伸縮（面内変位）のみ観察するには，観察面と垂直方向の変位がスペックルの同じ方向（縦方向）の直径より十分小さいことが必要である．

以上からスペックル干渉でのポイントとして横変位（レーザ光に直交する変位）が比較的容易に測定可能である．さらにスペックル干渉を利用し，表面粗さ測定を行う例も発表されている．

文　　献

6.1
1) 日本光学測定機工業会編：実用光キーワード事典, pp.195-196, 朝倉書店, 1999
2) （株）交洋製作所　MTIインスツルメンツ社資料より
3) 計量管理協会光応用計測技術調査研究委員会編：光計測のニーズとシーズ, pp.170-171, コロナ社, 1990

6.2.
1) 日本光学測定機工業会編：実用光キーワード事典, 朝倉書店, 1999
2) 鶴田匡夫：応用光学II, 培風館, 1990

6.2.1
1) R.Collier, C. Burckhardt, L. Lin: Optical Holography, Academic Press, 1971
2) 村田和美：ホログラフィ入門, 朝倉書店, 1976
3) 久保田敏弘：ホログラフィ入門 ―原理と実際―, 朝倉書店, 1995
4) 辻内順平：ホログラフィ, 裳華房, 1997
5) P.Smigielski（辻内順平訳）：ホログラフィによる計測と検査, アドコムメディア, 1999

7　内部を計測する

　光は直進し，レンズなどにより屈折するということは一般に知られている．蜃気楼や虹が見えるのは光の屈折によるものであり，光をさえぎる物体があればその後ろには影ができる．この光の性質からは，光計測においては物体の内部を測ることが想定できないことになる．

　しかし，光を電磁波の一つとしてとらえると内部を測ることも可能となってくる．

　たとえば，光の波の長さ（波長）に着目すると，波長が短いX線（波長：約1pm～10 nm）は，X線写真（レントゲン）として人体の内部を観察するなど医療では欠かせないものとなっている．最近では，高出力のものやマイクロフォーカスX線と呼ばれる分解能が高いX線源が開発され，工業用途でも使われ出されてきた．

　一方，波長が長いものでは，近赤外線（波長：約0.7～2.5μm）を用いて人体や眼球の内部を計測するOCT（optical coherence tomography）技術も開発されている．また，赤外線（約0.7μm～1 mm）は半導体ウエハで広く使われているシリコンを透過する性質をもっており，半導体の内部測定にも用いられる．さらに，波長が長く300μm程度であるテラヘルツ（THz）光は多くの物質で透過率が高いという性質をもち，人体・植物を含めさまざまな対象物の計測に対する研究が行われている．

　光が波である性質を利用した技術として偏光がある．光のギラツキやまぶしさを抑える偏光サングラスや3D立体映像を見せるための偏光メガネが一般には知られているが，この偏光技術を用いてガラスやレンズなどの透明物体の応力歪みを測定することができる．

　以上に述べたような技術を含めて，本章では，光の性質を用いて内部を測るいくつかの方法を紹介する．実用化されているものや研究段階のものもあるが，光計測の別な一面として，ここに書かれた技術を利用して頂ければ幸いである．

7.1 光を直接用いる

7.1.1 OCT

OCT（optical coherence tomography）は，断層画像形成手法の一つである．赤外光が皮膚組織を透過する性質を利用した医療応用が進んでいる．広帯域光源を用いた干渉光学系では，測定光と参照光の光路長がほぼ一致したときに干渉が現れる性質を利用し，測定光が散乱される3次元座標を検出してデータ処理により断層画像を形成する．参照光の伝播距離を変えて，等距離点の信号を時間的な変調信号として検出するタイムドメインOCT（図1）と，等距離点を中心に形成される干渉信号を分光器によって波長分解し，波長変調された信号として検出するスペクトルドメインOCT（図2），光源の波長を掃引した際に基準面からの距離に応じた周波数で変調される信号と

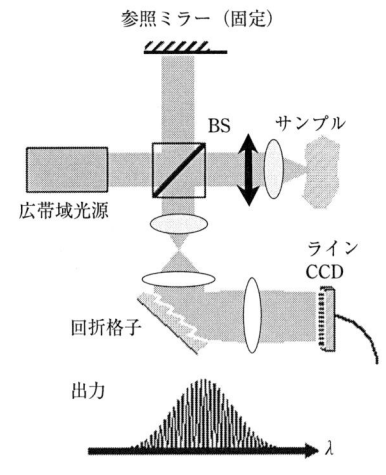

図2 スペクトルドメインOCT

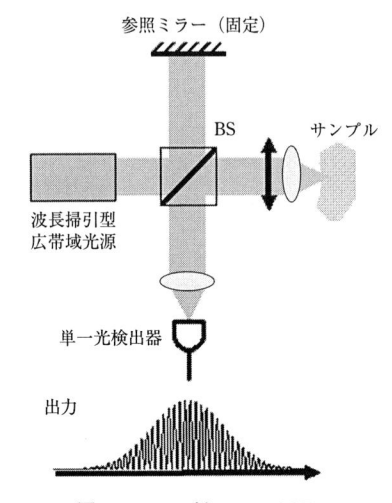

図3 スウェプトソースOCT

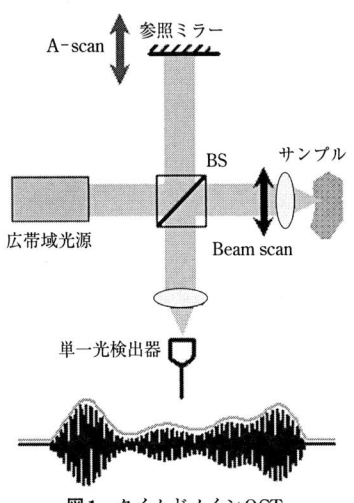

図1 タイムドメインOCT

して検出するスウェプトソースOCT（図3）がある．スペクトルドメインおよびスウェプトソースは出力信号に基準面からの距離に応じた信号が重畳しているため，フーリエ変換によって断層像を構築することから，フーリエドメインOCTと呼ばれる．

この技術を眼底に適用した眼底断層像撮

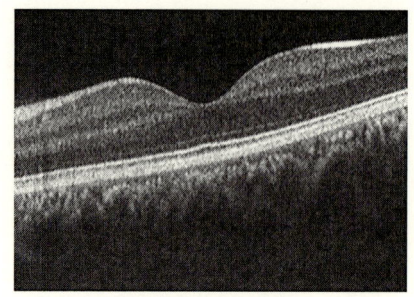

図4 黄斑部断層像

影装置が製品化されている．プローブ光を，瞳孔を通じて眼底上に走査しながら，各点でA-scan（図1参照：縦方向のスキャン）を実行し，これを並べることで非侵襲に網膜の断層像が構築できる（図4）．

さらにプローブ光を2次元に走査してやることで3次元画像も構築可能である（図5）．

網膜は図4にみられるように層構造をしており，かつ厚みが近赤外光の侵入深さと同程度で，本技術の対象として都合がよい．

眼疾患では，この層構造の乱れとして描写される場合が多いことから，網膜断層像により眼疾患診断が確実に行えるようになった．ほかにも層構造をもつ体組織への適用が進められている．

図5 眼底部3次元画像例

7.1.2 光弾性法

（1） 光弾性法の概要　光学的に透明な弾性体が外力を受けた場合に複屈折性を現す性質を利用して，偏光の場において光路差を測定し，複屈折の度合いを求めることができる．

応力の解析は従来から理論をもとにした複雑な数値計算により行われているが，実験的応力解析法である光弾性法は以下の特長を有する．
・単純な原理をもとに応力解析が可能．
・仮定をもとに得られる計算解の検討に役立つ．
・2次元・3次元での応力解析が可能．
・応力集中の状態を精密にかつ容易に求められる．

（2） 光弾性法による測定　光弾性法における基本的な光学素子の配置は図1のようになる．偏光子Pおよび検光子Aは，主に偏光板が使用され，高精度な測定を行う場合には，グラン-トムソンプリズムなどの高い消光比の素子が使用される．1/4波長板Q_1，Q_2は主にフィルム状のものが使用され，高精度な測定を行う場合には，雲母板や水晶板が使用される．

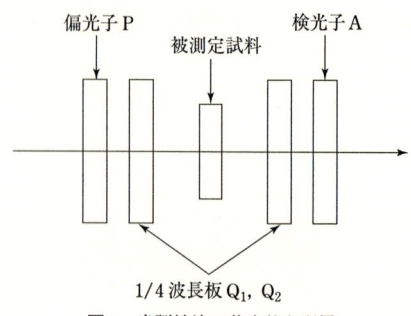

図1 光弾性法の基本的な配置

光弾性法により測定されるのは，主軸間の位相差および方位角であり，この二つの測定値より，主応力差と主応力方位が求まる．

主応力差は，等色線と呼ばれる干渉縞から測定する．等色線の干渉縞の測定には，$P = 0°$，$Q_1 = 45°$，$Q_2 = 135°$，$A = 90°$のように各素子を配置する．次数の判定を行うには，白色光源を使用し，干渉縞の色で判断する．

一方，主応力方位は，等傾線と呼ばれる干渉縞から測定する．等傾線の干渉縞の測定に際しては，Q_1およびQ_2を光路から外し，偏光子Pと検光子Aが直交する状態に配置し測定する．

位相差が小さく，1次以下の位相差である場合，以下の手順により位相差Δを決定できる．

① $P = 0°$，$Q_1 = 0°$，$Q_2 = 0°$，$A = 90°$と配置する．

② 2個の1/4波長板を回転し，$P = 0°$，$Q_1 = 45°$，$Q_2 = 135°$，$A = 90°$と配置する．このとき測定位置の視野は明るくなる．

③ 検光子を＋方向に回転し，測定位置が暗くなる角度にする．そのときの回転した角度の読みをAとする．

④ $0° \leq A \leq 180°$のとき$\Delta = 2A - 180$，$180° \leq A \leq 360°$のとき$\Delta = 540 - 2A$となる．

以上のような方法で光学的に透明な弾性体に関しては応力の解析が可能となる．この方法を応用し，金属などの弾性体以外の場合においても，測定物表面にエポキシなどの光弾性皮膜を張り付けることで応力解析が可能となる(図2)．本方法は光弾性被膜法と呼ばれる．

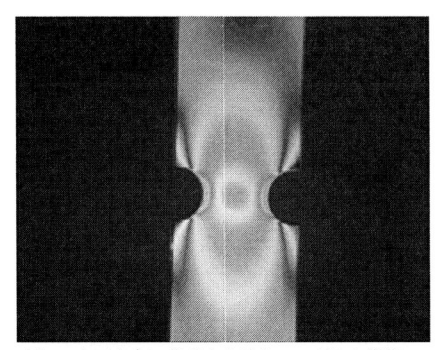

図2 上下方向に荷重をかけた，エポキシ樹脂の光弾性写真

7.1.3 複屈折

複屈折を測れば,我々の眼ではとらえることのできない物体内部の情報を観察できる.その情報には,複屈折そのもの以外に,応力分布や分子の配向状態,膜厚などがある.その応用分野は半導体,材料工学,生命科学にまで広がっている.

複屈折とは,光学的異方性をもつ媒質に光が入射したとき,光が二つに分離される現象をさす.二つの光は互いに直交した直線偏光で,光学軸を除けば,それぞれの光の速度は異なる.つまり,屈折率が異なることを意味している.媒質が一軸性結晶であれば,一方を常光線,他方を異常光線と呼ぶ.二軸性結晶の場合,どちらも異常光線で,速度が異なる.常光線と異常光線の屈折率はそれぞれn_oとn_eで,スネルの法則は常光線についてのみ成立する.複屈折の大きさは$\delta n = n_o - n_e$で表される.常光線と異常光線において,光が早く進行する軸を進相軸,遅い方を遅相軸と呼ぶ.

複屈折測定では,媒質の厚みdを考慮した複屈折位相差$\Delta = \delta nd$と,進相軸の角度となる主軸方位を測定している.基本的な測定原理は偏光解析にあり,図1に示すように回転偏光子法,回転位相子法,そして位相変調法が代表的である.

表1にそれぞれの測定法の特徴を示す.回転位相子法は$-\pi \leq \Delta \leq \pi$ [rad]の領域で測定可能である.回転偏光子法と位相変調法は,それぞれ$\cos\Delta$と$\sin\Delta$を使用するため,測定できない領域が存在する.また,回転偏光子法は,偏光子が広い波長帯で使用できるため,複屈折の波長依存性測定には補正の必要がない.回転位相子法や位相変調法に使用する偏光素子は,光源の

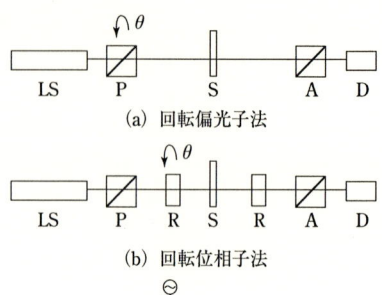

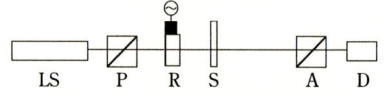

(a) 回転偏光子法

(b) 回転位相子法

(c) 位相変調法

図1 複屈折測定用の光学系
LS:光源,P:偏光子,R:位相差板,A:検光子,D:光検出器,S:測定試料.

表1 複屈折測定法の特徴

方法	測定領域	波長依存性の測定
回転偏光子法	$\cos\Delta$	補正なく測定可能
回転位相子法	$-\pi \leq \Delta \leq \pi$	補正が必要
位相変調法	$\sin\Delta$	補正が必要

波長に強く依存するため,複屈折の波長依存性測定には補正アルゴリズムが必須である.位相変調法は,光弾性変調器を利用することで電気的な測定も可能にしている.

図2はYLF結晶を2次元複屈折分布計測した結果である.上部から負荷を与えると把持する矢印の3点で応力集中が発生する.原画像で示したように肉眼では捉えられない内部に働くわずかな応力分布も複屈折を測定することで捉えることができる.

(a) 原画像 (b) 複屈折分布

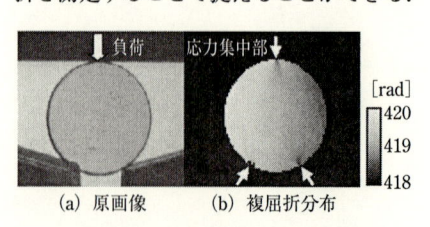

図2 YLF結晶の2次元複屈折分布

7.2 光を間接的に用いる

内部を測定する上で，光を照射して光以外の物理量として検出するものを間接的に用いるという言葉で表現した．ここでは光音響法について述べる．

7.2.1 光音響法

物体に光を照射すると，照射光の一部は物体に吸収され，物体の膨張・収縮による熱弾性変形を発生させる．また，10Hz～数MHzの周波数で強度変調した光を照射すると，光の断続的な吸収による熱弾性変形が表面近傍に音波を発生させ，物体内部には熱弾性波が発生する．断続的に照射された光によって，物体に音波が発生する現象を光音響効果と総称している．

光を照射した物体が均一である場合には，表面近傍や物体内部に発生する音波は一様になるが，欠陥などの不均一な部分では音波に乱れが生じる．この音波の乱れを検出することにより，内部欠陥などの不均一部分を検出するのが光音響法である．

光音響法はマイクロフォンを用いる方法と，物体に圧電素子を取り付けて内部音波を検出する方法の2種類に分かれる．

（1） 光音響顕微鏡 光音響顕微鏡 (photo acoustic microscope：PAM) は，マイクロフォンを用いる方法である．密閉したセル内に被検物体とマイクロフォンを置き，強度変調されたレーザ光を集光して被検物体に照射すると，レーザの集光点が熱源となり拡散方程式に従って熱が伝達される．レーザ光の照射強度をP，レーザ光の強度変調の周波数をf，光吸収率をβ，熱拡散率をα，密度をδ，比熱をcとすると，熱源（集光点）からの距離rでの温度$T(r, t)$は，拡散方程式から式 (1) で表される[1]．

$$T(r, t) = \frac{P\beta}{\delta c} \cdot \frac{1}{4\pi \alpha r} \cdot \exp\left\{-\frac{r}{\mu} + i\left(2\pi f - \frac{r}{\mu}\right)\right\} \quad (1)$$

ただし，$\mu = \sqrt{\alpha/\pi f}$ (2)

であり，μは熱拡散長と呼ばれ，強度変調された光の1周期内に熱が伝達する距離を表している．

光音響信号は被検物体表面の温度に比例するので，式 (1) から光音響信号を光の変調周波数で同期検出すると，振幅信号と位相信号のそれぞれを検出することができる．

レーザ光を被検物体の表面上で走査すると，被検物体の各点で光音響信号を検出することができ，被検物体内部に潜む欠陥などを映像化すること可能になる．ただし，光音響信号は式 (1) から$\exp(-r/\mu)$で減衰するので，検出可能な深さはレーザ光の強度変調の周波数fに依存する．したがって，欠陥種類や探索する深さによってレーザ光の強度変調の周波数を最適化する必要がある．

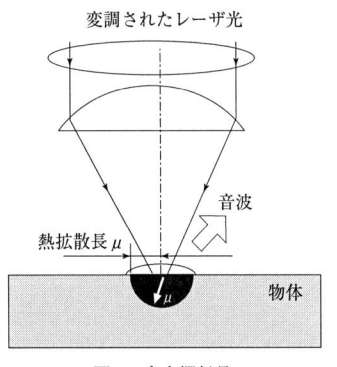

図1 光音響信号

7.3 異なる波長域や特殊な光源を用いる

可視光以外の光を用いて内部を測定する方法として，赤外線・テラヘルツ光・X線・フェムト秒レーザを用いた測定について順次述べる．

7.3.1 赤外線

赤外線は赤色光より波長が長く，電波より短い波長の電磁波で，人間の目では見ることができない光である．

(1) 赤外線の特徴

① 絶対0度以上の物体すべてから自然放出される．

② 物体温度とその物体から放出されるエネルギーには相関関係がある．

③ 物質によって透過，反射，吸収といった分光特性に特徴がある．

④ 物体を温める．分子の振動による摩擦で熱が発生する．

⑤ 可視光と比べて波長が長いので散乱しにくく，波長によっては煙，霧，雨を透過しやすい．

⑥ 非接触でパッシブに，また真っ暗闇や真空中でも測定できる．

⑦ 波長帯域はおよそ$0.7 \sim 1000 \mu m$に分布し，波長によって次のように分けられる．

　　近赤外線：約$0.7 \sim 2.5 \mu m$
　　中赤外線：約$2.5 \sim 4 \mu m$
　　遠赤外線：約$4 \sim 1000 \mu m$

（なお，区分は学会，団体などで多少異なる）

(2) 赤外線による物質内部の測定

① 建築物の検査，材料内部の欠陥検査：赤外線サーモグラフィによる温度分布から異常を検出する．

図1 可視光の像

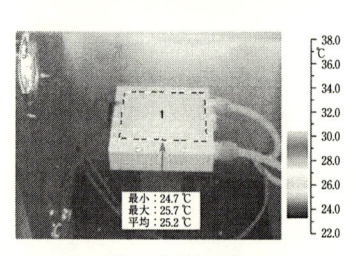

図2 赤外光の像

たとえば材料に対しては，物質からの赤外線を赤外線センサで受光するだけでなく，力を加えて変化を観察したり，あるいは特定波長の赤外線を照射して戻ってくる赤外線を検出する（アクティブ方式）などして，受光のみ（パッシブ方式）より精度の高い測定や見方の異なる測定をする場合がある．

なお，赤外線センサには以下の二つのタイプがある．

a．熱型　：非冷却で波長依存性なし．
　　　　　マイクロボロメータなど多数．
b．量子型：要冷却で波長依存性あり．
　　　　　高感度で応答速度が速い．
　　　　　InSb素子など多数．

② 半導体，ウエハ内部の欠陥検査：　Si

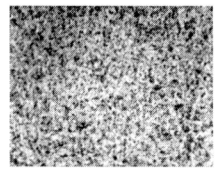

図3 拡散面下 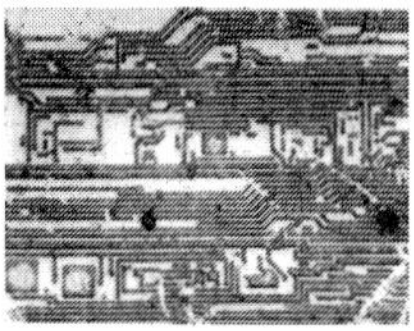　　**図4** 鏡面下

図5 波長1.1μm時 　　**図6** 波長1.2μm時

を透過する1.1μm以上の特定波長の近赤外光を照明に用いた光学顕微鏡により，微細な異常を検出する．カメラはSi素子（感度0.3～1.1μm），InGaAs素子（感度0.9～2.5μm）などがある．

可視光でも赤や青といった波長の異なる色フィルタで物の見え方が異なるように，赤外光も波長を変えると観察物体の分光特性により画像が異なって見える．

なお，Si表面はできるだけ鏡面であることが望ましい．またAuやCuやAlなどの金属層が表面にある場合は近赤外線を透過しないので内部が見えない．

また樹脂でパッケージされた半導体も近赤外線を透過しないので，その場合は樹脂を研磨で除去してから赤外線で観察する．

7.3.2　テラヘルツ光（THz）

テラヘルツ光（THz電磁波）は多くの物質で透過率が高く，人体への安全性も高いため，X線代替技術として注目されてきた．また，水の吸収に敏感なため生体への応用も考えやすく，次世代の内部計測技術として有望視されている．さらに近年，従来のフェムト秒レーザで半導体光伝導アンテナ（photoconductive antenna：PCA）を照射する手法や，パラメトリック光源の利用に加えて，量子カスケードレーザ（quantum cascade laser：QCL）など実用化が近い固体素子が登場し，光源の種類が増えたことに加え，受光技術やスペクトル測定技術が向上したことなどで，単純な透過率測定だけでなく，測定対象の材料同定が同時に行える手法として，特に所持品検査や医療などホットな領域で実用化研究が進展している．

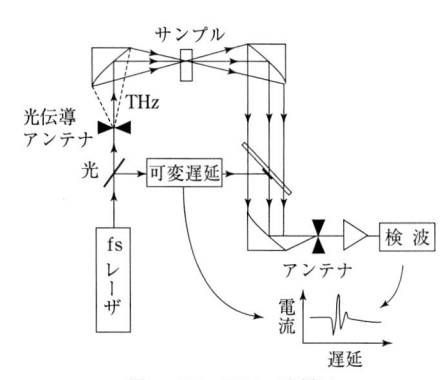

図1　THz-TDSの配置図

以下でTHz電磁波の代表的な計測システムであるテラヘルツ時間領域分光法（THz-TDS）と，実用応用について概観する．

(1) テラヘルツ時間領域分光法 フェムト秒レーザ励起で発生したTHz電磁波パルスを対象に照射し，励起に用いたレーザを受光時のサンプリングにも用いることで，透過したTHz電磁波の時間波形を取得する．時間波形はフーリエ変換により周波数特性となり，波長と強度-位相関係が求まるので，複素屈折率特性が得られ，対象の分析が行える．走査による2次元化も行われている．

(2) 実用応用

① 郵便物の非開封検査： 郵便物のように薄いものの場合，空気中で減衰する問題がないので，高精度のTHz分光が行えるため，内容物の特徴的な吸収スペクトルを得ることができ，毒物や麻薬などの未開封チェックが行える．

② 空港での危険物チェック： 火薬や可燃性液体などの爆発物は，THz領域で特徴的な透過スペクトルをもち，旅行カバン内の不審物検出に応用が期待されている．

③ 医療検査： 水分など生体要素への感度が高いため，医療イメージングへの応用が研究されている．特に皮膚がんについては正常細胞との差がみられており，人体表面に近い応用のため実用化が期待されている．

また実用化をにらんでのMEMS技術を利用したバイオセンシングの開発も盛んであり，THzの発生/検出部を作り込んだ一体型バイオチップが開発されている．

④ 電子デバイス検査： フェムト秒レーザをLSIに照射し，LSI内部の電場によるTHz放射を誘起させ，発生する放射が電場に比例することを用いて，内部電場をイメージングする「レーザテラヘルツ放射顕微鏡（laser THz emission microscope：LTEM）」が開発されている．

7.3.3 X 線

X線とは電磁波の一種であり，波長は約0.01～数十nmの範囲をもつ．X線は真空中で高電圧により加速された電子をターゲットに衝突させて発生させる．

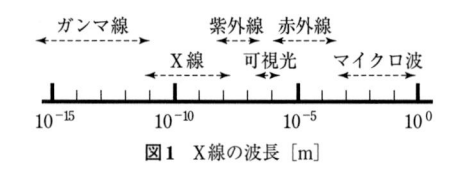

図1 X線の波長 [m]

発生させたX線を物体に照射したときに生じる特徴的な現象は，特性X線の放出，X線の散乱（回折），X線の吸収であり，これらの現象を利用した測定手段がX線分光法，回折法，透過法である．これら測定法は医用や科学技術といった幅広い分野で活用されており，X線は今や人類には欠かせない存在となっている．

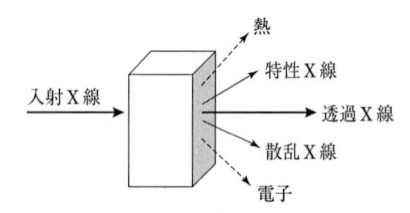

図2 X線を照射したときの主な現象

(1) 測定手段

① X線分光法： X線を物体に照射すると，物体からその構成元素に固有の波長の特性X線が発生する．つまり，この特性X線を調べることで物質の構成元素がわかる．

特性X線は電子線の照射によっても生じる．走査型電子顕微鏡に搭載されたX線マイクロアナライザを用いれば試料表面の元

素分布を知ることができる．

② X線回折法：　X線を結晶に照射すると，その結晶構造に応じて特定の方向に回折が生じる．このX線回折の仕方を調べることで，物質の結晶構造を調べることができる．

③ X線透過法：　短波長領域のX線は物質を透過することができる．これにより，物体の内部構造を観察することが可能である．

X線を物体に照射したときのX線吸収量は，厚みや密度などに比例する．つまり，物質の状態によってX線の透過率が異なる．医療現場でよく用いられるレントゲン写真やX線CT（computed tomography）は，この応用である．

入射強度I_0のX線を，厚みxの物体に照射したとき，透過X線の強度Iは，

$$I = I_0 \exp(-\mu x)$$

と表される．ここで，μは物質に固有の係数である．

(2) X線CT　上述のように，X線は透過した厚みによって吸収されて減衰する．X線源とX線検出器との間に測定対象を置くと，ある方向での測定対象によるX線の透過率を知ることができる．このデータを全方向360°取得し，コンピュータで元の3次元形状を再現するのがX線CTである．

産業分野では，隠れた部分の測定やリバースエンジニアリングのための全体形状測定などにX線CTが利用されている．最近は，測定に関してさらに配慮されたX線CTが販売され，3次元測定の分野でも利用されるようになった．これは測定時間の短縮と高精度化を実現したものである．

X線CTの3次元測定機は，測定物を図3のように，回転テーブルに載せ，扉を閉めて，スタートボタンを押すことにより，測定からCAD比較を含めた解析まで自動で行わせることが可能である（図4）．

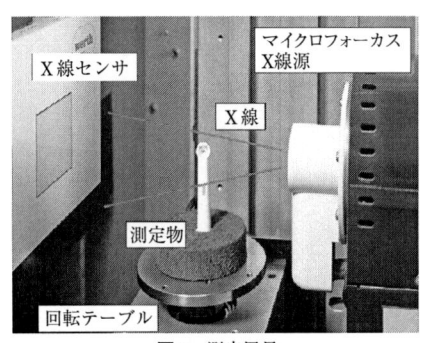

図3　測定風景

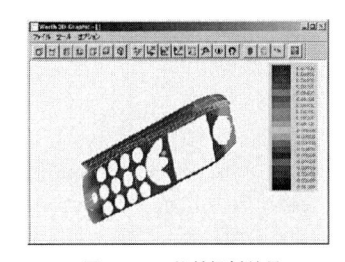

図4　CAD比較解析結果

CTの再構成では，膨大な量のデータをもとに連立方程式を解く必要があるため，高性能のコンピュータを複数台連結させたクラスタで計算を実行して処理時間を短縮するなどの工夫が行われている．

高精度測定と精度保証に関しては，マルチセンサとしてX線CT以外のセンサを用いてCTの結果を補正する工夫がなされている．これにより，数μm程度の高精度測定と精度の保証が実現できるようになった．大きな測定物や高い倍率で測定したいときには，測定物を数回に分割してスキャンし，すべてのスキャンデータを再構成して評価することも実現されている．

7.3.4 フェムト秒レーザ

Tiサファイアレーザやファイバレーザによるフェムト秒レーザ（femto second laser）が出現したことにより，パルス幅の短い，安定した高出力を利用した応用が広がっている．フェムト秒レーザの特徴は，時間空間的に局在（$\Delta t \sim 10^{-15}$s，$\Delta x \sim 0.3\mu$m）していること，超高ピークパワー（MW～GW）であることである．このような高ピークパワーの光が物質と相互作用すると，多光子吸収とか高次高調波発生などの顕著な非線形光学効果を生じる．非線形光学効果は光電場の2乗，3乗に比例するので，レンズで集光した場合，焦点面の微小空間のみから信号が発生する．これを利用して生体内部をイメージングしたものに，2光子励起顕微鏡やコヒーレントアンチストークスラマン散乱（coherent anti-Stokes Raman scattering：CARS）顕微鏡がある．

図1に2光子吸収励起による蛍光放射の原理を示す．フェムト秒レーザ光を集光すると，焦点面のみで非常に大きな非線形光学効果が生じ，時間空間的に非常に限られた領域で2（多）光子吸収が発生する．2光子吸収では，入力光の倍のエネルギー吸収（周波数は2倍）が起きるため，短波長帯にある蛍光励起を近赤外光で行うことができる．このため，生物にとって比較的毒性が少なく，浸透性のよい近赤外光を使って，時間空間的に高分解で組織深部の微細構造，立体構造を見ることができる．

CARSは，励起光（周波数 ν_1）とストークス光（周波数 $\nu_2 = \nu_1 - \delta$）を同時に物質に入射し，反ストークス光（周波数 $\nu_1 + \delta$）を観察する．反ストークス光が，材料分子の固有振動数と δ が共鳴したとき，共鳴効

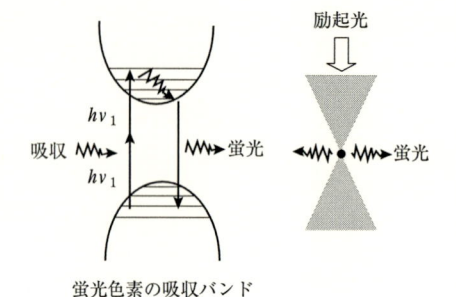

図1 2光子吸収励起による蛍光放射の原理

果で増大することを使う．反ストークス光の分光特性より，材料組成がわかる．通常のラマン効果より感度が高く，励起光やストークス光より短波長のため，測定時に蛍光と分離しやすく散乱の影響が少ないなどの特徴がある．蛍光色素などによる染色の必要がなく，物質の同定，立体構造，分子状態の把握ができる．より生体に近い組織の状態を無染色でイメージングでき，細胞機能の制御も可能なものである．

生命現象の解明ばかりでなく疾患治療への応用にも，生きた状態での深部観察の要求が増している．しかし高ピークパワー，高次非線形効果の生体への影響はまだよくわかっていない．ダメージを抑えたイメージング研究の今後の発展が期待できる．

文　献

7.1.3
1) 藤原裕之：分光エリプソメトリ，丸善，2003
2) 粟屋　裕：高分子素材の偏光顕微鏡入門，アグネ技術センター，2001
3) Shinya Inoue, Kenneth R. Spring（寺川　進，渡辺　昭，市江更治 訳）：ビデオ顕微鏡－その基礎と活用法，共立出版，2001

7.2.1
1) 谷田貝豊彦，伊藤雅英，日野　真，斎藤弘義：光学，Vol.11, No.6, p.596（1982）

7.3.4
1) 斗内政吉監修，テラヘルツテクノロジー動向調査委員会編：テラヘルツ技術,オーム社，2006
2) 民谷栄一監修：バイオセンサーの先端科学技術と応用,シーエムシー出版，2007

8　物の動きを計測する

　本章ではドップラ,干渉,画像手法など光を利用した非接触での各種速度に関する精密測定方法について述べる.

　6章で解説した変位測定方法により得られる位置の変化と,その変化に要した時間との関係を知ることができれば,速度や角速度など物の動きを測ることができる.

　速度とは物の単位時間の変位を表し,角度の一定時間の変位は角速度という.速度の測定には,大きく分けて

　1. 能動的:光の干渉やドップラ効果を利用するもの.

　2. 受動的:物体上の目印が一定時間に移動した変位を測るもの,視野内の2点間の移動時間を測るもの.

の二つの方式があり,両者とも,速度,角速度,振動の測定に応用できる.

　レーザはコヒーレントな光のため干渉が起きやすく,干渉縞の変化(変位)と時間との関係で速度が求められる.またレーザジャイロは回転時のサニャック効果による回転方向の異なる光の位相変化を,光の干渉として検出し角速度を求めるもので[1]航空機などの慣性誘導に利用されている.これらはレーザの実現により初めて可能となった[2].

　また角度の相対ずれを測るものとして古くからコリメータが利用されている.これは光の反射の原理を利用して反射角の変化の1/2が基準に対する傾きとして求められる.コリメータを利用してレンズの偏芯などの測定の可能である.

　角速度測定の例として車のテレビコマーシャルで車が走り出すとホイールの回転が初めゆっくりと回りスピードが上がるにつれていったん止まり今度は逆転することが観察されるが,これはカメラのフレームレートとホイールの回転がシンクロしたときに止まるように観察されるためであり,これを応用して角速度を測ることができる.

　高速で移動するものの測定にストロボ光や高速度カメラを利用すると物の一瞬の動きを静止させることができ,この各々の情報により速度,回転数などを測ることができる.

　ステージなどテーブル移動を測るときに重要なのがガイドの精度である.これを測るためにも前述のコリメータやレーザと反射鏡を組み合わせて利用する.反射鏡を測定するテーブルに設置し,各位置での反射光を受光してテーブルの移動を精密に測定することが可能となる.

　移動している粗面などはスペックル(粗面による散乱光の干渉により発生した斑点模様,詳しくは6.2.2項参照)を利用し数々の測定ができる.例えばスペックルの移動時間と変位から物体の移動速度や振動を求めることができる.

　またモアレ縞(詳しくは4.5.1項,5.1.1項を参照)を利用しての振動,角度などの測定方法もある.

8 物の動きを計測する

8.1 速度を測る

本節では光応用計測として，ドップラ効果，シュリーレン，画像を利用した非接触での速度測定法を紹介する．

8.1.1 ドップラ効果

身近に感じられるドップラ効果として，救急車が近づいて来るときと遠ざかって行くときではサイレン音が違って聞こえることがある．これは観測者に対して救急車が近づいたり遠ざかることによりサイレンの周波数に変化が起きているからである．

$$\Delta f = a/V \cdot f \quad (1)$$

ここで，Δf：周波数変化率，f：サイレンの周波数，V：音速，a：速度．

星の世界でも系外銀河のスペクトルの吸収線が赤方向にずれるのが観察されるが，これは地球に対してその銀河が相対的に遠ざかっているために波長がドップラ効果により長くなっていることにより観察される．この原理を応用して視線方向に垂直な速度を測ることができる．速度測定の例として高速道路などでのスピード取締りのレーダもドップラ効果を利用している．

横方向の速度もレーザドップラを利用すると測定できる．ビームスプリッタなどにより光路を2分割させたレーザを測定物に当てその反射光（散乱光）を重ね合わせて干渉縞を発生させる（図1）．

測定物が移動している場合には二つの反射光にドップラ効果で周波数の変化が発生し重ね合わせ時の干渉縞にビートが生じる（図2）．

この周波数変化は，分割光が移動物体に向かって入射した側の反射光（対向方向）では短くなり，移動方向と同一方向に入射した側の反射光（同一方向）では長くなることにより発生する（式(2)）．この二つの入射光の重ね合わせにより生じたビート（図2）を計測することにより速度を求めることができる．以下に簡易式を示す．

$$\Delta f_1 = f \cdot (V - C_1)/C_1$$
$$\Delta f_2 = f \cdot (V - C_2)/C_2 \quad (2)$$

ここで，f：レーザの周波数，V：測定物の速度，C_1：同一方向の入射光速，C_2：対向方向の入射光速．

レーザドップラは血液など流体をはじめ，紙や鉄などの粗面の速度測定に利用できる．流体などは，その中に微粒子を混ぜ，その微粒子からのスペックル（粗面による散乱光の干渉により発生した斑点模様）を利用し測る．レーザドップラを利用した測定機には以下のようなものがある．

①レーザドップラ風速計，②レーザドップラー顕微鏡，③ドップラライダ（風速分布を観測する装置）．

このようにしてドップラ効果を利用することにより，視線方向のみならず横方向の速度も測ることができる．

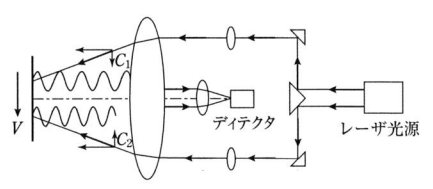

図1 レーザドップラ原理図

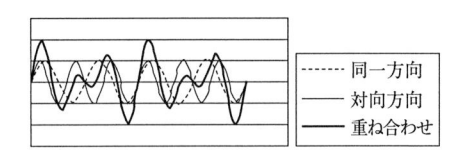

図2 ビート波形図

8.1.2 シュリーレン法

光は屈折率の違いにより屈折を起こすが,気体内においても密度の差があるとそこでは屈折率が異なり,そこを通過する光は屈折を起こす.この屈折率の違いを明暗の縞としてとらえる方法がシュリーレン法である.気体の屈折率は密度により変化し,密度が高くなると屈折率も上がる.たとえばある飛翔体が超音速で飛行するとき,機体に当たった空気は圧縮され密度が高くなり屈折率変化を起こす.この屈折率変化はシュリーレン法により可視化され飛翔体が出す衝撃波を計測し,衝撃波の形状より飛翔体の速度の換算ができる.また高速度カメラを利用し可視化された画像から衝撃波の速度を測定することもできる.

シュリーレン法の原理に関しては,9.3.2項を参照されたい.ここでは,実際の測定についてのみ記述する.

(1) 衝撃波の観測 衝撃波にはさまざまな種類のものがあるが,ここでは超音速で大気中を飛行する航空機やロケットの

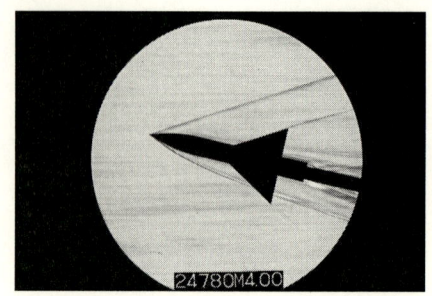

図2 衝撃波の観測(JAXA 提供)

周囲に発生する圧力波について記載する.衝撃波は,発生時は超音速であるが,地上に届くまでに減衰して音波となり,ソニックブームと呼ばれる大きな騒音になる.また,衝撃波そのものによって急激に抗力が増加するため,航空機開発にとって大きな技術的課題となっている.

衝撃波の研究は,主として風洞実験にて行われている.風洞実験における衝撃波の観測にはシュリーレン法が用いられ,観測視野が大きいため,図1のような凹面鏡による二面対向法が採用されており,被検物のところに航空機やロケットの模型が入っている.図2は衝撃波の観測例であり,機体の周辺の衝撃波が鮮明に観測されている.

(2) 超音波の観測 超音波は指向性が高いため,産業用各種センサ類,医療用検査器,産業用非破壊検査器,漁業用魚群探知機などに幅広く使用されている.

超音波は肉眼での観測は不可能であるが,光と同様に密度の差があると屈折を起こし観察像に濃淡のムラを発生させる.同様に反射も起こしかつ不均一な場所では散乱も発生する.この画像の濃淡のムラを可視化する手法としてシュリーレン法が使用されている.

シュリーレン法により,超音波の収束状態の違いが像となり,発振素子の性能が可

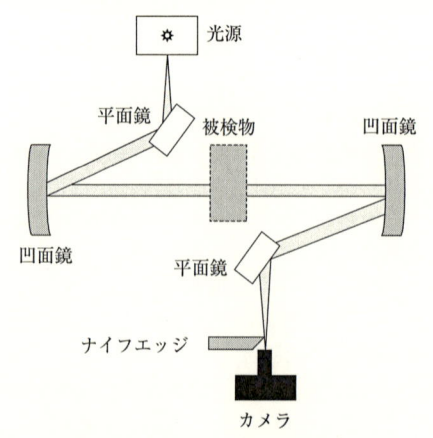

図1 凹面鏡による二面対向法の配置

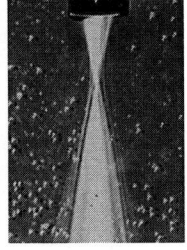

図3 水中における超音波の観測

視化できた．

図3は，光学的に均一な水槽内での連続発振されている超音波の観測例である．パルス発振されている超音波の可視化には，超音波の発振とパルス光源の点灯を同期させての撮影も実際に行われている．このような計測方法や，連続的な光源と高速度カメラを使用することにより超音波の速度計測が可能となる．

8.1.3 画像処理の応用

光（光学系）により速度を測る手法の一つとして画像処理を使用した方法がある．本項では画像処理による速度計測手法について解説する．

速度は一般的に以下の式で表される．

$$v = L/t$$

この式の意味は，時間tあたりの対象物体の移動距離Lが速度vとなることを示す．

したがって速度を測ることは，①対象物体を観察してとらえ，②対象物体の移動距離を計測し，同時に③移動にかかった時間を計測すれば可能となる（図1）

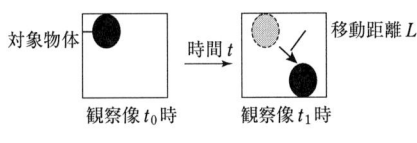

図1 時間による観察像の変化

（1） 対象物体を観察してとらえる　対象物体を観察する光源，光学系および，対象物体の観察像を入力するためのカメラを必要とする．なお，対象物体が光源を反射しないなど，観察しにくいものの場合，対象物体にマーカを貼り付けて観察する手法（マーカ法）がある．

（2） 対象物体の移動距離計測　入力された観察像t_0時，t_1時から，対象物体の観察像内での位置を画像処理により検出し，移動距離（それぞれの位置の差分）を物理的距離に変換することで移動距離を計測する．

観察像内の対象物体を検出する方法については「正規化相関法」が一般的であるが，認識に必要とする演算量が多く，外部環境

(光源，ノイズなど）に左右されやすいため，最近では幾何学形状を認識して対象物体を検出する手法が用いられている．この手法は観察像の明暗に左右されにくい，多少の形状の変化は許容できるなどの特徴がある．

なお，幾何学形状を認識する手法は，各企業，研究機関がおのおの独自の手法で行っているものが多い．

いずれの方法についても事前に対象物体のサンプル像を用意し，サンプル像との合致により位置を検出することには変わりなく，サンプル像と観察像の画質，対象物体の形状が重要となる．悪い画質（ノイズが多い，光量が少ない，像がぼける，歪むなど）では対象物体の検出ができない場合や，形状に特徴がないと別のものを検出（誤認識）する場合があるためである．

観察像内での移動距離は仮想的（一般にはpixel数）なものであり，物理的距離に変換する必要があるため，事前に変換係数を求めておくのが一般的である．この処理はキャリブレーションと呼ばれる．

（3） 時間の計測　　観察像t_0時，t_1時の差分から，かかった時間tを計測する．なお，t_0, t_1は観察像取り込み時のカメラのフレームレートなどから求められる．

8.2 角度／角速度を測る

多くの位置測定は角度測定にも利用可能であるが，光ジャイロのように角速度に特化したものもある．本節ではロータリエンコーダや画像についても触れる．

8.2.1 光ジャイロ

従来のジャイロスコープ（gyroscope）は動作部の磨耗など信頼性に課題があり，また非常に遅い加速測定の特性が得にくいという問題もある．そこで回転の方向と速さに依存して光の位相や周波数が変化する量を，干渉測定で非接触検出する光ジャイロが開発されている．

光ジャイロには，リングレーザの発振周波数が，角速度により異なることを利用する「レーザジャイロ方式」と，多数回巻いた光ファイバ光路を進む光の位相が回転によってずれることを用いる「光ファイバジャイロ方式」がある．

開発初期のレーザジャイロは図1のような配置をとっていた[1]．

この配置のように閉じた共振器を一巡した光は，回転と同じ方向に巡ったか，あるいは逆方向だったかによって1周して到着する時刻に差があるため，帰着したとき位相が異なる．これは回転加速度系における相対論的効果（サニャック効果）で説明されるが，本書の説明域をはるか越えるので定性的説明のみ若干付加する．

角速度Ωで回転する系の中にある，閉じた光路（光路長L，光路が囲む面積S．光路は簡易のために回転面内にあるとする）を考える．この光路中を光（周波数ν）が

分岐して右回りと左回りにそれぞれ1周するとき，かかる時間でどれだけの左右の光路差（ΔL）が生じるかを1周積分して求めると，

$$\Delta L = 2 \times (2\Omega S/c) \quad (1)$$

となる．ここでcは光速である．

このΔLで生じる周波数差$\Delta \nu$を，Lの変化に対して線形として計算すると

$$\Delta \nu = \nu \Delta L/L = 4S\Omega/(L\lambda) \quad (2)$$

となり，周波数差より角速度が求められる．

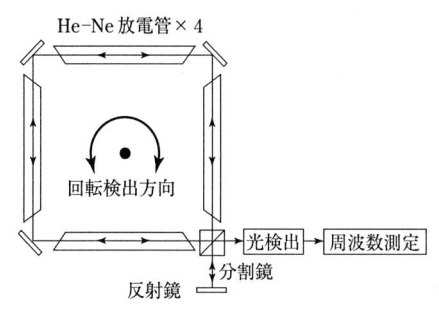

図1 初期のリングレーザジャイロ

・レーザジャイロ方式

リングレーザは通常の平行鏡のレーザ共振器と異なり，図1のような3～4面の反射面からなる発振器構造をとることで，右回りと左回りの進行波が発振し，回転方向の周波数差によるビート周波数を検出回路で求め角速度を検出する．飛行機や兵器の高精度誘導など付加価値の高い領域に利用されている．

・光ファイバ方式

光通信の発展により光ファイバや素子の性能やコストが飛躍的に向上したため，多数回巻いたファイバを用いて，レーザ光に生じる位相差を大きくして測定することが可能となり，簡単な構造や省エネルギー性で，リングレーザ方式より低コストな装置として利用域を広げている．

8.2.2　光学式ロータリエンコーダ

ここでは格子状に作られたスリット群を透過または反射する光を用いて測る光学式ロータリエンコーダについて説明する．

図1に透過型の原理図を示す．1回転あたり信号数は，スリットの数によるので回転板の直径の大きいものほどステップ数は良くなるが，コストや利用形態により$\phi 30$～100 mm 程度の製品が多い．

製品の選択に際しては，使用状況と照らし合わせて以下のスペックを考える．

・角度分解能（1周期構造をさらに1000分の1程度に信号分割処理するものが多い）
・利用する回転速度
・角度の絶対値がいつも必要か？（アブソリュート式かインクリメンタル式か）
・出力電気信号の規格
・使用環境（防爆，温度，ゴミなど）
・回転軸への取り付け方法（カプリング）
・機械特性（荷重，必要トルクなど）

a. 方　式

スリットの周期構造は，mm～μmのサイズに及び，光学的な性質も段階的に異なるため，以下の3方式に分類される．

（1）幾何光学的領域の製品　回転板上のスリット構造が，幾何光学的に光が透過する／しないを制限するピッチで製作されたもので，最も多用される．概略ピッチは1 mm程度の製品が多い．

（2）フーリエイメージの領域の製品

スリットを通過した光（0次光）と，スリットの周期構造により回折した高次回折光の干渉によって生じる格子縞を周期情報としてカウントする構造で，高分解能の割に安定な構造で製品が実現されている．ピッチが数十μm程度のものまで開発され，

(3) 回折光干渉の領域の製品　スリットの周期構造の回折により分離した±1次光を，再度合わせて干渉させた信号が1周期ごとに定量位相変化することを用いる．非常に高感度であり，半波長程度のピッチのものが利用されている．

b. 開発動向

(1) 信号の電気分割数の向上　周期構造が一つ進むと信号が1パルス出るだけでは，スリット周期だけで分解能が決まるが，光量信号を正弦波とみなせるように受光し整形すれば，処理により1パルスをさらに分割できる．現在では1000〜4000分割程度の処理がしばしば行われており，分解能向上の常套手段となっている．

(2) 絶対角度の出力　制御や信頼性のため，回転円盤がどの位置にいても角度の絶対値が求められた方が便利であるが，形状が複雑になる．近年はM系列のパターン信号にするなど，精度と絶対値を並立する試みが進行している．

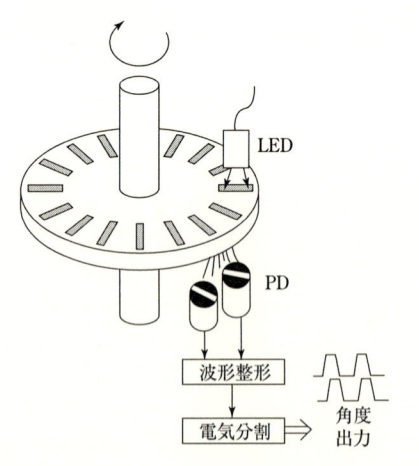

図1　ロータリエンコーダ原理図

8.2.3　画像処理の応用

デジタルカメラやTVカメラなどの2次元画像を使えば，適切な画像処理を用いて，対象の姿勢（角度）を測ることができる．多くの工業利用で，ロボットハンドへの教示や，製品検査に画像処理が使われており，その中で角度測定も多用されている．また，最近は計測機能をあらかじめ組み込んである画像処理装置も普及している．

画像処理を角度測定に使うメリットは
・高感度カメラから高速度カメラまで対象に合わせたセンサが利用できる．
・対象に外乱を与えず非接触で計測できる．
・変形まで測定対象として扱える．
といった自由度の大きさであり，デメリットとしては，
・光源以外に，対象上に形状や色，マークなどに何かしらの特徴が必要であること．
・通信や処理の時間が必要なため，リアルタイム性にやや劣ること．
・センサの1画素を大きく下回る分解能を得るのは困難であること．
などといった，時間・空間分解能の制約がある．

計測には，対象とする画像データを，濃度，色，高さなどによって解析対象部か，そうでないかの1ビットで評価する「2値化手法」が用いられる．しかし，表面状態や透過などが影響する分野では「多値の解析手法」が用いられ，印刷や生物学など多くの分野で色や濃度まで利用されている．

ここで代表的な姿勢解析のアルゴリズムを紹介する．

a. モーメント測定

長さと量を掛算したものの和を一般的にモーメントと呼ぶ場合が多いが，2次元デジタル画像のときには，画像の座標 (x, y) の強度（2値化の場合は1か0）を $f(x, y)$ として

$$M_{pq} = \sum_x \sum_y x^p y^q f(x, y)$$

をモーメントと呼ぶ．0次のモーメント（M_{00}）が強度の総和（2値化の場合は面積）を表し，1次のモーメントを規格化した座標（$M_{10}/M_{00}, M_{01}/M_{00}$）が重心（期待値）になる．さらに2次のモーメントまで用いて，主軸角 θ が求まり，重心を原点にとった場合のモーメントを μ_{pq} として

$$\theta = \frac{1}{2} \tan^{-1} \left[\frac{2\mu_{11}}{\mu_{20} - \mu_{02}} \right]$$

となる．

b. 相関測定

設定されたいくつかの基準像と，撮影して得られた像の間で，相関演算を行い，相関の高い方向を求めることで角度が得られる．

データ数 N の範囲における像 f と g の相関を $u(f, g)$ とすると，相関式は

$$u(f, g) = N \sum f, g - \sum f \sum g$$

このとき，たとえば測定像を $f(x, y)$，基準像の一つを $g(x, y)$ とすると，相関係数 γ は

$$\gamma = \frac{u(f, g)}{\sqrt{u(f, f) u(g, g)}}$$

と表され，一致度の指標となる．

角度を高速に得るために，極座標形式で表したり，フーリエ変換像で相関を計算したりする工夫が行われている．

8.3 ガイドの精度を測る

工作機械や精密測定機のベッドやXYテーブルにおいて，ガイド（案内）の走りは装置本来の精度そのものといえるほどその誤差を抑えるべき重要な項目である．

ガイドの精度は，図1のように移動方向を含めて運動の6要素とも呼ばれ，各軸方向の位置シフトと各軸に対する回転（角度）成分として表される．各軸方向の位置シフトは，水平面内の真直後，垂直面内の真直度があり，回転成分は，移動方向に対して上下方向の傾き量となるピッチング（pitching），水平面内で左右方向の傾き量となるヨーイング（yawing），移動方向と垂直方向の傾き量となるローリング（rolling）がある．

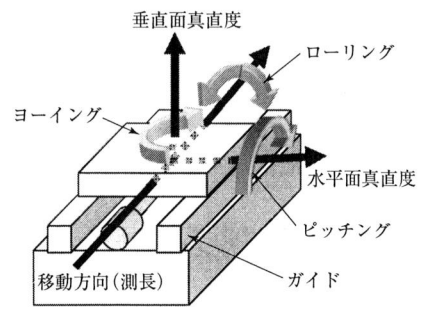

図1 ガイド精度の要素

真直度を測定する一般的な装置としてダイヤルゲージがあるが，これは安価な工具であり，手軽に扱うことができる．図2にダイヤルゲージを使用してガイドの精度を測定する方法を示す．

ガイドの移動部にダイヤルゲージを取り付け，ダイヤルゲージの先端を基準面にあてる．この状態でガイドを走らせることで，基準面に対するガイドの精度（真直度）を

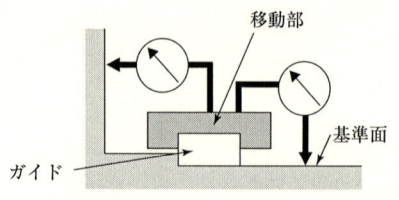

図2　ダイヤルゲージによる測定

測定することができる．接触圧を気にする場合などは，ダイヤルゲージの代わりに光学式センサを用いて同様の測定を行える．

回転成分のピッチング，ローリングの測定は水準器を用いて測定する方法もあるが，ここでは，ピッチングとヨーイングを高精度に測定できるオートコリメータを使用した例を記載する（図3）．オートコリメータに関しては，4.5.3項を参照されたい．

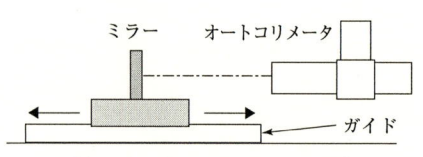

図3　オートコリメータによる測定

ガイド（移動部）の上面にミラーをセットし，オートコリメータをミラーに正対させて設置する．この状態でガイドを移動させると，ガイド上のミラーが傾いた分の角度がオートコリメータで測定することができる．

レーザ光の直進性を利用してガイドの精度（真直度）を測定する方法がある．ガイドの上面にコーナーキューブプリズムをセットし，レーザ光をコーナーキューブプリズムに照射する．戻ってきたレーザ光を2次元変位センサで受け，変位量で水平面・垂直面内の真直度を測定するものである．

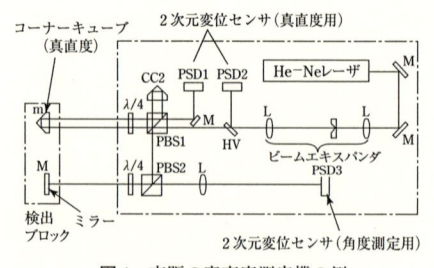

図4　市販の真直度測定機の例

文　献

8
1) 日本光学測定機工業会編：実用光キーワード事典，pp.232-233，朝倉書店，1999
2) 矢島達夫，稲葉文男，霜田光一，難波　進：新版レーザーハンドブック，朝倉書店，1989

8.2.1
1) 島津備愛：レーザーとその応用（三版増補版），産報出版，1972

9 流れを計測する ― 液体, 粉体・粒子, 気体 ―

(1) 流れを測る 気体や液体さらには粉体・粒子の流れを計測することで自然現象を解明し，天気予報や天体観測に生かしたり，生活環境や工業製品への影響を解明し，改善することは有意義で重要である．

(2) 流れを測る方法 まず，液体や気体の流れを測る方法として光のドップラ効果を利用したレーザドップラ法がある．これは計測対象にレーザを照射し，流れによって発生したドップラ効果で流れの速度を測定するものである．

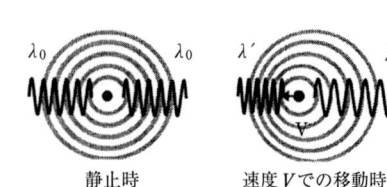

図1 ドップラの原理

たとえば静止している対象物に波長 λ_0 のレーザを照射した場合，反射波も同一波長 λ_0 が観測される．次に，対象物が速度 V で移動しているときはドップラ効果により，近づく方向では波長 λ'，遠ざかる方向では波長 λ'' が観測される (図1)．

また，反射波の計測には光ヘテロダイン法と走査型干渉法があり，そのいずれか，または両方を利用する方式が実用化されている．

同様に，電波のドップラ効果を利用して大気の流れや天体などを観測するドップラレーダ方式がある (図2)．

さらに最近では，コンピュータや工業用カメラの性能向上，および画像処理技術の向上によって大量の画像情報のリアルタイム処理が可能になった．これらの画像計測技術を利用して粉体や粒子，気体の流れを計測する PIV 法 (particle image velocimetry：粒子画像流速測定法) があり，粒子の流れを2次元的，3次元的に計測できる．これらの手法は自動車や飛行機などの流体設計や，各種の建造物や構造物の設計にも必須となっている．

図2 ドップラレーダの概念

同様に，PTV法 (particle tracking velocimetry：粒子追跡法) は単一粒子を追跡する方式であり，ターゲット粒子の位置を連続的に計測することで速度のベクトル量を求めて流れを捕捉できる (図3)．

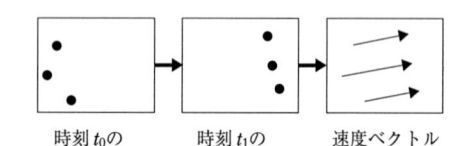

図3 PTV法による粒子追跡

シュリーレン法は，気体の流れでできるムラによって屈折率が異なることを利用し，光を当てて透過光から流れを計測する方法である．本章では，液体や粉体・粒子，さらには気体などの流れを測定するいくつかの方法を紹介する．

9.1 液体の流れを測る

液体の流れ計測に，従来はホットフィルムなどの接触式センサを使用していたが，手間がかかり，流れにも影響を与えるため，高精度測定の障害となっていた．ここでは光のドップラ効果を利用したレーザドップラについて説明する．

9.1.1 レーザドップラ

レーザドップラは非接触であり，対象物にレーザ光を照射した際，対象物の流れによってレーザ光がドップラシフトによる周波数変化を起こすことを利用している．対象物の流れを乱すこともなく，計測が簡便で効率のよい計測方法である．また，レーザ光は非常にコヒーレンス性が高く，干渉しやすいという性質がある．さらに，周波数特性にも優れ，局所的な流れを測ることもできるため，その応用範囲は広い．

ドップラシフトは1842年にウィーン大学のC.J.Doppler教授によって音と光について提唱された効果である．色・音色の変化で説明すると感覚的にわかりやすいが，多くは周波数として取り扱われている．

すなわち，観測者に対して対象物が動いている場合は双方の速度差に比例して周波数の増減が観測される．観測者と対象物の相対的な速度差によって各波の周波数が変化する現象が発生する．当然，両者の間に速度差がない場合は周波数も変化しない．また，相対的に観測者が対象物に近づく場合は周波数が高くなり(波長が短く)，逆に遠ざかる場合は低く(波長が長く)なる．

液体の流れを計測するため，液体に散乱粒子を混ぜてレーザ光を当てる．それによって散乱光が発生し，流れの速度に比例したドップラシフトを受ける．この変化を入射光と散乱光の光ビート信号として測定し，流れの速度を求める．流れの中に散乱粒子を混入することもある．計測方法には光ヘテロダイン法と走査型干渉法があり，計測目的に応じてそのいずれか，または両方を使うことができる．レーザドップラ速度計によるドップラシフトは，図1のようになる．

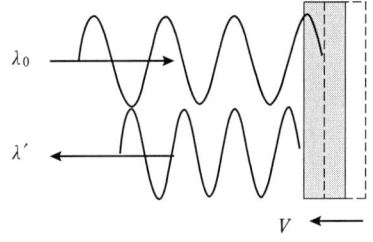

図1 ドップラの原理

図1の場合，測定者から発されたレーザ光の周波数(波長)は液体の入射・反射の両方でドップラシフトを受けて戻ったところを観察される．照射する波の波長をλ_0, 波の速度をcとしたとき，液体が速度v(観察者に向かうときに負)で動くと，観察される波の波長λ'は

$$\lambda' = \lambda_0 / (1 - 2v/c)$$

となり，また，元の波の周波数をf_0とすると，観察される波の周波数変化，すなわちドップラシフト量Δfは次式になる．

$$\Delta f = 2v/c \cdot f_0$$

みかけ上の伝播速度変化・波長変化・周波数変化と見ることができる．3因子の関係から1因子を定数として考えると2因子間の関係がわかる．

同じ原理でレーザドップラレーダやレーザドップラ顕微鏡などがある．

9.2 粉体・粒子の流れを測る

近年,デジタル画像処理によって粉体や粒子などの流れを測る技術の応用範囲が広まっている.ここでは,流れを群としてとらえる狭義のPIV法と個々の粒子単体を追跡するPTV法を説明する.

9.2.1 PIV法

PIV法とは粒子画像流速測定法(particle image velocimetry)の略であり,たとえば水の流れを観察したいが水は透明で見にくい.このとき水の流れに墨汁などを滴下すると墨の粒子により水の流れが可視化できる.このように流体に微小なトレーサ粒子を混ぜ,流れるトレーサ粒子群を連続的に撮影し,その画像を処理することにより,ある瞬間の局所領域の流速ベクトル分布を計測する方法である.

最近のビデオカメラは高解像度化やフレームレートの向上で性能向上が進んでいる.あわせて高速なパルスレーザの開発やコンピュータ性能の飛躍的向上,および画像処理技術の進歩により,流れ場の定量的な計測手法として広まってきた.

(1) PIV法による流れの計測 PIV法による流れの計測は通常,カメラを1台用いた方式が最もよく使われており,この方式では2次元平面内の速度2成分を計測できる.

ここで,図1に示すように,トレーサ粒子を混入した流れ場を準備し,そこにパルスレーザをシート状に成形(これをライトシートという)して照射する.するとシート状に照射された2次元平面内にトレーサ粒子が浮かび上がってくる.これをビデオカメラによって一定周期で連続して撮影する.

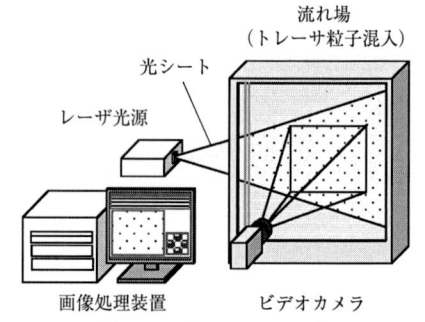

図1 PIV法による流れの計測

まず,図2に示すように,ある時刻において画像を撮影し,取得した画像の検査領域内にあるトレーサ粒子群の輝度分布位置P_1を求める.さらに非常に短い時間Δt後,2枚目の画像を同一手順で撮影する.次に,1枚目の画像の輝度分布位置P_1に相当する位置を画像相関法を利用して2枚目の画像から定量化するが,相関係数が最大値となる位置を直接相関法やFFTを用いて輝度分布位置P_2として求める.

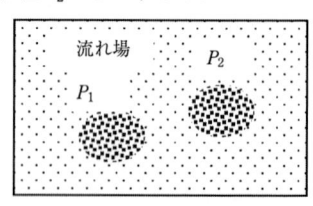

図2 トレーサ粒子の画像(2枚合成)

ここでトレーサ粒子群の輝度分布位置P_1,およびP_2が定量化できたので移動量を求めることができる.したがって,トレーサ粒子群の移動速度Vは,次式のようになる.

$$V = (P_1 - P_2)/\Delta t$$

ここで,実際の移動距離や速度は撮影に使用した光学系の撮影倍率やビデオカメラのピクセルサイズから換算する必要がある.

9.2.2 PTV法

PTV法（particle tracking velocimetryの略，粒子追跡法）は単一のトレーサ粒子，または個々のトレーサ粒子の動きを追跡して流速を求める手法である．

一般的には，PIV法はトレーサ粒子群全体の流れを定量化しているために信頼性が高く，PTVは個々のトレーサ粒子の流れを独立して定量化するために空間解像度が優れているといわれている．

（1） PTV法による流れの計測　PTV法による流れの計測は，PIV法と同様のシステム構成でもできる．しかし，トレーサ粒子についてはPIVより大きなものが使用される．

トレーサ粒子を追跡する場合には，見失わないための注意が必要である．すなわち，画像のサンプリング時間の範囲内にトレーサ粒子の移動量が収まる必要がある．この条件を満たし，粒子の移動量が非常に少ない場合は，最初にサンプリングした画像の近傍に同一トレーサ粒子があると想定できる．

しかし，移動量が大きい場合には，その条件に当てはまらなくなるため，サンプリングレートを高くするか，さらに複雑なシステムを準備する必要がある．

まず，図1に示すように，ある時刻においてトレーサ粒子の画像を撮影し，取得した画像の検査領域内にあるトレーサ粒子の位置$P_1 \sim P_3$を求める．さらに非常に短い時間Δt後，2枚目の画像を同一手順で撮影する．これを図2に示す．

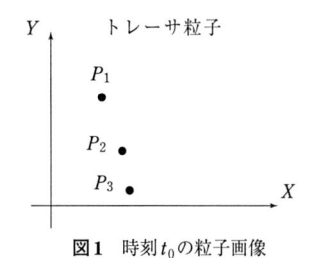

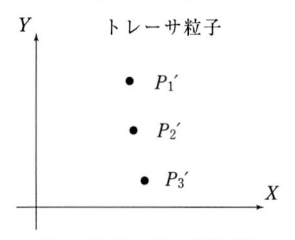

図2　時刻Δt後の追跡画像

次に，1枚目の画像の各トレーサ粒子の位置$P_1 \sim P_3$相当を2枚目の画像から求める．このような粒子像の追跡には多数のアルゴリズムが提案されているが，粒子の移動量がサンプリング時間内で非常に小さいとすれば，近傍演算で求められるであろう．

近傍演算で各トレーサ粒子$P_1 \sim P_3$の追跡処理が終わると，各トレーサ粒子P_nの速度ベクトルV_nは次式のようになる．その結果を図3に表す．

$$V_n = (P_n - P_n')/\Delta t$$

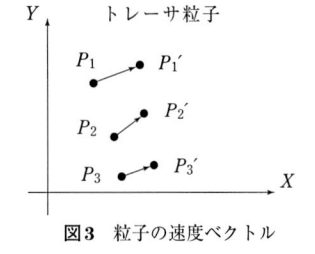

図3　粒子の速度ベクトル

図1　時刻t_0の粒子画像

9.3 気体の流れを測る

ほとんどの気体は，目に見えず定まった形をもたない．いかに気体の複雑な流れを可視化し，正確に計測するかが常に求められてきた．本節ではドップラレーダ法とシュリーレン法について説明する．

9.3.1 ドップラレーダ法

ドップラレーダとはドップラ効果をレーダに使用した計測方式であり，レーダ (radar) とは radio detection and ranging の略である．したがって，ドップラレーダは電磁波（マイクロ波）を用いて流れを測る．従来は観測対象に電磁波を照射して気体の密度（強度）と位置のみを計測していたが，気体の流れによって発生するドップラ変位量を調べることで，気体の流れる方向や速度を計測できる．

応用例には，気象レーダや航空機の航法用レーダ装置，天体観測装置などがある．

また，アンテナを周囲360°に回転して電磁波を照射し，反射波が受信される方位と時間を測ることにより，3次元の位置がわかる．

実際にドップラレーダ法による計測を次に述べる．

雨や雪などの降水粒子は電磁波を反射する性質をもっている．気象観測に用いられる気象レーダはこれを利用した装置である．たとえば，ある観測場所の雲の流れを調べるには，地上にある観測局の送信アンテナから，観測対象へ電磁波 λ_0 を発射する．すると，観測場所にある雲中の雨粒や雪などの降水粒子に当たって反射する．その反射波（λ' または λ''）を信号処理することで，反射強度から降水粒子の位置や分布，降水量を計測できる．あわせて，電磁波のドップラ効果を利用することにより，発射した電磁波の周波数と降水粒子に反射して戻って来た反射波の周波数の差から，観測対象の位置だけではなく，移動の方向や速度 V を測ることができる．近づいている場合は λ'，遠ざかっている場合は λ'' として観測される（図1）．

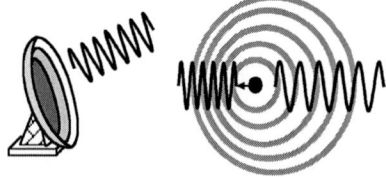

図1 ドップラレーダによる計測

ただし，送信アンテナに対して水平に移動している場合はドップラ効果による周波数の変移が起こらないため，静止状態と区別できない．したがって，1台のドップラレーダでは，レーダに対する1次元的な動き（降水粒子が近づいているか，遠ざかっているか）しか判別できないため，実際の観測システムでは複数台のドップラレーダを使用して同時に観測することが多い．2台以上のドップラレーダの観測結果を解析することをデュアルドップラレーダ観測という．これによって，雲などの3次元的な流れを計測することができる．

近年は計測を高速化するため，ドップラ変位を直接測る方法ではなく，パルス状に電磁波を連続的に発射し，それぞれの反射波の位相差から対象の移動の速度や方向を検出するパルスペア演算処理方式が採用されている．

9.3.2 シュリーレン法

"Schliere"は，ドイツ語（単数）で透明体の中にできた「ムラ」という意味である．シュリーレン法は，1860年頃フーコー（Foucault）とテプラー（Toepler）とによって考案された，空気の密度（屈折率）の差により発生する「ムラ」を利用して気体の流れを測る方法である．原理は，点光源からの光をレンズや凹面鏡などで平行光とし，被検物を通過後この光束を収斂させ，その焦点位置にナイフエッジを置く．ナイフエッジに近づく方向に屈折された部分は暗く，遠ざかる部分は明るくなり，これにより被検物の密度分布が明暗として観察される．

シュリーレン法の代表的な配置例は図1のようになる．図1のレンズによる二面対向法は，比較的小さな被検物の観測に適し，被検物が大きい場合は，凹面鏡による二面対向法が主として用いられる．

シュリーレン法を用いた気体の流れの観測は，超音速気流中の物体周辺の流れ，温度密度差のある流れ，流体機械内の流れ，自然および強制対流の可視化などに使用される．

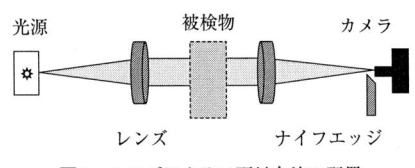

図1 レンズによる二面対向法の配置

以下に実際の測定について述べる．

シュリーレン法による測定は，被検物により，さまざまな手法がある．レンズや凹面鏡を含めて，光学素子の配置も重要な要素であるが，光源やカメラの選定も非常に重要な要素である．

光源には，単色光源，白色光源またはパルス光源を用いる．単色光源としては，輝度ムラが少なく明るい光源である超高圧水銀灯を用いることが多く，白色光源としては，キセノンランプとハロゲンランプが用いられる．レーザ光のようなコヒーレント光源では，干渉縞が現れることがあるため，注意が必要となる．

図2 ガス噴出の測定例

カメラは，デジタルカメラやCCDカメラを使用する場合が多いが，高速現象の可視化向けとして，パルス光源と高速度カメラを使用する場合もある．

また，白色光源を使用し，ナイフエッジの代わりに，多色格子フィルタを使用したカラーシュリーレン法もある．図2はカラーシュリーレン法によりガスの噴出を測定した例であり，中央部が赤色，外周部が青色の多色格子フィルタを使用している．本方法を採用することで，密度勾配が色により一目瞭然となることがメリットである．

超音速気流中の物体周辺の流れとして,衝撃波の観測にもシュリーレン法は優れており,衝撃波の観測に関しては,8.1.2項を参照されたい.

9.1

文　献

1) 日本光学測定機工業会編：実用光キーワード事典,p.201,朝倉書店,1999

10 検査技術

基準に従って物の良否を調べる方法には大きく分けて2種類ある．物体の長さや光の透過率などの物理量を測定して，あらかじめ設定した許容誤差と照らし合わせて良否を判定する方法と，欠陥（異常）を何らかの方法により目に見える状態にして，その異常度合いから良否を判定する方法，とである．前者は，行為としては測定そのものであり，ここまでの章で詳しく述べられている．本章では，後者を中心に解説する．

欠陥として検出すべきものは，本来存在してはならない異物，キズ，汚れ，膜ムラ，異常パターンなどである．

欠陥を光学的工夫によって目に見える状態にすることを「欠陥の可視化」などという．暗視野照明により透明なガラス基板表面の異物やキズを明暗コントラストとして見えるようにすることがその一例である．

欠陥検査には，人が目でみて判断する「目視検査」と，それを機械により自動化した「自動検査」とがある．工業の歴史の中では，主として「目視検査」が長く行われてきた．

「目視検査」は，たとえば半導体製造の原料となる半導体ウエハに塗布した薄膜の検査では，斜めから白色の光を当て，それを人が観察して，異物，キズ，膜ムラなどがないか，検査を行っていた．異物，キズがあれば，その部分が明るく，または暗くなり，また膜ムラがあれば，色が変わって見えるので，それらがないか監視すればよい．

しかしながら，目視検査では，検査を行う人により，また同じ人でも時間により，どのくらい小さな異物，キズを見つけられるか（検出感度），また検出すべき欠陥を確実に検出する割合（検出率）などの検査性能が変わってしまうという問題があり，「官能検査」であるといわれる．

「自動検査」では，決まった一定条件の照明を行い，人の目をセンサに置き換え，コンピュータなどを用いて，定量的判断基準に基づいて判定を行う．近年，高い品質の確保のため，また省力化のため，検査の自動化が進んでいる．

「自動検査」と同等の照明，センサをもち，人が画像を見て判定する場合もあり，「半自動検査」などと呼ばれる．

自動検査装置の検出性能を表す代表的な指標には，次に示す六つがある．

① 検出感度： どのくらい小さな異物，キズを検出できるか，またどのくらい微妙な汚れを検出できるか，などの指標．具体的には，最小検出欠陥サイズなどという．

② 検出率： 検出すべき欠陥を検出する確率．

③ 誤検出率： 欠陥ではないものを誤って欠陥としてしまう確率．

④ 検査速度： 一定時間内に検査できる個数，枚数，面積，など．

⑤ 再現性： 同じ検査を複数回行ったときに，上記①～④項に関して同じ結果が出せるかどうか，の指標．

⑥ 機差： 同じ性能であるべき複数の装置で同じ検査を行ったときに，上記①～④項に関して同じ結果が出せるかどうか，の指標．

10.1 表面のキズ，欠陥の検査

本節では，散乱光，蛍光および微分干渉法による物体表面の欠陥検査について述べる．

10.1.1 散乱光による検査

金属，ガラスなどの加工品表面の異物，キズの検査を行うには，暗視野照明を行い，散乱光を検出する方式が一般的である．

図1に一般的な異物検出の例を示す．検査すべきプレートをほぼ均一な光で斜め方向から照明し，正反射光が入らない角度にセンサを置いて，散乱光を検出する．

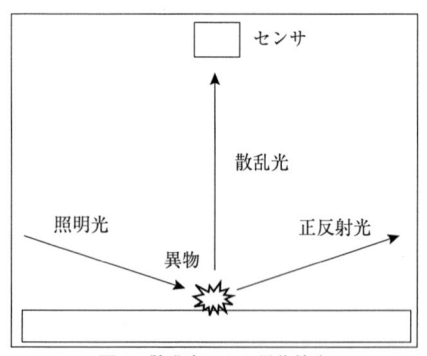

図1 散乱光による異物検出

プレートの表面に異物がなければ，散乱光は発生せず，画像は暗いものとなるが，異物があると，異物で散乱された光がセンサで検出されるので，異物部分が明るくなる．暗い背景に欠陥部分が明るく浮かび上がるので，S/N（信号/ノイズの比）のよい信号を取ることができ，センサの分解能（画像の画素サイズ）より小さな欠陥を検出することができる．

以上の説明は，異物をキズに置き換えても同様なことがいえる．ただし，異物では光はほぼ全方位に散乱するのに対して，キズでは散乱する方位に偏りがある場合が多いので，照明の角度と方位，およびセンサの位置を検出したい欠陥に合わせて設定する必要がある．

対象物の面を検査するためには，2次元的な信号（画像）を撮る必要がある．その信号を撮る方法としては，大きく分けて，次の種類がある．①面で照明して，面で受光する方法，②線で照明して，線で受光しながら，それと垂直方向に走査する方法，③レーザなどの点で2次元走査して，1個または複数個のセンサで受光する方法，④これらの組み合わせ，である．

一方，検査対象物に繰り返しパターンが形成されている場合は，パターンからの回折光が発生するので，正反射だけではなく，この回折光も避ける位置にセンサを置く必要がある．

10.1.2 蛍光による検査

ある種の物質は,特定の波長の光(励起光)を当てると別の波長の光(蛍光)を発する.この蛍光を観察することにより,通常の観察では見えない欠陥を可視化することが可能で,欠陥検出に用いることができる.

図1は,フレキシブルプリント基板の電極部分を通常の明視野顕微鏡と落射蛍光顕微鏡で観察した写真を比較したものである.蛍光を発する物質(基板材料)と発しない物質(金属電極)の区別が容易になり,通常の明視野顕微鏡では見えない電極部分の不良が,落射蛍光顕微鏡ではよく見える.

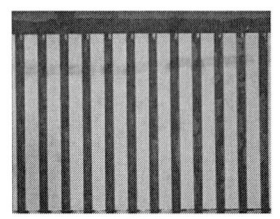

一方,金属やコンクリートなどのキズ,ひび割れ(クラック)を検査する方法として,蛍光浸透探傷法と呼ばれる方法が知られている[1].

検査しようとするコンクリートなどの表面に対して,次の手順で検査を行う.
① 蛍光物質を含む液体を散布
② 表面の液をふき取る
③ 表面に現像剤を散布してキズに浸み込んだ蛍光物質を染み出させる
④ 紫外線照明(励起光)を当てる
⑤ カメラで撮像するなどして検査(発光している箇所が欠陥).カメラには,励起光をカットするブロッキングフィルタを装着する.

キズのある部分では,蛍光が発生するため,キズが可視化されることになる.

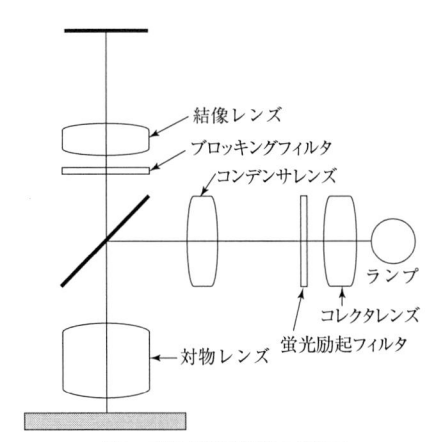

明視野

落射蛍光
図1

図2は,落射蛍光顕微鏡の光学系である.明視野顕微鏡の照明系に励起光のみを通す蛍光励起フィルタを入れ,受光系に励起光をカットするブロッキングフィルタを入れた構成である.

図2 落射蛍光顕微鏡の光学系

10.1.3 微分干渉法による検査

平坦な基板表面の微小な高さの凹凸欠陥を検出するのに,微分干渉顕微鏡が使われることが多い.図1に微分干渉顕微鏡の基本的な光学系を示す.

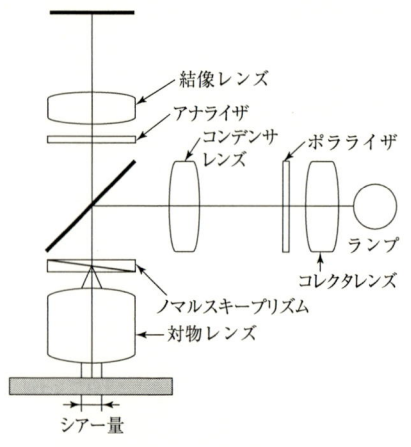

図1 微分干渉顕微鏡の光学系

ポラライザにより偏光された光はノマルスキープリズムにより互いに直交する振動面をもつ二つの偏光に分割され,基板表面のわずかな距離(シアー量)だけ離れた2点に照射される.基板表面で反射された二つの光はノマルスキープリズムにより再び同一方向に進む光に合成され,アナライザにより単一の振動成分を抽出され干渉する.このとき,基板表面の2点に微小な高さの違いがあると,二つの光に位相の差が生ずるため,干渉により明暗のコントラストとなる.

ここで注意すべきことは,基板表面に微小な段差があった場合は,段差の境目のみに明暗のコントラストがつき,平らな部分にはコントラストはつかないことである.つまり,高さの違いが明暗になるのではなく,局所的な傾きが明暗に変換されるのである.

微分干渉法には,微小な凹凸に対する感度が高く,また振動の影響を受けにくいという利点がある.一方で,感度が高いのはミラーの傾き方向と平行な方向(図1の左右方向)の凹凸変化に対してのみであり,それと垂直な方向(図1の前後方向)の凹凸変化には感度がないので,注意が必要である.

微分干渉顕微鏡は,光の位相の違いを明暗に換えるので,透明基板の微妙な厚さの変化や,あるいは均一な厚さの透明基板中の屈折率の異常を可視化する,などの応用ができる.

図2は,プラスチックレンズ用の金型の加工痕を微分干渉により可視化した例である.微分干渉では,金型を加工した際にできた加工痕(微小な段差)が見える.

図2 プラスチックレンズ用金型の顕微鏡写真
(上:明視野,下:微分干渉)

10.2 半導体の検査

本節では,半導体製造分野における検査について述べる.

半導体の検査では,製造過程および完成後のウエハの検査が中心になるが,他にパターン形成の原版であるレチクルの検査などもある.本節では,主なウエハ検査について解説する.

ウエハ上のパターンの検査には,検査分解能による分類として,ミクロ検査とマクロ検査とがある.ウエハ上の微細なパターンの一つ一つを認識できる高い分解能で行う検査を「ミクロ検査」と呼び,それより低い分解能で行う検査を「マクロ検査」と呼んでいる.単に「欠陥検査」という場合は,「ミクロ検査」を指すことが多い.

半導体は,図1の左に示したフローチャートに代表されるようなサイクルを20〜50回繰り返してウエハ上に作成される[1].

代表的なサイクルを簡単に説明すると,シリコンウエハ上にSiO_2などの膜を形成(成膜)し,その上に感光剤にあたるレジストを塗布,レチクルのパターンを露光転写,現像し,そのレジストパターンをマスクにしてSiO_2をエッチングするなどの加工を行う.

このサイクルの各ステップ後に行う代表的な測定および検査を図1の中に示している.測定に関しては,成膜後およびレジスト塗布後に膜厚測定,現像後に重ね合わせ測定および線幅測定,加工後に再度,線幅測定が行われる.検査に関しては,成膜後(レジスト塗布前)に異物検査,現像後にマクロ検査,加工後にミクロ検査が行われる.これらは,あくまで代表的なもので,これ以外にも半導体製造における計測・検査の項目は多岐にわたる[2].

以下に,検査項目である,異物検査,ミクロ検査,マクロ検査について解説する.さらに,これらの検査における画像処理についても触れる.

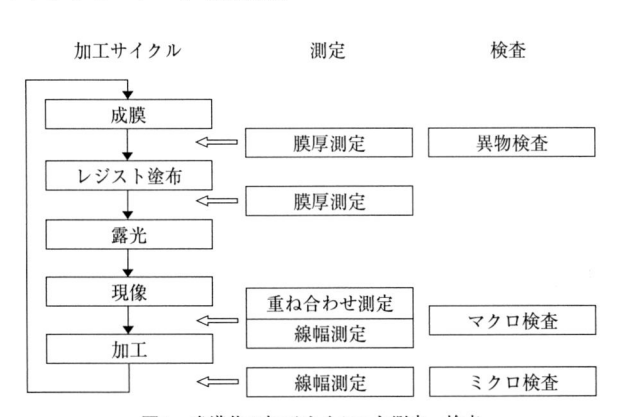

図1 半導体の加工サイクルと測定・検査

10.2.1 ウエハ異物検査

これはウエハ表面に付着した異物を光散乱によって検出し，その大きさを分類する方法である．検査対象のウエハを大きく分けると，パターンなし（ベアウエハ，膜付きウエハ），およびパターン付きがある．パターン付きウエハでは，より多くの光学的・電気的な信号処理が要求されるが，散乱光を用いる方法は共通である．図1に検出の原理図を示す．

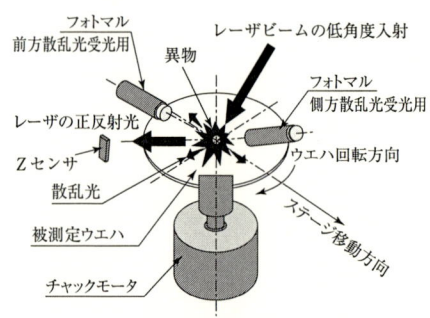

図1 ウエハ上異物検査の原理（らせん走査）

ウエハ表面にスポット光を照射したとき，異物に当たった光の一部が散乱する．これを適切な検出器で計測する．事前に既知サイズの異物試料で散乱光強度を校正しておけば，異物サイズを推測できる．このような光源にはレーザ，そして検出器には光電子増倍管がよく用いられる．

また，散乱光強度を校正する異物試料には，ポリスチレンラテックス標準球（PSL粒子）が広く用いられており，さまざまなサイズのPSL粒子を塗布したウエハを測定して各サイズの信号強度に応じてしきい値を設定する．実際の異物検出時の信号は，これらのしきい値と比較され，PSL粒子換算のサイズに分類される．

さて，球形の浮遊粒子による光散乱の強度や空間分布は，ミー（Mie）散乱の公式で計算できる．この公式の基板上粒子への応用は簡単ではないが，光散乱の基礎として重要である．それによると，粒子サイズと散乱光強度の関係は単純ではなく，波長と同等以上のサイズでは，大きな散乱光強度が必ずしも大きな粒子サイズを表さない場合がある．これらの特性は検出器を構成する光学的条件で左右され，散乱特性の滑らかさと検出感度を両立する最適な光学配置が重要となる．さらに，粒子サイズが0.03〜10μm程度の広いダイナミックレンジを確保する必要もある．

光学系の主なパラメータは，光源の波長・パワー・偏光・入射角，散乱光検出の方向（仰角，方位角）・立体角などである．また，膜付きウエハを検査する場合は，異膜種間の感度のバランスも考慮する必要がある．さらに，結晶欠陥や傷と異物との区別，異物の存在位置座標を検出する素子があれば，空間的にそれらとの調整も必要となり，ウエハの搬送や走査の方法，装置全体としての占有面積の制限などをも考慮に入れることになる．図2に装置の例を示す．

図2 ウエハ表面検査装置

10.2.2 パターン欠陥（ミクロ検査）

ウエハ上に形成された微細パターンに対して高分解能で行う検査である．以前は，顕微鏡を用いて人がパターンの一部を観察して異常の有無を判定する検査が行われていたが，半導体の微細化が進んで検査対象のパターンサイズが小さくなり，検出すべき欠陥サイズも小さくなった結果，人による検査が限界となり，自動検査に置き換えられた．

検出対象とする欠陥は，パターン欠陥，異物，キズなどである．パターン欠陥には，パターンの断線，ショート，断面形状不良，パターン抜け，パターン付加などがある．

自動検査を行う装置には，明視野照明で行うタイプ（ブライトフィールド）[1]と，暗視野照明で行うタイプ（ダークフィールド）[2]とがある．「ミクロ検査」と呼ばれるのは，主としてブライトフィールド検査装置であり，微細パターンを解像できる分解能の光学系を持ち，パターン一つ一つの形状の欠陥を検査する．

ブライトフィールド検査装置の用途としては，エッチング後のウエハを検査し，パターンの出来ばえ検査，すなわち形成されたパターンが正しく形成されているかどうかを管理する目的で使用される．また，CMP（chemical mechanical polishing）後の検査にも使われる．検出感度が高い半面，検査速度が遅いので，ウエハ全数ではなく，サンプリングにより抜き取られたウエハの，さらにサンプリングされた一部領域を検査するのが普通である．

照明光は，検査対象とするパターンの世代に応じて，可視光，紫外光，深紫外光などが使われる．しかしながら，最先端の半導体ではパターン線幅が50 nmを切るものもあるために，光学的にパターンを解像することは難しくなり，電子ビームによる検査も行われている．

欠陥検査における画像処理については，10.3.1項で説明する．

一方，ダークフィールド検査装置は，ブライトフィールド検査装置よりやや低い分解能ながら，異物検査装置より高い分解能で検査を行い，異物，キズのほかに，ある程度のパターン欠陥の検出も可能である．微小な異物，キズを検出する目的で使われるほか，検査速度の遅いブライトフィールド検査装置を補完する目的でも使用される．

10.2.3 パターン欠陥(マクロ検査)

「ミクロ検査」がパターンの一つ一つを検査するのに対して,「マクロ検査」は,パターン群(パターンの塊)を検査する.「ミクロ検査」に比べて検査速度が速いのが特徴で,すべてのウエハを検査する「全数検査」も可能な装置としている[1].

検出する欠陥は,異物,キズ,薄膜の異常(膜ムラ),などであるが,最近ではパターンプロファイル欠陥が注目されている.露光装置の異常によりある領域のパターン全体の線幅や断面形状が異常となる欠陥を総称して「パターンプロファイル欠陥」と呼ぶ.

検査の用途としては,「ミクロ検査」の出来ばえ検査に対して,Go/NoGo検査(ゴー・ノーゴー検査)と呼ばれる検査が主となる.Go/NoGo検査とは,ウエハ1枚ごとに重大な問題がないかを確認して,次の工程へ進めてよいかどうかを判断する目的で行われる検査である.ただし,最近では,パターンプロファイル欠陥に対する感度が高く,出来ばえ検査にも使える装置もある.

Go/NoGo検査で検査するウエハは,露光現像後のウエハであり,ウエハ表面にはレジストで形成されたパターンが存在しており,このパターンが検査対象である.この段階で致命的な欠陥が検出された場合は,レジストを剥がしてレジスト塗布からやり直すことが可能で,欠陥を救済することができる.現像後の検査を,特にADI(after develop inspection)と呼ぶことがある.

マクロ検査装置は,暗視野光学系と明視野光学系の両方装備しているものが多い.ウエハ表面の異物,キズは,暗視野光学系により検出する.

膜ムラは,正反射光により検出する.表面に薄膜が形成されたウエハの正反射の画像を撮ると,波長と膜厚に応じて薄膜干渉により強められた,または弱められた明るさの画像となる.図1の条件において,強め合う条件,弱め合う条件は,式(1),(2)のようになる.膜厚が局所的に変動していると,画像の明るさもそれに応じて変化するので,画像の明るさ変化を検出することにより膜ムラを検出できる[1].

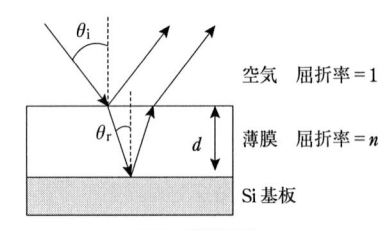

図1 薄膜干渉

明条件 $2nd\cos\theta_r = m\lambda$ (1)

暗条件 $2nd\cos\theta_r = \dfrac{2m+1}{2}\lambda$ (2)

ただし $= n\dfrac{\sin\theta_i}{\sin\theta_r}$, $m = 0, \pm 1, \pm 2, \cdots$

パターンプロファイル欠陥の検査には,回折光を用いるのが有効である.図2のように,ピッチPの繰り返しパターンに対して波長λの光が角度αで入射すると角度βに回折光が発生する.式(3)は,一般的な回折式である.式において,βは射出角度,mは整数である.反射光全体の強度と回折光強度の比は回折効率と呼ばれる.露光装置のフォーカス不具合などによって繰り返しパターンの断面形状が変化すると,回折効率が変化し,画像の明暗が変化するので,回折光によるパターンプロファイル欠陥を画像明るさの変化として検出することができる.

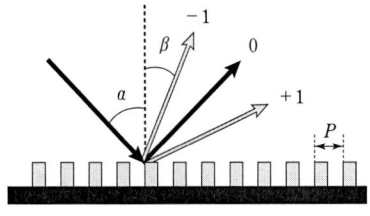

図2 回折図と回折式

$$P(\sin \alpha \pm \sin \beta) = m\lambda \quad (3)$$

しかしながら，回折光による検査は，検査できるパターンのピッチに限界がある．図2の回折式において，

$$\sin \alpha \pm \sin \beta \leq 2$$

であることから，Pには理論的最小値が存在し，

$$P \geq \lambda/2$$

となる．つまり，パターンの繰り返しピッチが照明光の波長の1/2より小さいときには，理論的に回折光を観察することはできない．たとえば，可視光の短波長側の端付近に位置する波長436 nmの光（g線）では，ピッチ218 nmより微細な繰り返しパターンは検査できない．半導体の微細化によりパターンピッチは急速に小さくなっているので，それらのパターンを回折光で検査するためには，照明をパターンピッチに応じて短波長化していく必要がある．

半導体の微細化に従って照明波長を短くしていくことは，あるところから装置コストが急激に増大するという問題があるので，微細パターンによる光の偏光状態の変化を検出することで，短波長化しないでパターンプロファイル欠陥の検査を行う技術も開発されている．

10.2.4 欠陥検査の画像処理

欠陥検査装置では，散乱光，正反射光，回折光などにより検査を行うが，多くの場合，これらの光は，画像センサにより2次元的な画像として検出される．

散乱光の画像では，正常部分は暗く，異物やキズがある部分のみが明るくなるので，基本的には，あるしきい値を設定し，それ以上の部分を欠陥とすればよい．ただし，ウエハ上のパターンによる回折光が画像に混入してしまうことがあるので，その場合には，その影響を除去する処理が必要である．

正反射光や回折光による検査では，照明ムラや画像歪みの補正などの前処理の後，画像の明るさを参照画像と比較して差異を求め，差異がしきい値以上のとき，欠陥と判定する．この比較における参照画像の種類により，いくつかの方式がある（図1）．

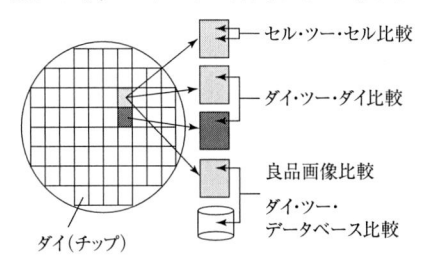

図1 画像比較の概念図

① セル・ツー・セル（cell to cell）比較： DRAMなど，パターンが規則的に並んでいるウエハでは，画像視野内に同じ条件のパターンの画像が並んでいるので，画像視野内で，異なる2点の対応する位置の画像の明るさを比較することにより，異常を差異として検出する．

② ダイ・ツー・ダイ（die to die）比

較： 隣接する二つのダイ（チップ）の同じ位置同士を比較して差異を検出するもので，セル・ツー・セル比較が使えないロジック系のウエハで使用される．

③ 良品画像比較： あらかじめ取得され保存された欠陥のないウエハの画像と比較する．

④ ダイ・ツー・データベース（die to database）比較： パターンの設計データから作成した，理想的に形成された場合の画像と比較する．②ダイ・ツー・ダイ比較では検出することができない，すべてのダイに共通な欠陥も検出することができる．しかしながら，設計データから画像を作成するのは膨大な量のデータ処理を高速に行う必要があり，また実際のパターンの画像との間に微妙な差があるなど，検査装置としては技術的難易度が高く，高価な装置になることが多い．

具体的に比較するのは，画像の輝度そのものの場合もあるが，特徴情報を抽出して，それを比較する場合もある．特徴情報とは，たとえばある領域の平均明るさ，明るさの分散値や，楕円状の明るい領域の短径，長径，面積などである．

10.3 形状の検査

本節では形状計測による欠陥検査について述べる．物体（測定ワーク）の形状を測定し，設計値などと比較して差異の大きさにより良否を判定するものである．

10.3.1 形状計測による欠陥検査（CAD比較）

画像測定機による形状検査には，2次元輪郭形状の測定による方法と，3次元曲面形状の測定による方法とがある．

（1） 2次元輪郭形状測定　画像測定機では，画像処理により高速に測定ワークの輪郭形状を測定することができるように構成されており，輪郭形状の測定値とCADデータなどより入力された設計輪郭形状とを比較して形状誤差を求めることにより，形状欠陥の検出ができる．その結果として，形状誤差や，線の輪郭度（輪郭の測定値），形状偏差値などの数値を測定結果として出力する．

従来の形状検査は，投影機を用いて投影した像とチャートとを重ねて人が観察することにより行われていたが，画像測定機を用いることにより定量的な形状欠陥の検査が可能となった．

輪郭形状を一定ピッチで測定する方法には，大きく分けて次の3種類がある．

① 二値化した画像に対して，白と黒の境界画素を連続的に取り出して測定する方法

② 輪郭に沿って自動追尾して一定ピッチでキャリパ検出（画像処理によるエッジ検出）して測定する方法

③ CADデータを利用して形状図形上に一定ピッチでキャリパ検出するティーチングデータを自動作成して測定する方法

①の方法では画素を二値化して検出するので画素単位の精度になるのに対して，②と③の方法では輪郭をグレースケールの画像処理で検出しているので画素単位より高精度で測定できる．

輪郭形状評価では，DXF，IGESなどのCADデータより作成される輪郭設計図形に対して測定形状の誤差を求めるが，データム（幾何学的基準）定義がない場合には，形状間の位置ズレを回転移動と平行移動によるベストフィット補正してから形状誤差を算出する．

図1は，輪郭形状評価の一例である．歯車の輪郭設計図形（実線）と測定値（影付きの線）およびその許容範囲（内側，外側の線）が表示されている．測定値と許容範囲は誤差を拡大して表示されている．

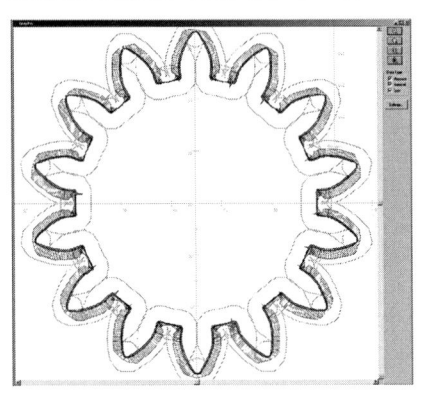

図1 輪郭形状評価

(2) 3次元曲面形状測定 画像フォーカスやレーザなどの高さ検出可能なセンサを備える画像測定機では3次元的曲面形状を測定することができる．

レーザ検出センサには，1点ずつ検出するポイント方式と，曲面上を走査しながら連続的に検出するスキャニング方式があり，後者の方がより高速に測定できる．

画像フォーカスによる検出では，ポイント方式と，画像視野内で同時に複数点検出する面一括検出方式があり，この面一括検出により視野位置を変えて連続的に測定することで広い面全体を測定することができる．この場合も後者の方がより高速で高密度な測定ができる．

曲面を測定した多数の測定データ（点群データ）は，3D-CADデータによる曲面モデルと比較を行い，形状誤差を出力する．これら曲面モデルと点群データを比較評価するソフトウェアは汎用のものがいくつか市販されている．

形状誤差表示の一例を図2に挙げる．形状誤差の大きさが色相の変化に変換され表示されている（印刷はモノクロであるが）．

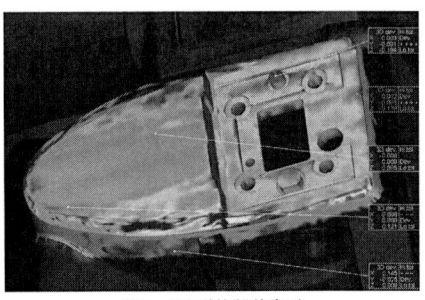

図2 3D形状誤差表示

形状欠陥検査は，目視による検査から，自動測定による定量的検査へ，さらに2次元形状から3次元形状の検査へと進化している．

文　献

10.1.2
1) 日本航空技術協会編：航空機の基本技術 (Rev.2-2), pp.395-398, 日本航空技術協会, 1983

10.2
1) 出水清史監修：半導体プロセス教本（第4版), p.8, SEMIジャパン, 2006
2) LSIテスティング学会編：LSIテスティングハンドブック, 第2編第4章, オーム社, 2008

10.2.1
1) 日本光学測定機工業会編：実用光キーワード事典, 朝倉書店, 1999

10.2.2
1) LSIテスティング学会編：LSIテスティングハンドブック, pp.187-193, オーム社, 2008
2) LSIテスティング学会編：LSIテスティングハンドブック, pp.193-197, オーム社, 2008

10.2.3
1) LSIテスティング学会編：LSIテスティングハンドブック, pp.217-222, オーム社, 2008

11　物理量を計測する

　光は，長さ，形状，運動を測定するだけでなく，温度，応力などの状態量や物質の性質など，物理量を測定することにも使われる．光による物理量計測の特徴は，通常，非接触で測定できることである．

　温度計測には，1点の温度を測る放射温度計，温度分布を計測するサーモグラフィのほか，干渉計測による方法と蛍光計測による方法がある．

　熱物性計測には，熱膨張，熱伝導率あるいは熱拡散率が光によって計測できる．熱伝導率計測では，レーザフラッシュ法とサーモリフレクタンス法を取り上げた．

　密度分布計測では，可視化手法としてシャドーグラフとシュリーレン法，定量計測手法として干渉計測がある．

　光弾性計測と干渉計測によって，圧力，応力計測が可能である．

　ドップラ計測やレーザホログラフィ計測により振動量計測が可能である．振動量計測のうち，特に音の計測に特化したものとしてレーザマイクロフォンを取り上げた．

　また，光吸収によって濃度計測が行われる．

　表面張力計測においては，一般的な画像による計測法のほか，新しい手法である光ピンセットまたは電界ピンセット表面張力測定法を紹介した．

　電磁気量計測は幅広い分野であり，計測法の原理となるさまざまな現象がある．これらの原理を知るためには，結晶光学や非線形光学の知識が必要である．そのため，取り上げた手法はポッケルス効果，電気光学カー効果，ファラデー効果を用いた基本的な手法にとどめた．

　"物理量計測以外に"材料の種別・構造や反応などを表す化学量も，その多くが光計測可能である．

　化学量計測の多くは，分析技術と呼ばれている方法に含まれる．分析技術は，多くの場合，その内容を理解するのに専門的な知識を必要とするが，たとえば，分光測定など，光計測からみても今後活用することが望まれるものも少なくない．これらについては，第2章の「材料・物質の特性を計測する」を参照していただきたい．

　この章で取り上げた物理量計測は比較的数多く利用されている．他にも計測法が考案，研究されているので計測対象を検討して最善の手法を選択する必要がある．

11.1 温度を測る

光による温度測定の代表的なものが熱輻射を利用した放射温度計と，熱輻射で捉えた温度分布を画像化したサーモグラフィである．ほかに，干渉計測を応用して空間温度分布を測定する方法や蛍光剤の熱特性を温度計測に利用する方法が知られている．

11.1.1 放射温度計

すべての物体は，物体の温度によって決まる波長の光を放出している．これを熱輻射または熱放射という．熱輻射を計測して物体の温度を測るものを放射温度計といい，さまざまな製品が市販されている．

(1) 放射温度計の原理 熱輻射の波長と温度の関係は，厳密には，物質ごとの光の吸収や反射によって異なる．そのため，その物体の熱輻射が温度だけで決まるように，入射した光を反射せず，すべて吸収する黒体というものを想定した．

黒体の絶対温度をTとしたとき，輻射光の波長λごとの放射輝度$I(\lambda, T)$は以下のプランク（Planck）の式で与えられる．

$$I(\lambda, T) = \frac{2c^2 h}{\lambda^5} \frac{1}{e^{\frac{ch}{\lambda kT}}-1}$$

ここで，cは光速度，hはプランク定数，kはボルツマン定数である．

図1は温度Tにおける波長と放射輝度の関係を示したものである．図1から温度Tにおける放射輝度が最大となる波長λ_mを調べると，

$$\lambda_m T = \text{const.}$$

の関係がある．これをウィーン（Wien）の

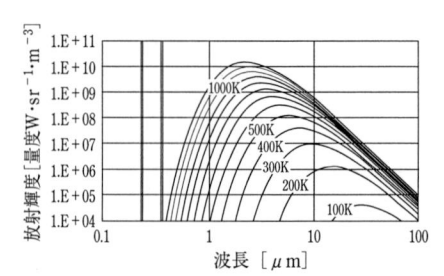

図1 波長と放射輝度との関係

変位則という．これにより，測定すべき温度がわかっていると，放射される最大波長が予測できる．常温（25～100℃）であれば最大放射輝度となる波長は7～10μmあたりの赤外線領域となる．また，1000Kでは波長2μm近傍で最大となる．

(2) 放射温度計のセンサの種類と選択
放射温度計のセンサの主な指標は使用温度域と応答時間，すなわち時定数である．

方式別にセンサを大別すると，熱電方式と光電方式の2種類がある．熱電方式には，熱起電力を得るサーモパイルと焦電効果による焦電センサおよび熱による電気抵抗変化を用いたサーミスタボロメータがある．光電方式は光伝導効果を利用したもので，受光材料により，HgCdTe，PbS，Si，Ge，InAsなどの種類がある．各センサの使用波長と時定数の関係と熱電，焦電センサの波長，時定数の数値を図2に示す．

使用温度域が常温（300K）付近の場合，センサとしてはサーモパイル，焦電センサ，HgCdTeセンサが適している．HgCdTeセンサの場合は冷却を必要とするため，通常はサーモパイルや焦電センサが使われることが多い．サーモパイル，焦電センサの使用上の特徴は，
・常温で使用可能である
・測定温度域が広い
・特定波長での感度は低い

11 物理量を計測する

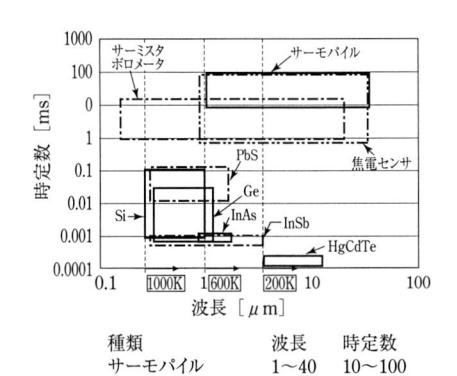

図2 センサの波長と時定数

種類	波長	時定数
サーモパイル	1〜40	10〜100
サーミスタボロメータ	0.2〜40	1〜20
焦電センサ	1〜20	1〜100

・時定数が大きい

などである.

使用温度域が常温(300K)以上の場合は,PbS, Si, Ge, InAs などの光電センサ,熱電方式であるサーミスタボロメータが用いられる.使用上の特徴は

・それぞれのセンサの測定温度域が狭く,温度に応じて切り替える必要がある
・時定数が熱電方式に比べて短い
・室温付近の温度測定ではノイズが多い

などである.

サーミスタボロメータは広い波長範囲で感度があるが,時定数が遅いのが欠点である.

(3) 放射温度計の検出方式 放射温度計による測定では,放射温度計内部の構造や動作に起因する誤差がある.センサのドリフト,ノイズの影響,導入放射温度計自体の構造体からの放射の影響などである.

これらの誤差を軽減するため,複数の放射光の検出方式がある.放射光の検出方式で基本的なものは,センサの電気信号をそのまま増幅する方式である(図3(a)).ほかに放射光を光チョッパなどで変調して増幅する方式(図3(b))や参照放射体との比較を行う方式(図3(c))がある.必要とする測定精度に応じて,放射光の検出方式を選択すべきである.

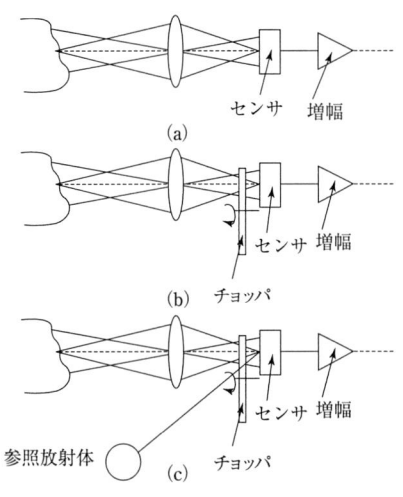

図3 放射温度計の構成

(4) 放射温度計の使用上の注意点

① 放射率補正: 放射温度計は黒体の熱輻射の理論に沿ったものだが,実際の測定対象物は黒体ではない.そのため,測定データの補正が必要となる.放射率 ε (<1)と呼ばれる物質に依存した係数を用いて補正する.放射率 ε は,放射温度計に付属のデータ表に記載されているのが普通である.しかし,放射率 ε は,物質の表面状態によって変化するため,高精度な測定の場合は,基準物質との比較計測により,放射率 ε を求める作業が必要になる.

② 測定環境: 放射温度計は赤外線を検知するため,測定対象物の周辺に別の熱源があると,熱源からの赤外線が誤差要因となる.その場合,熱源を遮蔽するなどの対策が必要となる.その他に,定期的な校正も不可欠である.

11.1.2 サーモグラフィ

放射温度計は対象物表面のある一点の温度を測定している.それを発展させ,測定対象物の温度を1次元または2次元で測定するのがサーモグラフィである.

サーモグラフィの方式としては
・光走査と放射温度計を組み合わせた走査方式
・温度センサをアレイ状に微細集積化して1次元または2次元温度画像を測定する方式

である.

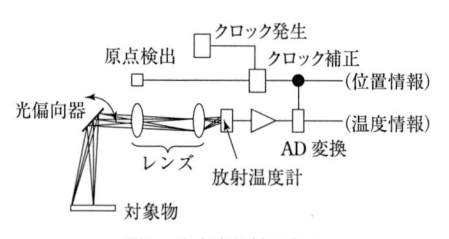

(1) 走査式放射温度計 走査式放射温度計は,図1に示すように,放射温度計と測定点を動かすための光偏向器を組み合わせたものである.

図1 走査式放射温度計

光偏向器としては多面鏡,平面鏡の回転を用いる.2次元走査する場合は偏向器を二つ組み合わせて構成するか,1次元走査に加えて走査方向と直交して対象物を移動させる.

走査方式での注意点は
・走査速度は対象物の温度変化,温度センサの時定数を考慮して決める.
・光偏向器の偏向角に応じた校正を行う.
・光偏向器の角度特性を測定して位置補正(クロック補正)を行う.

である.

(2) アレイ状サーモグラフィ アレイ状サーモグラフィは微細化された温度センサを1次元または2次元に並べ,CCDカメラと同様に画像出力をするものである.この画像は対象物の各点の温度を示しており,温度分布を短時間に計測することができる.

アレイ状サーモグラフィを構成するセンサは,半導体プロセス技術を応用して微細集積化される.温度センサ素子は放射温度計と同じで光電式,熱電式に大別され,光電式であるInAs,InSb素子を用いたもの,熱電式であるマイクロボロメータ,マイクロサーモパイルを用いたものがある.

表1 アレイ状サーモグラフィの温度センサ素子

タイプ	素子の種類	波長	代表的素子サイズ	代表的素子数
光電式	InAs, InSb, Geなど	2〜5 μm	20〜40 μm	160×120〜640×480
熱電式	マイクロボロメータ マイクロサーモパイル	8〜14 μm		

応答速度は光電式,熱電式のどちらでも30フレーム毎秒(fps)程度である.光電式では高速な温度計測(100 fps以上)も可能な製品が市販されている.しかし,光電式の場合,ノイズが大きいため,冷却を必要とする場合が多い.

サーモグラフィは温度計測の利用と並んで,暗視カメラとしてセキュリティ関連で使用される例が増えている.夜間監視,海上監視などへの応用である.手軽にサーモグラフィが使用できることによって,新たな応用が生み出される可能性がある.

11.1.3 その他の温度計測

(1) 干渉計測 光干渉により形状計測などを行う際，光路上に空気の熱ゆらぎがあると計測誤差になる．逆の立場でみれば，既知の形状を計測し，計測結果と実際の形状とを比較すれば，両者の差分は光路上の温度分布を表すことになる．この考え方に基づく研究[1),2)]が行われており，燃焼室などの人間が入りにくい空間の温度計測に応用されている．

温度変化による光路長変化は微小であるため，光ヘテロダイン干渉やレーザホログラフィ干渉などの高感度な計測が必要となる．

同時に目的以外の温度による変化をどのようにして排除するかが問題である（図1では燃焼室の熱変形，ウィンドウの熱膨張である）．

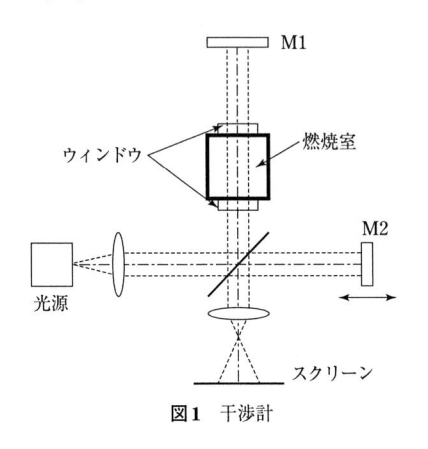

図1 干渉計

(2) 蛍光計測 蛍光とは，ある波長以下の光を照射すると照射光より波長の長い光を発する現象である．最初の照射光を励起光，発光する光を蛍光，蛍光現象を示す材料を蛍光材料または蛍光剤と呼ぶ．励起光の波長と蛍光波長は，蛍光材料によって決まる．

蛍光現象において，蛍光の強度，減衰時間は温度に依存する．蛍光体に励起光を照射すると，温度が低い場合，蛍光強度は低く，減衰時間は長い．逆に，温度が高い場合，蛍光強度は高いが，減衰時間は短いという特性がある．この現象を応用して温度計測が行われており[3)]，光ファイバを用いた温度計測器が市販されている．

蛍光測定では蛍光剤にさまざまな形態（蛍光剤の大きさ，種類）をもって仕込める利点を用いて，従来では計測しにくかった空間の温度分布計測が行われている．たとえば，代表的な蛍光剤であるローダミンBをトレーサ粒子として流体に含ませ，トレーサ粒子の位置や密度の画像から流れを測定する．トレーサ粒子の光強度や蛍光の減衰時間などの情報から温度場を測定することができる．この方式の利点は，流れや温度場の3次元計測や数nm〜数十nmサイズの蛍光剤を用いて従来困難であった微小領域の温度計測ができることにある[4)]．一方で，トレーサ粒子方式の難点は，蛍光の強度が弱く，また減衰時間のばらつきもあり，温度計測の精度が期待できないことである．これを補うため，2種類の蛍光剤を用いた2色蛍光法などにより，精度を高める試みがなされている．

なお，励起光としてレーザを用いる場合，本計測法をレーザ誘起蛍光法（laser induced fluorescence：LIF）と呼ぶ場合がある．LIFは，温度計測のみならず，レーザで蛍光発光させる一連の手法の総称であるので，注意すべきである．

11.2 熱物性を測る

 熱物性とは，材料の熱に関連する性質のことで，熱膨張率，熱伝導率，比熱など，さまざまなパラメータがある．このうち，計測に光が重要な役割を果たすのが，熱膨張率と熱伝導率の測定である．

11.2.1 熱膨張率の測定

 温度が T_1 から T_2 まで上昇したときに，材料の長さが L から $L+\Delta L$ に伸長したとすると，熱膨張率 β は

$$\Delta L/L = \beta \cdot (T_2 - T_1)$$

で定義される．

 図1は，機械的な検出機構による熱膨張計測の原理図である．ヒータによってサンプルを加熱し，サンプルの熱膨張を検出棒の変位で捉えようとするものである．

 この方式には二つの制約があった．第1が熱膨張による伸びが小さいため，十分な高さのサンプルでなければならないこと，第2が熱膨張による伸びを検出棒に伝達するため，検出棒に荷重を加えてサンプルを押さえつけなければならないことである．

 この二つの制約のため，薄板などの熱膨張測定が困難であったことや，ガラスなどのように温度上昇とともに粘性体としての性質が現れてくる物質の測定が困難であったなどの欠点があった．

 この欠点を解決するため，レーザ変位計によってサンプルの熱膨張による伸びを検出する方式が考案された．図2は，その原理図である．

 この方式では，変位をレーザ変位計によって非接触で高精度な計測をするため薄板などのサンプルの熱膨張測定が可能になること，サンプルに荷重を加えないため，自重変形を除くサンプルの形状の崩れを防ぐメリットがある．

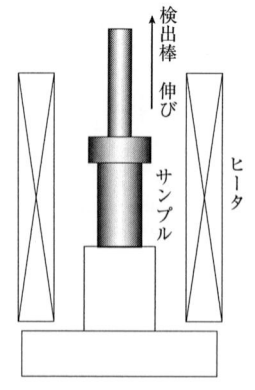

図1 機械的な検出機構による熱膨張計測の原理

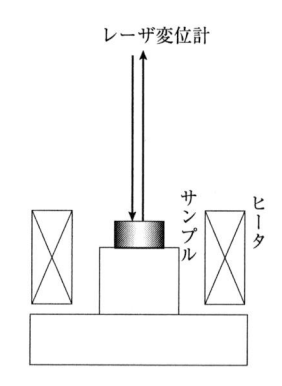

図2 レーザ変位計による熱膨張計測の原理

 一方，検出方法がレーザ変位計を用いているため，加熱によるレーザ光路の空気の熱ゆらぎの影響を受けてしまうデメリットがある．これを防ぐため，熱遮蔽板によりサンプル周辺の熱ゆらぎを受ける領域を狭くしたり，整流化した気流を流すなどの工夫が加えられている．

11.2.2 熱伝導率の測定

熱伝導率κは，材料に温度勾配dT/dxがあるとき，材料中の熱流束密度Jから，

$$J = -\kappa \frac{dT}{dx}$$

と定義される．熱伝導率κと類似のパラメータに熱拡散率αがあり，

$$\alpha = \frac{\kappa}{\rho C_p}$$

の関係にある．ここで，ρは密度，C_pは定圧比熱である．熱伝導方程式，

$$\frac{\partial T}{\partial t} = \alpha \Delta T$$

からも明らかなように，試料の温度測定から直接に得られるのが熱拡散率であり，密度と比熱から熱伝導率が計算される．

熱伝導率の原理的な測定法は，棒状試料の一端に熱を与え，試料の各点の温度測定から，温度勾配と熱流束密度を求めて熱伝導率を得るものである．この測定法は，測定に時間がかかることや，棒状試料の側面から熱の散逸があることが欠点である．

(1) レーザフラッシュ法 上記の計測法の欠点を補うため考案されたのが，レーザフラッシュ法である．

図1にレーザフラッシュ法の原理図を示す．パルス発生器PGで二つのパルス(Sig1, 2)を生成し，Sig 1はレーザ発振の制御，Sig 2は波形測定に使う．板状試料を用い，表面をパルスレーザで照射して加熱したときの裏面の温度変化を測定し，その温度変化のプロファイルから熱伝導率を計算するものである．裏面の温度測定には，熱電対または放射温度計が用いられる．特にサンプルの厚さが薄い場合は，μsec程度の短時間の温度変化を捉える必要があ

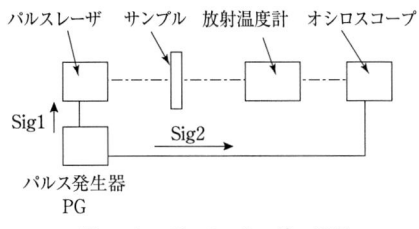

図1 レーザフラッシュ法の原理

り，放射温度計によらなければならない．

レーザフラッシュ法では，短時間で測定できるのが利点である．

(2) ピコ秒サーモリフレクタンス法 薄膜デバイスの進展に伴い，薄膜材料の熱伝導率計測のニーズが高まっている．膜厚μm以下の薄膜では，熱伝導がナノ秒程度の短時間で定常に達してしまうことや微細な空間分解能での温度測定を必要とすることから，熱伝導率測定は困難であった．これを解決したのが，レーザフラッシュ法を発展させたピコ秒サーモリフレクタンス法である．

ピコ秒サーモリフレクタンス法では，共焦点光学系で集光させたパルスレーザを薄膜の表面に照射し，材料界面の光反射率が温度変化する現象をレーザ（プローブ光）で測定する．その波形を元に裏面の温度変化計測から熱伝導率の計測を行う．

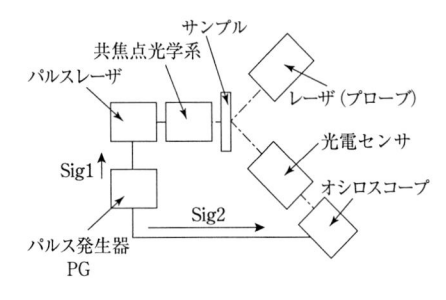

図2 ピコ秒サーモリフレクタンス法の原理

11.3 密度分布を測る

透明媒質の密度分布を可視化する方法としてはシャドウグラフ，シュリーレン法がある．定量計測には，一般に干渉法が使われる．

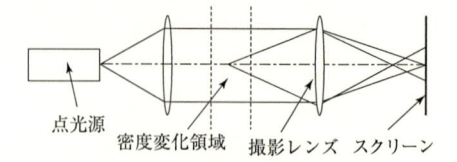

11.3.1 シャドウグラフ

シャドウグラフとは，読んで字のごとく影絵である．しかし，撮影に使う光源が一般のものとは異なり，きわめて精度のよい点光源を使用している．シャドウグラフは，1900年，高速流体（衝撃波）研究を行っているマッハらによって開発された．

シャドウグラフは，点光源（図1）でつくられた光束を平行光束または発散光束として媒体を透過させ，透過光束をスクリーンに投影するか，カメラに取り込む方法である．このとき，媒体に密度分布があると密度変化に比例した屈折率変化があり，そこを通過した光線が曲げられ平行光束から外れてしまうため，得られた画像の該当する部分が影のように暗くなる．これを利用して，密度分布を可視化するのがシャドウグラフである（図2）．

原理としては11.3.2項で説明するシュリーレン法とまったく同じで，違うところは，シュリーレン法がナイフエッジを利用しているのに対し，シャドウグラフでは，ナイフエッジを用いずに，そのまま画像化している点である．

ナイフエッジを使わない分，密度差を検知する感度が悪くなる．衝撃波などの密度差が強い撮影に利用されている．

図2 シャドウグラフの原理

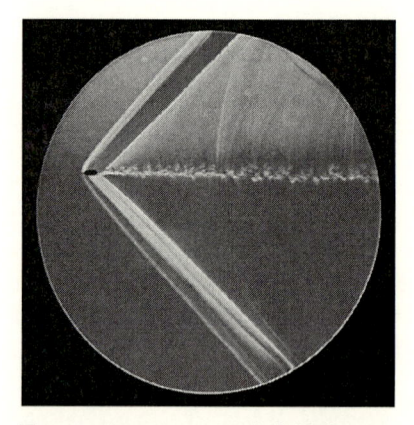

図3 シャドウグラフによる高速飛翔体による衝撃波の可視化画像（アンフィ提供）

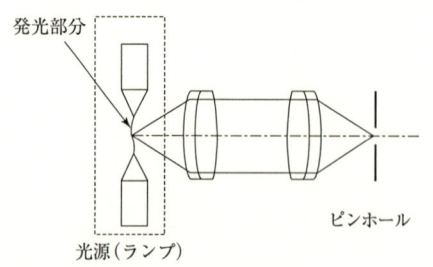

図1 点光源の構成

11.3.2 シュリーレン法

シュリーレン法は，11.3.1項で説明するシャドウグラフと同じく，透明な媒体の密度分布を可視化する手法である．シュリーレンという言葉は，ドイツ語の"Schliere"からきた言葉で，空気やガラスの中にできる光学的なムラという意味である．

シュリーレン法とシャドウグラフの使う側としての違いは，シュリーレン法の方が微小な密度ムラに対して敏感に可視化できることである．

原理的には，シュリーレン法もシャドウグラフと同じである．媒体の密度分布に比例した屈折率分布があると，そこを通過した光線は曲げられ，平行光速から外れてしまう．その結果，得られた画像の該当する部分は影のように暗くなる．手法としては，シャドウグラフが媒質を透過した光束をそのまま画像化しているのに対し，シュリーレン法がナイフエッジで光束をカットしていることである．ナイフエッジで光線を遮ることにより，密度差のあるところで曲げられた光線が迷光となって陰影画像のコントラストが低下するのを抑止している．

図1に，シュリーレン法の配置図を示す．シュリーレン法は，エンジン燃焼の混合気や燃料の流れ，放電の熱流動，熱伝達，対流，衝撃波などの流れの密度分布を利用した可視化研究によく使われている．

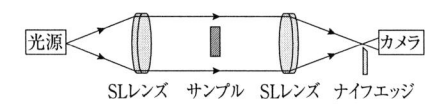

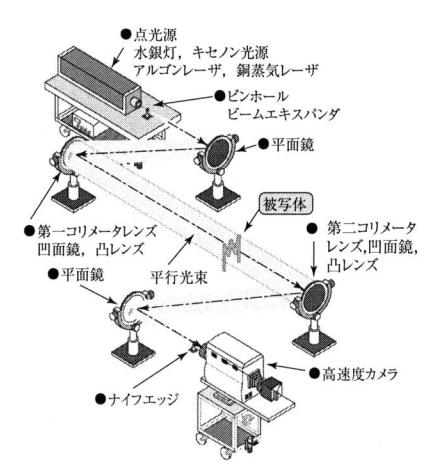

図2 シュリーレン光学装置レイアウト（アンフィ提供）

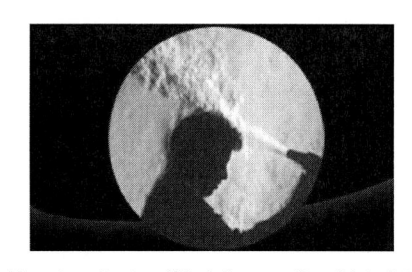

図3 シュリーレン法によるヘアードライヤによる密度分布の可視化画像（アンフィ提供）

図1 シュリーレン法の配置図

11.3.3 干渉計測

　密度分布を定量計測するには，一般に干渉計を用いた計測が行われている．干渉計にはさまざまなタイプがあるが，媒質の密度分布計測には，マッハ-ツェンダーの干渉計が使われることが多い．

　対象物に平行光束を入射させ，これとは別の光路で同じ光路長の光学パスをつくり合成させることにより，干渉縞の画像を得る．干渉縞は，対象物の密度分布と表面形状の情報を含んでいる．表面形状の情報を除去するため，対象物を，表面を超高精度に研磨した部材であるオプチカルフラットで挟み，空隙部を屈折率マッチング液で埋める．

　得られた干渉縞画像は，屈折率が一様な部分は縞が直線状で縞間隔が一定となる．密度変化のあるところでは，縞が湾曲し，間隔も一定でなくなる．縞の湾曲が大きいほど，縞の間隔が急激に変化するところほど，密度変化が大きい．

　干渉縞画像から密度分布を得るには，次の手順による．

　① 密度分布のない参照物質と一緒に，対象物の干渉縞画像を得る

　② 参照媒体の縞間隔を基準に，対象物の干渉縞画像から相対屈折率分布 $\delta_n(x,y)/n$ を求める

　③ ローレンツ-ローレンス（Lorentz-Lorenz）の式を用いて，相対屈折率分布 $\delta_n(x,y)/n$ から相対密度分布 $\delta_\rho(x,y)/\rho$ を求める

　ここで得られる相対屈折率分布と相対密度分布は，光線が通過する方向に沿った積分値である．

　干渉縞画像から相対屈折率分布の計算方法は干渉計測の原理から求められるが，一つの座標軸に沿った参照媒体の縞間隔が D_0，対象物の縞間隔が $D(x)$ ならば，屈折率の相対分布は

$$\delta_n(x)/n = (D(x) - D_0)/D_0$$

となる．この計算を x, y 軸それぞれについて行う．

　ローレンツ-ローレンスの式とは，密度と屈折率の関係を表す式で，

$$\frac{n^2-1}{n^2+2} = \frac{4\pi}{3}\frac{N\alpha}{M}\rho$$

と表される．ここで，N はアボガドロ数，α は分極率，M はモル質量だが，相対密度を求めるならば，いずれも表には出てこない定数である．

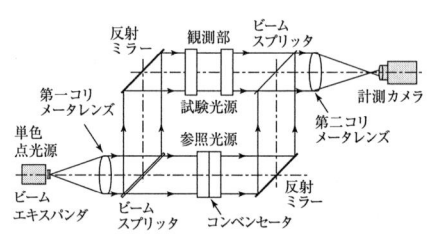

図1 マッハ-ツェンダー干渉計の配置図

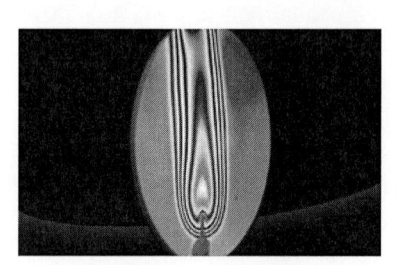

図2 ロウソクの干渉画像
（アンフィ提供）

11.4 圧力・応力を測る

光を用いた圧力,応力の測定法には光弾性測定,干渉測定がある.一般には透過光測定である.反射光測定の場合には被膜をつけるなどの工夫をいれることもある.

11.4.1 光弾性法

材料に応力が作用すると複屈折性,すなわち,応力方向によって屈折率差が発生する.材料に応力が働いたとき,測定光の方向と直交する面内の主応力をσ_1,σ_2とすると,二つの偏光の位相差Rは

$$R = cd(\sigma_1 - \sigma_2)$$

と表される.ここで,dは測定対象の厚さ,cは光弾性定数といい物質によって決まる定数である.したがって,複屈折測定によりRを求めれば,材料に働く応力(正確には主応力差)がわかることになる.

光弾性測定の基本的な構成は,図1のように,偏光板(偏光子)-測定対象-偏光板(検光子)を配置する.これを平面偏光器という.偏光子-1/4λ板-測定対象-1/4λ板-検光子を配置した構成を円偏光器という.

図1において,光源から出た光は偏光子で直線偏光にして応力が作用したサンプルを透過させる.図2は図1のA,B領域の偏光状態を表したものである.サンプルを透過すると主応力方向に応じた屈折率が発生する.主応力方向を$P_1'-P_2'$方向とすると,P_1方向に偏光していた光の$P_1'-P_2'$方向に射影した成分が応力によって異なる位相差を受ける.その結果,B領域では楕円偏光となり,この変化を検光子にて計測する.

光弾性の観察画像には,主応力の方向と等しい方向に現れる等傾線と,応力が等しい点を結んでできる等色線の二つが現れる.平面偏光器では等傾線と等色線が混ざった画像になり,円偏光器では等色線のみの画像となる.

白色光を用いた平面偏光器でプラスチックを観察すると虹色の明暗の模様が現れる.光弾性効果による複屈折を捉えたもので,簡便な応力測定機となる.

定量測定する場合,初めに平面偏光器において測定物に応力を加えないで検光子を回転し,透過光が極小になるようにする.次に,応力を加えると光弾性効果により明暗パターンが現れる.パターンには主応力差$\sigma_1 - \sigma_2$と主応力方向の情報が含まれている.次に,円偏光器を用いて明暗パターンを測定する.二つのパターンから主応力差$\sigma_1 - \sigma_2$,主応力方向を求める.

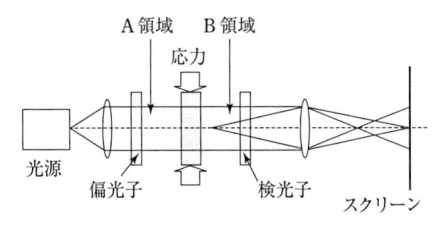

図1 光弾性測定の基本的構成

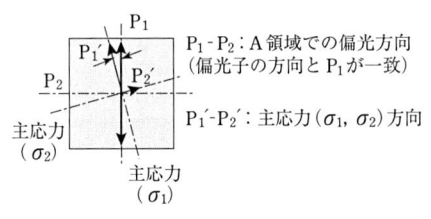

図2 A,B領域での偏光状態

11.4.2 干渉計測

光弾性測定では応力の主応力差 $\sigma_1 - \sigma_2$ が暗パターンとなって現れる．しかし，このままでは主応力 σ_2, σ_1 を独立に求めることはできない．独立した主応力 σ_1, σ_2 を求める測定法として干渉測定がある．

対象物に応力を与えると，測定対象は光弾性効果による複屈折性から屈折率変化を起こすとともに，弾性範囲内で形状変化を引き起こす．干渉を利用した応力測定とは屈折率変化とともに形状変化を考慮し，応力を推定するものである．

干渉測定で使用する干渉計はさまざまな形があるが，代表的なものはマッハ-ツェンダー（Mach-Zehnder）干渉計である．

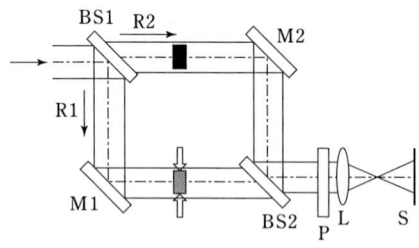

図1 マッハ-ツェンダー干渉計

光源には干渉性の高いレーザを使用する．レーザ光を拡大し，図1において，左側より干渉計へ入射させる．ビームスプリッタBS1と呼ばれる光を分割する素子で二つの光束R1, R2を生成する．光束R1はミラーM1で反射させた後，応力の作用した対象物を透過させる．一方，光束R2は応力の作用していない同一形状のサンプルを通過し，ミラーM2で反射させた後，ビームスプリッタBS2で光束R1, R2を重ね合わせる．光束R1, R2はレンズLを通過してスクリーンSに干渉縞を形成する．

このとき，応力の作用により光弾性効果が起き，応力の主方向によって異なる屈折率変化が起きるため，光束R1は光路差のある二つの偏光成分が混ざった光束となる．すなわち，スクリーンSに投影される干渉縞は，光束R1の二つの偏光成分と光束R2がつくる干渉縞が合成されたものとなる．

干渉縞には明部，暗部があり，明部の光強度は主応力和（$\sigma_1 + \sigma_2$），暗部は主応力差（$\sigma_1 - \sigma_2$）に対応する．また，干渉縞の明暗変化は測定対象の形状変化にも関係する．

応力測定には干渉縞の明暗変化以外に応力と屈折率の関係を示す光弾性定数A, Bを求める必要がある．その測定法は図1のレンズLの入射側に偏光子Pを配置して，光軸周りに回転させながら極大および極小となる強度を測定することで求めることができる．

干渉縞の明暗変化と光弾性定数を用いて，主応力 σ_1, σ_2 を決定することが可能となる．

干渉計測による応力計測は，これ以外にもいろいろ提案されており，位相シフト法や光ヘテロダイン干渉法などに基づく干渉偏光計測法などがある．

干渉計測と似た方式で，応力を受ける測定対象の微小変形をスペックル干渉法で計測し，ヤング率から応力分布を求める方法もある．この方法は，測定対象が不透明であっても適用できる．

11.5 振動・音を測る

光を用いた振動計測ではレーザドップラやホログラフィがあり，高精度な振動計測が可能となる．その応用として音場を計測するレーザマイクロフォンがある．

11.5.1 ドップラ計測

移動体が放つ波が移動体の速度によって波の周波数が変化する現象をドップラ効果という．ドップラ効果は音でも光でも起き，移動する列車の音色変化や，天体のスペクトル変化（赤方偏移）によって天体の速度を測ることなどの事例がある．

レーザドップラ測定とはレーザ光を用いてドップラ現象により対象物の速度を測定する手法である．

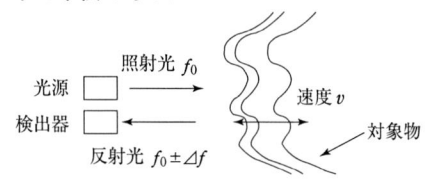

図1 レーザドップラの説明

図1において，光源である周波数f_0のレーザを対象物に照射し，反射光（散乱光を含む）を検出器で検出する．レーザの照射方向，反射方向および対象物の振動方向が平行であれば，対象物の移動速度vに応じた反射光の周波数は以下のとおりである．

　速度vで近づく → 周波数：$f_0 + \Delta f$
　速度vで遠ざかる → 周波数：$f_0 - \Delta f$
ここでΔfは周波数変化で，移動速度をv，レーザ光の波長をλとすれば，$2v/\lambda$で表される．

ドップラ効果で発生する周波数変化Δfは，可視域レーザ（380〜780 nm）を利用して$v = 1$ m/sであると4MHz程度である．可視光の周波数が0.5 PHz（0.5×10^{15} Hz）なので，ドップラ効果で生じる周波数変化は小さい．このような微小な周波数変化を検出するには光の干渉を利用して周波数変化Δfを取り出すのが一般的である．

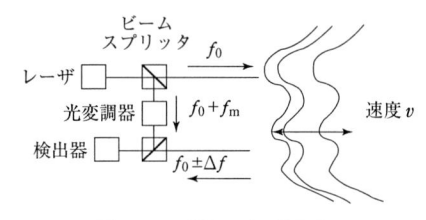

図2 レーザドップラ測定系

図2はレーザドップラ測定系を示したものである．レーザ光はビームスプリッタで二つに分割され，対象物からの反射光（周波数：$f_0 \pm \Delta f$）と光変調器で周波数変調（周波数f_m：変調周波数）された光を検出器で検出する．このような光変調器を用いるのは，周波数変化Δfを基準周波数f_mからの変化として取り出すためである．検出器の電気信号$I(t)$は二つの光の干渉による和周波数（$2f_0 + f_m \pm \Delta f$），差周波数（$f_m \pm \Delta f$）に応じた変化を示す．信号$I(t)$から差周波数成分を求め，ドップラ効果による周波数変化Δfを求める．Δfは対象物の移動速度による変化である．変位は時間的な積分処理で算出する．

振動測定の場合，$x(t) = A \sin \omega t$として，Δfから振幅Aと角周波数ωを求める．

レーザドップラ測定の特徴は以下の通り．
・表面が鏡面か粗面によらず測定可能
・感度が高く，微小な振幅計測も可能
・測定物以外からの振動の影響も受ける．

11.5.2 ホログラフィ干渉

ホログラフィとは3次元像を記録する技術のことであり,ホログラムとはその3次元像の情報を記録した媒体のことを指す.

ホログラムには,3次元像からの反射光の振幅と位相の情報が,干渉を利用して記録される.3次元像の再生には,記録に用いた参照光をホログラムに照射して,3次元像の情報をもった光を生成することにより行われる.ホログラフは初め写真乾板に記録して使用していた.

ホログラフィによる振動計測の原理は,振動していない静止状態の3次元像を記録したホログラムを用意し,ホログラムに参照光を照射して静止状態の再生像の光を生成し,振動状態の3次元像からの反射光と干渉させて,3次元像の振動成分のみを取り出すものである.

図1はホログラフィ振動計測の模式図である.左上方から入射したレーザ光は,ビームスプリッタBSで二つの光束R1,R2に分岐され,光束R1は測定対象で反射され物体光(方向ベクトルN_t)となり,光束R2は参照光(方向ベクトルN_r)として,ホログラム上でR1とR2は重ね合わされる.

まず,未記録のホログラム材を用い,測定対象が静止状態でレーザ光を照射し,ホログラム材に静止状態の3次元像の情報を記録する.次に,測定対象が振動状態でレーザ光を照射する.物体光R1は振動状態の3次元像の情報をもった光としてホログラムに入射し,参照光R2はホログラムから静止状態の3次元像の情報をもった光を再生し,この二つの光が干渉して測定対象の振動成分のみがカメラに入射する.

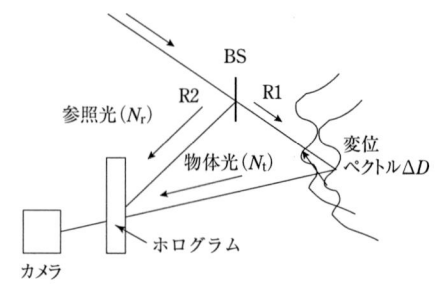

図1 ホログラフィ振動計測の模式図

カメラは,振動と同期して,測定対象の振幅を表す干渉画像を取得する.振動の変位ベクトルを $\Delta D = A(x, y) \sin(\omega, t)$ とすれば,干渉画像の各点には位相差

$$\delta = \left(\frac{2\pi}{\lambda}\right)(N_t - N_r) \cdot \Delta D$$

が記録される.ここで,λ はレーザ光の波長であり,右辺はベクトルの内積である.

各時間の干渉画像を時間について調べれば振動の周波数の情報が得られる.振動の周期以上の時間で積算された干渉画像を得れば,振幅 $A(x, y)$ を表す画像となる.

ホログラフィ振動計測の特徴は,測定対象は光を反射すればよく適用範囲が広いこと,高精度な振動計測法であることなど利点が多い.一方,基準となる静止状態のホログラムの作成が手間なこと,ホログラムを波長オーダーの位置精度で設置しなければならないことなど,不利な点もある.

11.5.3 レーザマイクロフォン

音場とは空間の音の強さの分布，すなわちどのような音圧分布になっているかを示すものである．音場を可視化する方法として，以下の方式がある．

① マイクロフォンを空間に並べて，あるいは移動させて測定する方法
② 音場による物体の振動を干渉測定する方法
③ 音場を直接測定する方法

このうち，レーザドップラ測定を応用して音場を直接測定するものをレーザマイクロフォンという．

音場で形成される音圧分布とは空気の密度変化の分布である．光の立場からみると，密度変化はその場所の屈折率変化であり，光路長（屈折率×距離）と呼ばれる値が変化することに対応する．特に，光路長変化を高感度に検出できる干渉測定をベースとしたレーザドップラ測定は高速測定ができるので，音場を可視化するための活用例にはしばしば使用されている．

以下に代表的なレーザマイクロフォンについて述べる．

図1は代表的なレーザマイクロフォンを示したものである．音場内をレーザが通過することで音場による空気の密度変化によって，屈折率が変化しその結果，光の位相変化が起きる．この位相変化をレーザドップラ振動計で検出する．

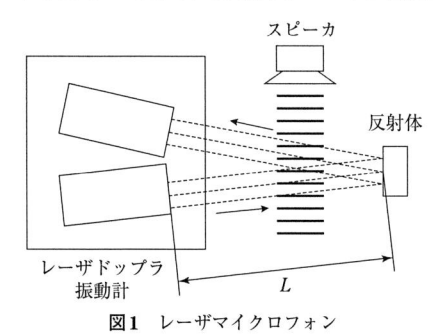

先に述べたように，音場による光路長変化は屈折率変化であるので，グラッドストーン－デール (Gladstone-Dale) の式

$$n = 1 + \rho R_g$$

を用いて変化量を見積もることができる．ここで，n は屈折率，ρ は密度．R_g はグラッドストーン－デール定数と呼ばれるものであり，空気の場合 $0.23 \times 10^{-3} \mathrm{m^3/kg}$ である．

音場による密度変化が小さい場合，光路を複数回折り返して，音場の中を通過する長さを長くするなどの工夫が必要である．

レーザマイクロフォンの測定値はレーザ光の進行方向に積分された数値である．各空間位置での密度変化を求めるには，レーザドップラ振動計を空間的に走査する方法，あるいは複数の異なる方向から測定する方法がある．

レーザマイクロフォン測定での注意点は，目的外の振動影響を受けないかどうかである．たとえば，図1での反射体が振動してその影響を受けないか，などである．実験時にはこのような点を確認すべきである．

図1 レーザマイクロフォン

11.6 濃度を測る

濃度とは，混合物において，ある成分が全体に対しどの程度含まれているかを示す指標である．対象や単位によって，体積濃度，重量濃度，モル濃度などの言い方で識別する．

(1) 光による濃度測定の原理　濃度を測定する試料が光を透過し，かつ光吸収性であるならば，光吸収計測により濃度の測定を行うことができる．非接触で簡易に行うことができるため，広く普及している．

濃度 c の光吸収成分を含む試料に光量 I_0 の光が入射したとすると，深さ x の位置での光量は，

$$I = I_0 \exp(-kcx)$$

となる．ここで，k は吸光係数と呼ばれる材料ごとに決まる特性値である．濃度 c をモル濃度にとれば，k はモル吸光係数となる．この式を，ランベルト－ベール（Lambert-Beer）の式という．

この式から，試料の厚さが d で，吸光係数 k が既知ならば，入射光の強さ I_0 と出射光の強さ I を計測し，

$$I = I_0 \exp(-kcd)$$
$$c = -\frac{1}{kd} \log \frac{I}{I_0}$$

により，試料に含まれる光吸収成分の濃度を求めることができる．

実際には，吸光係数 k が精度よく求められていない場合が多い．その場合には，光吸収成分の濃度が既知の媒体を標準試料とし，標準試料との比較計測により測定しようとする試料の濃度 c を求める．測定試料と標準試料の厚さが同じで，標準試料の光吸収成分の濃度が c_{st} であれば，入射光の強さ I_0，測定試料からの出射光の強さ I，標準資料からの出射光の強さ I_{st} に対し，濃度 c は，

$$c = c_{st} \frac{\log I - \log I_0}{\log I_{st} - \log I_0}$$

となる．

標準試料との比較測定では，試料の濃度 c を高精度に測定できるだけでなく，他の光吸収成分が含まれていても目的とする成分の濃度計測が可能である．

(2) 光による濃度測定の実際　試料は，固体，液体，気体のいずれであってもよい．固体の場合は，測定しやすいように一定の厚さ d に加工する．液体または気体の場合は，透明な矩形のサンプルセルを用意し，その中に試料を入れる．サンプルセルは，石英ガラス製またはホウケイ酸ガラス製のものが市販されている．

測定機は，専用の測定機を用いるか，あるいは分光透過率計を用いて幅広い波長域で測定すると簡便である．分光透過率計を用いる場合，複数の波長で測定でき，測定精度を高めることができる．

被測定物が無色透明の場合，近赤外域または紫外域での測定を試みるとよい．ほとんどの物質では，近赤外域または紫外域のいずれかに吸収があり，濃度測定が可能となる．深紫外域から近赤外域まで吸収がないのは，CaF_2 や MgF_2 など，ごく一部の物質に限られる．

なお，波長 $2\mu m$ 前後の赤外域から水 H_2O に吸収があるので，注意が必要になる．

11.7 表面張力を測る

　表面張力は，物体表面に働く引張応力のことであり，表面上の単位長さの線分に働く応力として定義される．固体であっても表面張力が考えられるが，応用が多いのが液体の表面張力である．以下，液体に限定して表面張力の測定法を述べる．

　(1) 画像による表面張力の測定方法
従来からの表面張力の測定方法には，以下のようなものがある．

　毛細管上昇法： 毛細管内の上昇する液の高さを測定し，その液体の表面張力を求める．

　滴下法： 垂直に置いた管の上端から液を定速で送り込み，下端から鉛直下方に出てくる液滴の時間あたりの滴数を測定し，液滴体積と重量を計算する．液が管から離れる直前が液滴に働く重力が表面張力と等しくなったときと考え，液滴重量と管径から表面張力を求める．

　吊り環法： 水平に吊るした白金の環を液面に接触させ，次いで環を引き上げるときに，環に接触した液体が環を引き止める力を測定して，表面張力を求める．

　ペンダントドロップ法： 管から液を押し出したときに管の先端にぶら下がった液滴の形状を測定し，表面張力を求める．

　最大泡圧法： 液に挿入した管から気泡を連続的に発生させたときの泡の最大圧力を測定し，気泡形状から表面張力を求める．

　上記の測定法のうち，吊り環法は力を直接に測定し，画像は測定時の液体と吊り環の状態を確認するのに使われる．それ以外の表面張力測定法は，表面張力によって決まる液体の形状や液滴の個数を，画像計測によって得ている．すなわち，画像計測を応用して表面張力を求めようとするものである．

　このときの測定の注意点は，画像計測と同じく，分解能を高めるための光学系と撮像素子の選択と，液体の形状を明確にするための照明法の選択である．

　(2) 光ピンセットまたは電界ピンセット表面張力測定　表面張力の新しい測定法に，光ピンセットまたは電界ピンセット法を用いた表面張力測定法[5]がある．

　液体表面に強い光を照射するか，または電界を印加すると，液面が盛り上がる．これは液体表面にマックスウェル応力が働くことによるもので，この盛り上がり量は，マックスウェル応力，液体に働く重力，液面の表面張力によって決まる．通常，数nm〜10 nm程度である．

　光ピンセットまたは電界ピンセット表面張力測定法とは，液面の盛り上がり量を光てこ法によって測定して，表面張力を求める方法である．また，液面の盛り上がり量の時間的変化を測定し，液体の粘性を求めることもできる．

　また，類似の方法で，リプロンスペクトロスコピー[5]と呼ばれる方法がある．液体表面にエネルギーを与えると，リプロンと呼ばれる表面張力波が発生する．リプロンスペクトロスコピーとはリプロンの挙動を光散乱法で調べ，表面張力を求める方法である．

11.8 電磁気量を測る

電場によって物質の屈折率や透過率,偏光特性などの光学特性が変化する現象を電気光学効果という.同様に,磁場によって物質の光学特性が変化する現象を磁気光学効果という.電磁気が物質の光学特性に与えた影響をとらえれば,電磁気量を知ることができる.

光による電磁気量計測は萌芽期にあり,ここではその一端を紹介する.

(1) ポッケルス効果 電気光学効果の一つにポッケルス効果(Pockels effect)が知られている.ポッケルス効果は,誘電体の等方性結晶に電場をかけると複屈折性を示す現象であり,電場の強度に比例して屈折率が変化する.

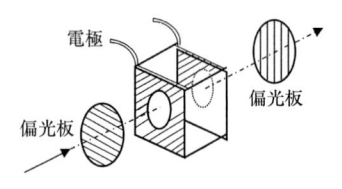

図1 ポッケルス効果

図1のように結晶の両端に偏光板を偏光面が直交するように置くと光は透過しないが,光軸方向に電圧をかけて偏光面を回転させると光が透過する.この光の透過量を測れば,電圧を知ることができる.

透明な結晶である圧電性結晶のリン酸二水素アンモニウムADP($NH_4H_2PO_4$),リン酸二水素カリウムKDP(KH_2PO_4),ニオブ酸リチウム(LiNbO$_3$)などが利用されている.

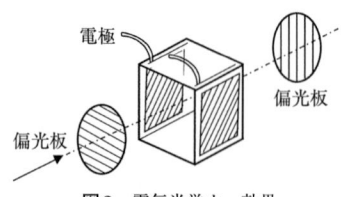

(2) 電気光学カー効果 電気光学カー効果(Kerr effect)とは電場強度の2乗に比例して屈折率が変化する現象である.

図2のように物質(ニトロベンゼンや二硫化炭素CS_2のような液体)や対称性のある誘電体結晶に,光軸に直角に電圧をかけると異方性が生じ,複屈折が生じることにより偏光方向が変わり光が透過するようになる.これにより電場強度が測定できる.

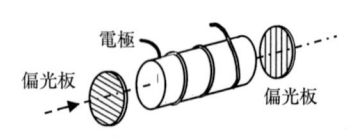

(3) ファラデー効果 ファラデー効果(Faraday effect)とは,光軸方向に磁束を通すと,透過光の偏光状態が変化し,偏光面が回転する現象である.

ベルデ定数(磁界の強さと偏光の回転角との比例定数)の大きなガラスなどの媒質に関して,図3のように媒質の周囲にコイルを巻き電流を流せば,媒質の光軸方向に磁束が生じる.その結果,光の偏光状態の変化から磁場の強度を測定できる.

Fe_3O_4やNiFe$_2$O$_4$などのフェライト結晶にはファラデー効果があり,また最近のフォトニック結晶にも大きなファラデー効果があることが知られている.

磁化した物質の表面に直線偏光した光をあてると,反射した光が楕円偏光として戻ってくる現象もあり,磁気光学カー効果と呼ばれる.ほかに,ゼーマン効果,フォークト効果,コットン-ムートン効果などがある.

図2 電気光学カー効果

図3 ファラデー効果

11.9 非線形光学効果を測る

前節の電磁気量の測定は，物質の非線形光学効果を利用したものであった．一方で，非線形光学効果そのものも光による測定対象として重要度の大きいものである．

非線形光学効果のなかでも容易に観測できるのは，光第2高調波発生（second harmonic generation：SHG）である．現在ではSHGを用いた波長可変レーザも実用化されている．このような用途では，第2高調波の発生効率が重要であることから，多くの非線形物質に対して2次の非線形感受率が調べられている．ここでは，SHGを応用した非線形感受率の測定方法について述べる．

非線形物質にレーザ光を照射して発生した第2高調波は，基本波とは波長が異なり，物質中の伝播速度も異なる．ところが第2高調波を発生させる分極波は，基本波と同じ速度で物質中を進行しているため，発生した時刻の異なる第2高調波との間には，位相のずれが生じる．このずれは非線形物質中を光が通過する距離に依存するので，物質の厚さを連続的に変化させれば，第2高調波の干渉により，SHG効率も周期的に変化するはずである．

SHGを応用した非線形感受率の測定は，この現象に基づいている．測定方法が確立している代表的な方法に，ウェッジ法とメーカーフリンジ法がある．

ウェッジ法は，最も普及している非線形感受率の測定法である．図1に示すように，くさび型に研磨した非線形物質に角周波数ωのレーザ光を，求めたい非線形感受率に対応した偏光方位で入射する．非線形効果により発生した角周波数2ωの第2高調波

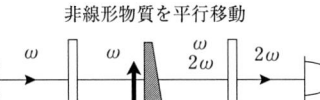

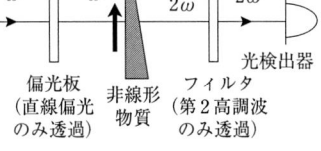

図1 ウェッジ法

のみをフィルタで抽出し，その光強度を光検出器で検出する．非線形物質を光軸に垂直な方向に平行移動すると，SHG効率が周期的に変化する．そこで第2高調波の光強度の極大値を測定することで，非線形感受率を求めるのである．

ウェッジ法では非線形物質を平行移動させる必要があるため，物質が小さい場合は測定が困難である．これに対して，小さな非線形物質でも非線形感受率を測定できる方法が，メーカーフリンジ法である．

図2を用いて，この原理を説明する．非線形物質に角周波数ωのレーザ光を目的の偏光方位で入射し，角周波数2ωの第2高調波を発生させる．ここで非線形物質をレーザの光軸に垂直な軸のまわりに回転させると，レーザの入射角が変化し，レーザ光が非線形物質中を通過する距離も変化する．したがって，発生する第2高調波の光強度も，回転角に対して周期的に変化する．このとき第2高調波の極大値の大きさから，非線形感受率を求めるのである．

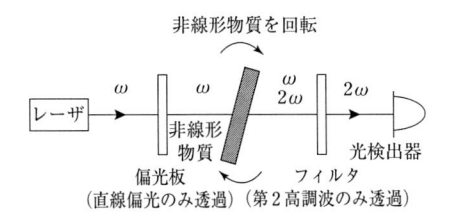

図2 メーカーフリンジ法

文　献

11.1.3
1) 佐藤誠四郎：レーザ干渉CTと火炎場の温度計測，非破壊検査，Vol.40，No.3，pp.135-142（1991）
2) 冨田栄二，河原伸幸，戸田泰治：E213レーザ干渉法を利用した流体温度計測センサ：水の温度計測（計測1），熱工学コンファレンス講演論文集，2006，pp.349-350（2006）
3) 勝亦　徹，相沢宏明，森田健太郎，小室修二，森川滝太郎：蛍光温度センサによる温度計測，応用物理，Vol.75，No.5，pp.586-587（2006）
4) 内山聖一，郷田千恵：温度計測技術の新たな展開—特殊環境の温度をはかる—蛍光性分子温度計を利用した微小領域の温度測定，計測と制御，Vol.47，No.5，pp.383-388（2008）

11.7
5) 酒井啓司：表面のマイクロレオロジー，精密工学会誌，Vol.73, No.8, p.871（2007）

12　明るさと色を計測する

　光が人間の眼に入って明るさおよび色の知覚を生じさせることで，人間は明るさや色の違いを認識することができる．しかし，知覚はそれぞれの人間によって特有のものであり，知覚自身を測定することはできない．そのため，心理量である知覚を引き起こす刺激量を測定することで，明るさや色の違いを物理量としてとらえようという試みが行われてきた．

　明るさに対する人間の視感度を求める方法の一つとして，基準の光と比較用の単色スペクトル光を同じ場所に交互に投影して両者のちらつきが一番小さくなるときの，両者のエネルギー比から比視感度（最大感度に対する相対値）を求める交照法による実験が行われた．1924年にCIE（国際照明委員会）はこの方法で得られたデータをメインに用いて平均的な人間の比視感度の値を定めた．この比視感度は分光視感効率と呼ばれ，12.1.1項の図1に明所視での2度視野分光視感効率曲線$V(\lambda)$として示している．

　色に対する人間の感度としては，眼の網膜にある赤，緑および青の光に反応する3種類の錐体によって発生する刺激値によって色を判断することが知られている．これら3種類の感度を定義するために，観察視野が2度となる開口面を2等分分割して，一方に等色すべき色（標準刺激）を投影し，他方に原刺激（R：700nm，G：546.3nm，B：435.8nmの三つの光源）を合成して作り出した色を投影し，各原刺激の強度を調整することで標準刺激に等色となるように合わせこむ実験が行われ，人間の眼の分光応答度（等色関数）が算出された．ここでいう等色関数とは，エネルギー1Wの標準刺激に等色するのに必要な原刺激の量を波長（λ）の関数で表したものであり，明るさ同様に1931年にCIE（国際照明委員会）で図1に示す2度視野等色関数を定めた．
$\bar{x}(\lambda)$，$\bar{y}(\lambda)$，$\bar{z}(\lambda)$の各感度はそれぞれ赤，緑，青に対応した人間の眼の等色関数を示している．

　三つの感度のうち，$\bar{y}(\lambda)$は明るさを表すための分光視感効率$V(\lambda)$と同じになるように定義されている．

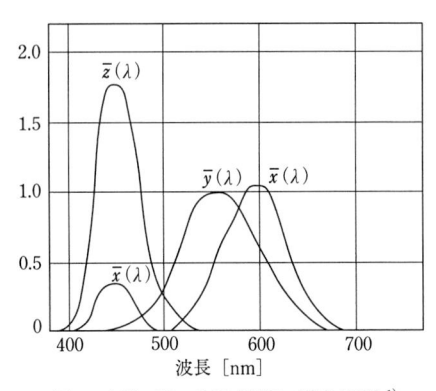

図1　人間の眼の分光応答図（等色関数）[1]

　このようにして，人間の感度が規定されたことで，刺激量を測定できるようになった．本章では，得られた刺激量からどのように明るさや色を数値化するかの解説を行い，明るさや色を正確に測定する方法について記載する．

12.1 光源の明るさと色を測る

本節では,光源の明るさの定義,測定方法,表示系を説明するとともに,より正確な明るさの測定を行うための注意点について記載する.

12.1.1 明るさの定義

光とは人間が知覚可能な波長範囲(可視域)の電磁放射を指す.人間の光に対する分光応答度には個人差があり,また光源を観察する条件によって差異が生じる.そこで,標準の相対分光応答度がCIE(国際照明委員会)において分光視感効率として規定されている.

ある面を単位時間に通過する光を分光視感効率で評価した量を光束といい,単位は1m(ルーメン)である.この測光量を基本に,明るさとして光度,輝度,照度が以下のように定義される.

- 光度: 光源より,一つの方向に向けて単位立体角あたり発散される光束.単位はcd(カンデラ).
- 輝度: 単位投射面積あたりの光度.単位はcd/m^2.
- 照度: ある面の単位面積に入射する光束.単位は1x(ルクス).

また,光度I [cd]の光源から,距離d [m]離れた面の照度E [lx]の間には,式(1)に示す関係が成立する.

$$E = I/d^2 \qquad (1)$$

分光視感効率(図1)は,観察光の明暗により変化することが知られている.明るい光を観察する場合に対応する感度を明所視分光視感効率$V(\lambda)$といい,暗い光(100分の数cd/m^2以下の輝度)を観察する場合に対応する感度を暗所視分光視感効率$V'(\lambda)$という.図1に,明所視,および暗所視における分光視感効率$V(\lambda)$,$V'(\lambda)$を示す.明所視では視感効率のピークが約555 nmになるのに対し,暗所視は約507 nmとピークが短波長に移動する.

視感効率のピークでの最大視感度がわかれば,単色スペクトルに対しての絶対感度が決まってくる.明所視で感度が最大となる555 nmにおいて単色光の絶対視感度は683 lm/WとCIEで定められている.また暗所視での最大視感度は507 nmでは1700 lm/Wとなっている.これは暗所視の555 nmでの視感度を暗所視の絶対視感度と同じになるよう合わせこんでいるためである.

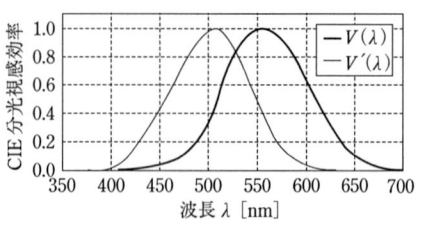

図1 CIE分光視感効率曲線

12.1.2 明るさの測定

測光手段は，明るさを直接計測する方法と，光の分光放射分布を計測する方法の2種類に分類することができる．前者は刺激値直読方式，後者は分光方式と呼ばれる．

① 刺激値直読方式： センサの前にフィルタを配置することで，測定器全体の受光分光応答度を分光視感効率に近似させており，センサの出力値から直接，測光値を得る．比較的簡単な構成で実現できるので，一般的に小型である．しかし，フィルタの分光透過率の設計精度には限界があるため，分光方式と比較すると測定精度が低い．

② 分光方式： 入射光を回折格子などの分光手段を用いて分光し，波長別にセンサ上に集光する．この出力から分光放射分布を得た後，数値処理によって測光値を得る．測定器の分光応答度を分光視感効率に一致させることが容易なため測定精度は高いが，光学系の構成が複雑となり，一般に大型となる．

また，代表的な測光器として，輝度計と照度計がある．以下にそれらの構成，特長を述べる．

輝度計，照度計に共通する要件として，まず，

① 受光部の相対分光応答度が分光視感効率に一致していること

が挙げられる．このために，受光手段は先述した2方式のいずれかを採用している．また，この特性には，紫外域・赤外域に感度をもたないことも含まれる．さらに，感度直線性，測定再現性，温度特性，経年変化，間欠光依存などが一定の水準を満たすことが要求される．

さらに，輝度計の要件としては，

② 所定の測定角で見込む領域からの光束のみを受光すること

が挙げられる．このために受光部は，まず対物レンズで集光するが，センサとの間に光束の入射角度（測定角）を規制するアパーチャを配置しており，これ以上の角度の光束がセンサに入射しない構成としている．測定角は，一般に狭角であることが多い．

また，照度計の要件としては，

③ 斜入射光特性が$\cos\theta$に一致していること

が挙げられる．これは，測定面に対して角度θで入射した光は$\cos\theta$の重みをもつことである（図1参照）．このために光入射部は乳白色の拡散板（半球面状のものが多い）が配置され，この拡散光をセンサで受光する構成としている．

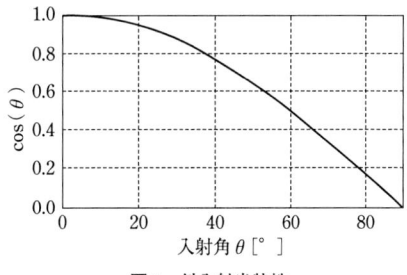

図1 斜入射光特性

照度計においては，JIS規格として「JIS C1609-1 照度計」が制定されており，受光部の相対分光応答度，斜入射光特性以外に直線性，紫外域・赤外域の応答特性などの性能に関して一般精密級照度計，一般AA級照度計，一般A級照度計の階級に分類されている．

12.1.3 光源色の表色系

色を定量化しようという試みは古くからなされていたが，ライト (Wright) とギルド (Guild) により行われた等色実験の結果にもとづき，CIE は 1931 年に 2°視野の等色関数を定めた．眼に入射する光の分光放射分布と等色関数の積により求められる三刺激値 XYZ により色知覚を定量化できる．これを XYZ 表色系という．

$$\left. \begin{array}{l} X = K_m \int_{380}^{780} S(\lambda) \bar{x}(\lambda) d\lambda \\ Y = K_m \int_{380}^{780} S(\lambda) \bar{y}(\lambda) d\lambda \\ Z = K_m \int_{380}^{780} S(\lambda) \bar{z}(\lambda) d\lambda \end{array} \right\} \quad (1)$$

ここで，
$S(\lambda)$：光源の分光放射分布
$\bar{x}(\lambda), \bar{y}(\lambda), \bar{z}(\lambda)$：等色関数
K_m：定数

三刺激値 XYZ をもとに，式 (2) のように色度座標 x および y を求めることができる．

$$\left. \begin{array}{l} x = \dfrac{X}{X+Y+Z} \\ y = \dfrac{Y}{X+Y+Z} \end{array} \right\} \quad (2)$$

ここで，等色関数 $\bar{y}(\lambda)$ は分光視感効率 $V(\lambda)$ に一致するように定義されているので，Y は光量（輝度，または照度）として用いることができる．

ところで，XYZ 表色系は，色刺激の色度を (x, y) 色度座標上の位置により把握することができ便利であるが，(x, y) 色度座標上で等距離にある 2 点の知覚される色差が色座標によって大きく異なるという問題がある．これを解決するため，知覚される色度の差が色度点間の距離に比例するような表色系が各種考案されてきた．

光源の色を表現する表色系としては，CIE より CIE 1976 UCS 色度図として採択された $u' v'$ 色度座標が広く使用されている．これは，XYZ 表色系からの射影変換により式 (3) により求めることができるもので，肉眼の色差感覚との表色値差の相違がかなり改善されている．

$$\left. \begin{array}{l} u' = 4x/(-2x+12y+3) \\ v' = 9y/(-2x+12y+3) \end{array} \right\} \quad (3)$$

また，光源の色表示方法として色温度が使用されることがある．完全黒体の色度はプランクの放射則に従い，黒体放射軌跡（図 1 参照）に沿って変化する．色温度とは，その光源の色度と一致する完全黒体の温度による色度表現のことで，絶対温度で表す．単位は K（ケルビン）である．

黒体放射軌跡上にない色の色温度は，その光源の色度に最も近い色温度で表し，これを相関色温度という．相関色温度は，uv 色度図において，光源の色度点から黒体放射軌跡に垂線をおろすことによって求めることができる．相関色温度と黒体放射軌跡からの偏差を一組として光源の色度を表示することができる（図 1）．

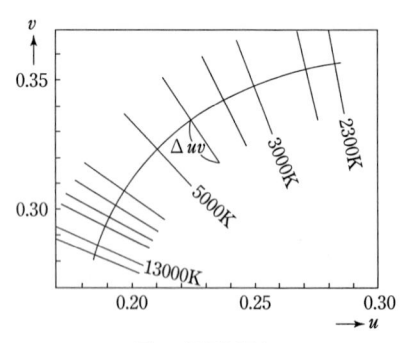

図 1　相関色温度

12.1.4　光源測定の注意点

　光測定器の測光値は国家標準機関の基準に準拠している（トレーサビリティの確保）．具体的には国家認定機関が供給する，光度，および分光分布基準値が値付けされた標準電球を用いる．照度計，輝度計による標準電球の測定値が，基準値に一致するように測定器を校正する．

　また，分光放射計においては，波長方向に対してもトレーサビリティを確保している．具体的には国家認定機関が供給する波長校正フィルタを用い，測定した分光放射輝度値の波長と値付けされた波長が一致するように校正する．

　光測定器の重要な仕様としては，繰返し性，精度がある．繰返し性は，同一の被測定光を繰り返し測定した場合の一致の度合いを示す指標であり，精度は測定値の真値との一致の度合いを示すものである．ただし，精度には繰返し性が含まれる．

　光測定器における繰返し性の主要な低下要因として，以下の2点が挙げられる．

① 回路ノイズ：　光をセンサで電気信号に変換した後，測光値を算出するための回路で発生したノイズは大きな要因となる．このノイズには測光量の大小に無関係に存在する成分があるため，測光量が小さいほど大きな影響を受ける．このため，低輝度（あるいは低照度）測定時に繰返し性が低下する傾向がある．

② 間欠光依存：　発光レベルが時間周期的に変動する光源を測定する場合に，センサの受光時間が変動周期に一致していないと繰返し性が低下する．

　精度は，校正光源において定義されていることが多い．しかし，測定器の実使用においては，校正光源と異なる分光分布を有する光源を測定する場合が多く，この場合，刺激値直読方式は分光応答度が分光視感効率$V(\lambda)$に一致しないことに起因して誤差が発生する．この誤差を軽減するためには，測定対象光源をあらかじめ分光方式の測定器で測定しておき，その測定値と刺激値直読方式の測光値が一致するように補正係数を求めておき，以後，測定ごとにその補正係数を乗じるという方法が採用されている．

　分光方式の場合，分光素子として回折格子が用いられることが多い．この光学構成では分光精度が高いが，反面，回折格子が偏光依存特性を有するために測光値にも偏光依存が発生し，特に液晶の評価で問題となることがある．光路上に偏光解消子を配置するなど，偏光依存を軽減する手法が採られているものの，完全には解消されるに至っていないのが現状である．偏光光源を測定する場合には，この特性に留意する必要がある．

12.2 物体の色を測る

本節では,物体の色を規定するための表色系,物体の色の測定方法を説明するとともに,より正確に物体の色測定を行うための注意点について記載する.

12.2.1 物体色の表色系

ある分光放射分布をもった光で物体を照射したとき,その物体の分光反射特性に応じた反射光による色刺激が,物体の色として知覚される.したがって,物体の色は試料の分光反射率と照明光の分光放射分布によって決まる.この刺激量は光源色の場合と同様に,三刺激値 XYZ で表現できる.

$$\left.\begin{aligned} X &= K \int_{380}^{780} S(\lambda)\bar{x}(\lambda)R(\lambda)d\lambda \\ Y &= K \int_{380}^{780} S(\lambda)\bar{y}(\lambda)R(\lambda)d\lambda \\ Z &= K \int_{380}^{780} S(\lambda)\bar{z}(\lambda)R(\lambda)d\lambda \\ K &= \frac{100}{\int_{380}^{780} S(\lambda)\bar{y}(\lambda)d\lambda} \end{aligned}\right\} \quad (1)$$

ここで,

$S(\lambda)$:照明光の相対分光分布
$\bar{x}(\lambda),\bar{y}(\lambda),\bar{z}(\lambda)$:等色関数
$R(\lambda)$:試料の分光反射率係数

光源色の場合と異なるのは,物体色は白色との対比として認識されるということである.そのため,三刺激値の計算には同一の照明・受光条件における仮想的な完全拡散面の反射光との比として定義される分光反射率係数 $R(\lambda)$ を含んでいる.また,照明光の相対分光分布にも影響されるため,同じ物体であっても,照明光が異なれば,違った色として認識される.

これにより,ある照明光の下で同じに見える 2 色が,異なる照明光の下では違って見えるメタメリズム(条件等色)が生じる.そのため,正確な色の表現をするためには,標準的な照明光の相対分光分布を規定する必要がある.いくつかの典型的な照明光の相対分光分布が標準イルミナントとして CIE により規定されている.

今日,最も広く普及している均等色空間は,CIE により定められた CIE 1976 (L^*, a^*, b^*) 色空間,通称 $L^*a^*b^*$ 表色系である.これは,式 (2) によって求められる

$$\left.\begin{aligned} L^* &= 116f\left(\frac{Y}{Y_n}\right) - 16 \\ a^* &= 500\left[f\left(\frac{X}{X_n}\right) - f\left(\frac{Y}{Y_n}\right)\right] \\ b^* &= 200\left[f\left(\frac{Y}{Y_n}\right) - f\left(\frac{Z}{Z_n}\right)\right] \end{aligned}\right\} \quad (2)$$

ここで,X/X_n,Y/Y_n または $Z/Z_n = Q$ として,

$Q \leq (6/29)^3$ ならば
 $f(Q) = (841/108)Q + 4/29$
$Q > (6/29)^3$ ならば
 $f(Q) = Q^{1/3}$

$L^*a^*b^*$ 表色系においては,L^* は明るさを表し,これが大きいほど明るく,ゼロに近づくほど暗い色であるといえる.また a^* および b^* は色度に対応しており,a^* が+方向では赤みが,-方向では緑が強くなり,b^* の+方向は黄色に,-方向で青みが強くなる.無彩色では a^* および b^* がゼロに近い.$L^*a^*b^*$ 表色系と同じ色空間において,その色度点を直交座標ではなく円筒座標で表現すると L^*C^*h 表色系となる.C^* および h は式 (3) で計算できる.

$$C^* = \sqrt{(a^*)^2 + (b^*)^2}$$
$$h = \tan^{-1}(b^*/a^*) \quad (3)$$

L^*C^*h 表色系においては，C^*は彩度（あざやかさ），hは色相（色の種類）を表しており，色度座標をa^*およびb^*で表現するより直感的に理解しやすい．

二つの色の差は，式(4)のように，均等色空間における2点間の距離として求めることができる．

$$\Delta E^*_{ab} = \sqrt{(\Delta L^*)^2 + (\Delta a^*)^2 + (\Delta b^*)^2} \quad (4)$$

ΔE^*_{ab}と目視による色の差には，おおむね表1のような関係がある．

表1 色差値と目視との関係

色差	人の目の感じ方
～0.1	目視では違いを識別できない
0.1～0.2	熟練工が違いを識別できる限界
0.2～0.4	一般の人が違いを識別できる限界
0.4～0.8	色違いに厳しく，付き合わせ部分の管理で使用される範囲
0.8～1.5	製品の色管理で一般的に使用される範囲
1.5～3.0	離して並べればほとんど気づかず，一般的に同じ色と認識される範囲
3.0～	色違いのクレームとなる範囲
12.0～	別の色系統と認識される

XYZ表色系より改良されているとはいうものの，ΔE^*_{ab}でも彩度方向と色相方向の差や青色の高彩度域では色相がずれる，といった問題がある．これを改善してより目視との一致を高めた色差式も提案されており，ΔE^*_{94}，ΔE_{00}としてCIEにより規格化されている．

ΔE_{00}はCIE 2000色差式と呼ばれており，$L^*a^*b^*$表色系の立体色空間上での人の眼の色識別域に近似するように計算式が定義されている．

12.2.2 物体色の測定

物体からの反射光は，反射面の法線に対して入射光と同じ角度で反対方向に反射される正反射光成分と，あらゆる方向に反射される拡散反射成分を含んでいる．したがって，同じ試料を一定の角度で照明したとき，観察する方向により色も異なって見えるということになる(図1)．

このように，物体の分光反射率は，照明および受光の幾何学的条件によって異なるため，色を数値化する際には，どのような幾何学的条件での測定によるものかを特定する必要がある．反射物体色測定の幾何学的条件とその表記方法はCIEおよびJISにより図2のように規定されている．

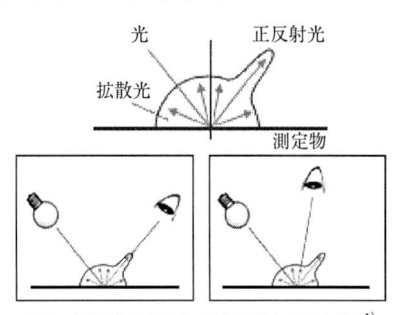

図1 反射光の成分と受光条件による影響[1]

条件aおよび条件bは，単一の角度（方向）から照明し，受光する方法であり，それぞれ45°：0°および0°：45°のように表記する．また条件cは拡散照明，試料面の法線に対し8°±5°の方向から受光，条件dは8°±5°方向から照明し，全方向の反射を受光する方法である．いずれも正反射光を除去する方法と含める方法がある．

正反射光を除去した状態の方が，色そのものを測定していることになり，目視に近

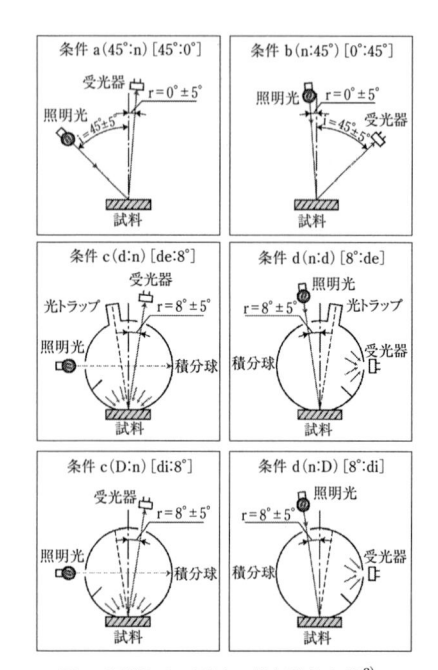

図2 照明および受光の幾何学的条件[2]

い測定値が得られる一方で，試料の表面状態による影響を受けやすく，キズなどにより測定値が変動することがある．したがって，正反射光を含めた測定のほうが安定性の面で有利である．その他，観察する方向によって異なった色に見えるメタリック色などを測定するために，多方向から照明・観察するマルチアングルの幾何学的条件もある．

測色の幾何学的条件については，業界によっては慣習で決まっていることがある．たとえば，繊維，プラスチック，ペイントなどではd：8°が，印刷業界では45°：0°がよく使われている．

12.2.3 物体色の測色計

物体の色を測定する機器も，光源色と同様に刺激値直読方式と分光方式がある．分光方式の方が一般に高精度であり，また試料の分光反射率係数が得られるため，複数の照明光源下での色彩値を数値的に計算することによりメタメリズムの評価も可能となる．

測色計を使って色管理を行い，特に色彩値にもとづいた色のコミュニケーションを行う場合には，測色値の互換性が問題になる．測色においては，注意すべき多くの誤差要因があるが，測色計そのものに起因する誤差の一つとして，同じ試料を同じ機種で測定したときに生じる個体差，すなわち機器間誤差がある．機器間誤差は基準の測定器からの差であり，BCRAタイル12色を測定したときの，色差の平均値で表されることが多い．刺激値直読方式では高精度のものでもΔE^*_{ab}が3を超えるが，分光方式は一般に機器間誤差が小さく，ΔE^*_{ab}が1以下となるものもある．

物体色は白色との対比であるため，あらかじめ値付けされた標準白色板により校正して測定値を得る．したがって，この白色板は測定の精度に影響を与えるため，ホコリやキズが付かないように，また外光を避けて保管するとともに，定期的に値付けをし直すなどの管理が重要となる．

12.2.4 物体色測定の注意点

　測色計自身に起因する誤差に加えて，測定の仕方も精度に影響を与えるため，注意が必要である．

　試料の色は，温度により変化する．これはサーモクロミズムと呼ばれる現象で，測定値に温度依存性を生じさせる．したがって，安定した測定値を得るためには，温度を一定の範囲内に管理する必要がある．

　また，ムラのある試料の場合，測定する場所や方向によって測定値が異なるため，一定の条件で測定するよう注意が必要である．ムラのある試料は，大口径の積分球を用い，測定面積の大きい測色計を使用すると，測定値の安定性の面で有利である．

　半透明性の試料を測定すると，エッジロスエラーにより測定値に誤差を生ずる．このような試料についても，測定面積の大きい測色計が有利である．また，厚みの薄い試料は，試料の下に置かれるものの影響を受けるので，条件を一定にする必要がある．

文　　献

12.2.2
1) コニカミノルタセンシング（株）：「色を読む話」第22版
2) JIS Z 8722 解説図2　反射物体測定の場合の照明及び受光の幾何学的条件

13　微細物体を計測する

　微小な物体の形状や大きさなどを計測するときには，顕微鏡や投影機を用いて拡大観察し，その画像情報から位置や形状情報などを求めている．このように，物体の画像情報を用いて物体の計測を行う場合，観察光学系の分解能によって計測精度などが左右される．

　そして，光学系の物体側のNAと観察時の光源波長λが，観察光学系の分解能を決める要素になっている．特に，一様な照明が行われた物体を目視観察で計測するときには，観察光学系の分解能がレイリー分解能（Rayleigh limit）$0.61\lambda/\mathrm{NA}$によって制限されることは，よく知られている．

　しかし，半導体技術の進歩に伴って回路パターンの細線化が進み，微細パターンや異物の混入などの検査で微細物体の観察や計測が必要になっている．また，生体内部を観察する場合でも，生体組織の微細な3次元構造を観察することが求められている．

　したがって，このような微細物体の観察や計測を実現するために，従来の分解能を超える分解能をもつ観察技術または識別技術が求められてきている．

　本章では，微細物体を計測するために，四つの節に分けて従来の分解能を超える分解能をもつ検出技術を紹介する．

　まず，照明方法や検出方法を工夫することで，従来の観察光学系を用いて観察物体の像を検出するときの分解能を向上させる方法と，分解能以下の大きさの物体でも散乱光を利用することでその存在を検出することが可能であることを紹介する．

　次に，高分解能な顕微鏡として共焦点顕微鏡があり，生体組織内部の観察や高精度な3次元情報の取得でよく知られている．この共焦点検出法に，集光したレーザスポットを小さくする新しい工夫などを加えることで，従来の分解能を超える高分解能が実現できることを紹介する．

　そして，近接場光を利用することにより，観察光学系のNAで決まる分解能を超える分解能を得られることを紹介する．

　最後に画像処理技術を利用することで，従来の観察光学系を使用しても，分解能を向上させることが可能であることを紹介する．また，微細物体は透過率や反射率の変化を検出するより，干渉計測を応用して位相分布を検出することで，信号のS/Nを向上させることができ，高分解な観察や計測が可能になることも紹介する．

　光計測では，物体を観察光学系で投影してその像を検出することで種々の計測が可能になる．しかし，投影像を検出すること以外でも物体の情報を得ることは可能であり，投影像以外の情報を検出することで微細物体の検出や計測が可能になる．

13.1 照明方法と検出方法を改良して測る

物体を顕微鏡などで観察するとき，照明方法によって形成される像の強度分布が変わる．この特性を利用し，さらに物体からの光信号の検出方法を工夫することで，微細物体を計測することが可能になる．

13.1.1 液浸法

顕微鏡など観察光学系の分解能は，レイリー分解能（Rayleigh limit）$0.61\lambda/\mathrm{NA}$で表され，光学系のNA（開口数）と光源波長λで決まることはよく知られている．

微細な物体を観察し，形状などを計測するためには，光学系のNAを大きくするか，光源波長λを短波長化する必要がある．

図1に示すように，光学系のNAは，
$$\mathrm{NA} = n \cdot \sin\theta \qquad (1)$$
で定義される．ここで，nは物体と光学系（対物レンズ）の間を満たす媒質の屈折率であり，θは対物レンズに入射する光線の最大角を表す．

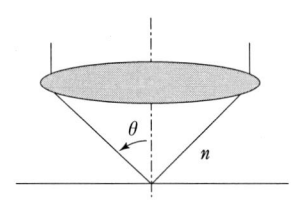

図1 光学系のNA

顕微鏡観察を例にすると，物体と対物レンズの間の媒質は通常空気であり，$n=1$となる．このため，NAを大きくするにはθを大きくする必要があるが，対物レンズの製作上の制限から，現状では$\mathrm{NA} \leq 0.95$となる．

物体と対物レンズの間に，水（$n \fallingdotseq 1.33$），グリセリン（$n \fallingdotseq 1.47$），光学オイル（$n \fallingdotseq 1.51$）の液体を満たすと，式（1）から対物レンズのNAは，満たす媒質の屈折率nに比例して大きくなり，高分解能化が可能になる．このように，物体と対物レンズの間を液体で満たす観察法が液浸（liquid immersion）法である．特に，液浸媒質に水を使用する観察法を水浸（water immersion）法，光学オイルを使用する場合を油浸（oil immersion）法と称している．

（1） アッベ（Abbe）の結像理論 図2に示すように，物体（格子パターン）に照射された光は，物体を透過する0次光成分と±1次回折光に分かれて光学系に入射し，光学系の瞳上に集光する．そして，それぞれの光は瞳上の各集光点を光源とする発散光となって像面に到達する．このとき，瞳上の各集光点からの光は互いに干渉して，像面上に干渉縞を形成する．この干渉縞は，物体の強度分布（格子パターン）によって形成されることから，物体の像であると考えるのがアッベの結像理論である[1]．

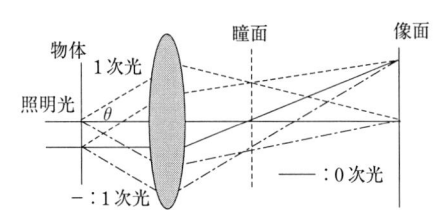

図2 アッベの結像理論

ここで，格子パターンはピッチがTの正弦波状の格子であるとすると，±1次回折光の回折角θは
$$\sin\theta = \pm\lambda/T \qquad (2)$$
となる．

$\sin\theta <$ NA のときは，±1次回折光は光学系に入射して，アッベの結像理論によって像が形成される．しかし，NA $< \sin\theta$ のときには光学系に回折光が入射できなくなり，0次光のみ透過して干渉縞ができず，像が形成されない．したがって，光学系が解像できる最小ピッチ T は光学系のNAによって決まる．

（2）液浸法による高解像化 屈折率が n の媒質中を進む光の速度は真空中の $1/n$ になり，媒質中では波長が $1/n$ になる．したがって，屈折率 n の媒質中の格子による回折角 θ' は，

$$\sin\theta' = \pm(\lambda/n)/T \qquad (3)$$

となり，格子ピッチが n 倍に広がったときと同じになる．光学系に入射できる光線の最大角は同じであることから，液浸法では光学系を透過できる格子の最小ピッチは，空気のときの $1/n$ になる．よって，液浸法では，空気のときより微細な格子の像を形成することができる．

ただし，液浸媒質に接する第1レンズの屈折率が液浸媒質より小さいと，レンズ面で光線の全反射が発生する．このため，液浸法では第1レンズに使用するガラスの高屈折率化が必要である．

13.1.2 斜照明による方法

正弦波状の格子パターンに光が入射角 θ_i で斜入射したときの回折角 θ_o は，

$$\sin\theta_o = \sin\theta_i \pm \lambda/T \qquad (1)$$

で表される．

垂直照明で最小となるピッチ T より小さい格子パターンを斜入射光で照明すると，図1に示すように -1 次光はNA $< \sin\theta_o$ となり光学系に入射できないが，1次光は $\sin\theta_o <$ NAとなり，光学系に入射して干渉像を形成する．したがって，垂直に照明したときより小さい格子パターンの像が形成できる．ただし，NA $< \sin\theta_i$ となると0次光が光学系に入射しないので，像は形成されない．

したがって，アッベの結像理論で格子像が検出できるのは，照明光の入射角が

$$0 < \sin\theta_i \leq \text{NA} \qquad (2)$$

の範囲であり，入射角が $\sin\theta_i =$ NAのときに，式(1)から最小ピッチ

$$T_{min} = \lambda/(2\text{NA}) \qquad (3)$$

の格子の像が形成される．よって，入射角が $\sin\theta_i =$ NAの斜照明を行うことで，格子ピッチが T_{min} 以上の格子が検出できる．

光学系で観察や計測を行うときには，入射角に広がりのある照明光を用いることが多く，光学系に入射する回折光の比率がピッチ T によって変化し，形成される格子像のコントラストも変化する．

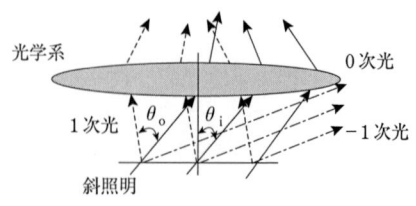

図1 斜入射照明のときの回折光

照明光がもつ入射角の広がり幅と格子ピッチTが，格子像のコントラストに与える影響を表したものがMTF（modulation transfer function）である．そして，MTFでは，格子ピッチTの代わりに空間周波数fが用いられる．格子ピッチTと空間周波数fの間には次の関係がある．

$$f = 1/T \quad (4)$$

入射角が式(5)で表される範囲内で，光軸に対し回転対称な照明光が物体に入射したときのMTFは図2で表され，σの値によって検出できるfとfでのコントラストが変化する．

$$0 < \sin\theta_\mathrm{i} \leq \sigma \cdot \mathrm{NA} \quad (5)$$
$$(0 < \sigma \leq 1)$$

また，照明光を式(6)で表す角度範囲に限定したときには，MTFは図3になり，特定のf_0付近のコントラストが高くなる．この特性を利用して，計測したい物体の空間周波数帯域に対応してσ_1とσ_2を設定すると，その帯域付近の像コントラストを他の空間周波数より相対的に高くでき，像検出の精度を向上させることが可能である．

$$\sigma_1 \cdot \mathrm{NA} \leq \sin\theta_\mathrm{i} \leq \sigma_2 \cdot \mathrm{NA} \quad (6)$$
$$(0 < \sigma_1 < \sigma_2 \leq 1)$$

式(5)と式(6)に示した照明光の角度は，照明光学系の瞳位置に絞りや輪帯開口を配置することで実現できる．ただし，σおよび$\sigma_2 - \sigma_1$を小さくしすぎると，像にノイズが発生することがある．

13.1.3 回折・散乱特性を測る

照明光の入射角θ_iが$\sin\theta_\mathrm{i} > \mathrm{NA}$になると0次光が光学系に入らず，アッベの結像理論による干渉像は形成されない．しかし，物体面で回折した光は光学系によって像面に伝達され，回折されない部分が真っ黒になるのに対し，回折光が発生する部分は強度分布が像面上に形成される．

(1) 暗視野観察 光学系のNAより大きい入射角で物体を照明し，物体上で光が回折する部分のみを検出する観察法が暗視野観察である．

暗視野観察はウエハや金属鏡面上に発生したキズや異物などの観察によく使用され，明視野観察では確認できない微小なキズや異物なども検出できる．

暗視野観察が検出できるキズなどの大きさを，正弦波状の格子を例に示す．

入射角θ_iが$\sin\theta_\mathrm{i} > \mathrm{NA}$の斜照明を用いると，13.1.2項の式(1)から入射角θ_iとピッチTが

$$\sin\theta_\mathrm{i} - \mathrm{NA} < \lambda/T \quad (1)$$

の条件を満たすとき，回折光は光学系のNA内に入射する．

式(1)から入射角θ_iを大きくすると，検出できる格子ピッチTは逆に小さくなる．ここで，照明の入射角を物体面に平行（$\sin\theta_\mathrm{i} = 1$）に近づけると，

$$T_\mathrm{Lim} < \lambda/(1 - \mathrm{NA}) \quad (2)$$

を満たす格子ピッチが検出できる．

また，式(2)から光学系のNAを小さくすることで，T_Limをさらに小さくできる．

したがって，暗視野観察では，照明光の入射角を物体面に平行になるまで大きくし，光学系のNAを小さくすることで，光源波長以下のキズまで検出可能になる．

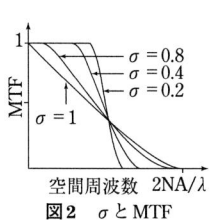

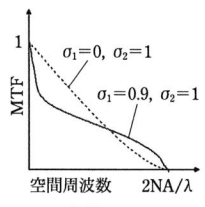

図2 σとMTF

図3 輪帯開口のMTF

しかし，光学系のNAを小さくすると，回折光が像面上に形成する点像が大きくなり，キズの位置や大きさが不明確になる．よって，NAの小さい光学系による暗視野観察では，キズの有無の判別はできるが，キズの位置や大きさを求めることは難しくなる．

(2) 散乱特性を用いる　大きさが波長程度の粒子に光が当たると，光が散乱する．このときの散乱角 θ_s は図1に示すようになり，角度分布が粒子の大きさ ρ，光源波長 λ などに依存して変化する．

入射角 θ_i が $\sin\theta_i > $ NAの斜照明をすると，物体で散乱されない光は光学系には入らず，散乱光だけが光学系によって像面に伝達され強度分布を形成する．よって，物体面に微小な粒子があるときには，暗視野観察で散乱光が認識できる．また，物体上にある段差のエッジや尖点近傍でも光は散乱するので，暗視野観察で確認できる．

物体で散乱した光を光学系で受光すると，瞳面上には散乱角に対応して，

$$I_s(\xi) = \sin\theta_s(\rho, \lambda) \quad (3)$$

で表される強度分布ができる．物体で散乱されない光が瞳の中心付近に分布する．この光の強度は散乱光に対して強いので，瞳の中心付近を遮蔽して取り除くと，散乱光の角度分布が計測でき，散乱粒子の大きさなどが推定できる．

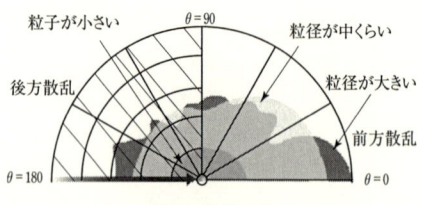

図1 散乱分布

13.2　共焦点法で測る

共焦点顕微鏡は，レーザ光源の小型化・低価格化により近年急速に普及してきた．2光子励起やSTEDなど非線形効果を利用した顕微鏡法の発展も目覚ましい．

13.2.1　共焦点顕微鏡

(1) 原理・構成　共焦点光学系は，基本的に焦点面上の1点に照明光を集光し，像面上におけるその集光点と共役位置のピンホール開口を通して光を検出する光学系である．焦点面上の照明光集光位置から発した光は大部分がピンホール開口内に集光し透過して光検出器で検出されるが，それ以外から発した光は，ピンホール開口を通過することがほとんどできないため，光検出器にほとんど届かない（図1）．

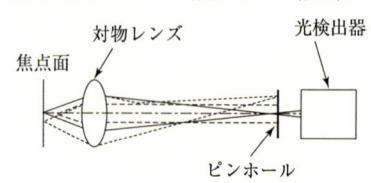

共役関係（実線）
非共役関係（破線，点線）
図1　共焦点光学系の原理

ただし，この構成では一度に1点からの情報しか得られないため，画像形成のために走査光学系を組み合わせることが行われる．

共焦点光学系には以下の特徴がある．

① 焦点面のみの信号を検出し，焦点面から外れたボケ像を排除した画像が得られる（セクショニング効果）．

② 集光点周囲からの散乱光が排除さ

れ，高S/Nの画像が得られる．

レーザ走査型共焦点顕微鏡（confocal laser scanning microscope：CLSMまたはLSCM）は，レーザ光をガルバノミラーなどで偏向させながら標本面上を走査して画像を構築する．光検出器には光電子増倍管（photomultiplier tube：PMT）が用いられる（図2）．

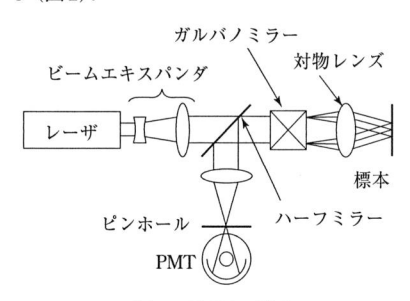

図2 CLSMの構成

CLSMはガルバノミラーの走査速度で撮像速度が制限され，512×512画素の画像で高々30 fps程度である．近年，ピンホールの代わりにスリットを用いて1次元に走査を減らすことにより，より高速に画像取得できるCLSMも市販されているが，その共焦点効果はピンホールタイプより劣る．

ディスク走査型顕微鏡は，複数のピンホールやスリットの開いた共焦点ディスクを顕微鏡の中間像位置で高速回転させ，それを通して照明，観察することにより，一度に多点からの共焦点信号を取得できる．光検出器にはCCDなどの2次元検出器を用いる（図3）．

ディスク走査型顕微鏡の撮像速度は実質的にCCDのフレームレートで制限される．

ピンホールアレーとガルバノミラーを組み合わせた複合型のCLSMも市販されている．

（2）　蛍光共焦点顕微鏡と現状　生物分野における共焦点顕微鏡は，主に蛍光観

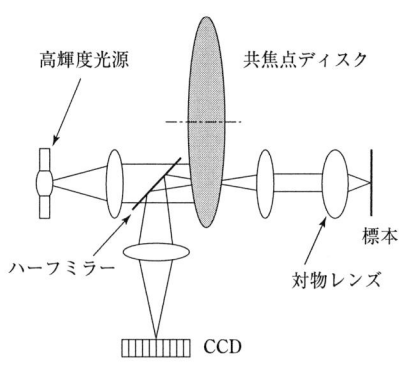

図3　ディスク走査型顕微鏡の構成

察に用いられている．その基本構成は，図2や図3のハーフミラーの代わりにダイクロイックミラーと蛍光フィルタの組合せを用いるものである（2.7.2項「蛍光顕微鏡」を参照）．特定のタンパク質を蛍光色素染色することにより，そのタンパク質の3次元分布や細胞小器官の立体構造の観察に用いられている．分光検出器を用いることにより，複数の蛍光色素の同時観察を行うことも行われている．

蛍光共焦点顕微鏡の場合は，通常の蛍光顕微鏡と比較して解像が高くなる超解像性があるといわれているが，通常はピンホール径を集光スポット径程度に開くため，解像の向上はほとんどない．

蛍光観察の場合は励起光と蛍光の波長が異なるため，顕微鏡対物レンズには色収差のよく補正されたいわゆるプランアポクラスのものを使用しなければ，標本上の励起光集光位置とピンホールの共役関係が崩れて検出効率が落ちてしまう可能性がある．

最近では，時間幅約100 fs程度の超短パルスレーザを光源とした2光子励起蛍光顕微鏡が製品化されている．2光子励起蛍光は，図4(a)に示すように，通常の励起光の約2倍の波長の光子二つを同時に用いて，

(a) 発生原理

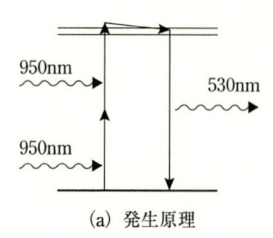

(b) 装置構成

図4 2光子励起蛍光顕微鏡

蛍光分子の励起を引き起こすものであり，その発生効率は励起光の瞬間強度の二乗に比例する．この二乗特性により，励起光の集光位置でのみ2光子励起蛍光が発生することになるので，検出光学系にピンホールの必要がない（図4(b)）．脳組織など散乱の強い生体標本内を深く観察することに適しているが，チタンサファイアに代表される超短パルスレーザがまだまだ高価であることが，2光子励起蛍光顕微鏡の普及を妨げる原因の一つとなっている．

(3) レーザ測定顕微鏡と現状　工業分野において共焦点顕微鏡は，表面高さや粗さ計測器として用いられることが多い（5.2.1項「AFプローブ走査型測定機」を参照）．反射光検出の場合は，蛍光観察と異なり，共焦点による超解像性は発生しない．

13.2.2　STED顕微鏡

STED（stimulated emission depletion, 誘導放出制御）顕微鏡は，従来のアッベの回折理論による光学顕微鏡の解像限界を大きく打ち破る超解像技術として1994年にStefan Hellらにより提案され[6]，その後ライカにより製品化された．STEDとは，励起光パルスによって蛍光分子を励起した後，蛍光寿命よりも十分短い時間帯において，STED光と呼ばれる蛍光波長域にあるパルス光を照射して誘導放出を起こし，それ以降の蛍光を抑制するものである（図1(a)）．それを用いたSTED顕微鏡は，励起レーザとSTEDレーザを備える．どちらもパルスレーザで，励起レーザが標本を照射した後，蛍光寿命よりも十分短い時間内でSTEDレーザを照射する．STEDレーザの光路中に位相フィルタなどを用いて標本上にドーナツ状の強度分布を作り，励起レーザの集光スポットと中心を合わせてSTEDレーザを集光させる．励起レーザの集光ス

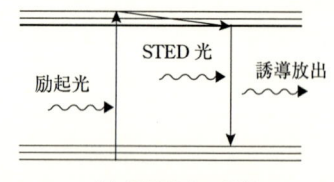

(a) 誘導放出の過程

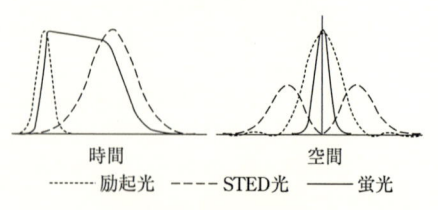

(b) レーザ光の重ね合わせ

図1　STED顕微鏡

ポットの周辺はSTED光により蛍光抑制されるが，中心部分はSTED光が照射されず蛍光が抑制されないので，励起スポットの中心部分のみ蛍光を発光させることができる（図1(b)），STED光の強度を変えることにより，実際に蛍光発光する領域の大きさを調整することができる．

標本上にドーナツ状のSTED光を形成するための位相フィルタについては，さまざまな形状が提案されており[7]，図2に示すように光軸方向にも超解像性があるものと，それがないものとがある．

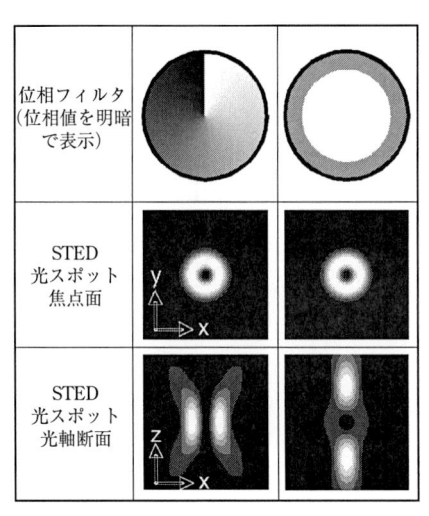

位相フィルタ (位相値を明暗 で表示)		
STED 光スポット 焦点面		
STED 光スポット 光軸断面		

図2　STED位相フィルタ

13.2.3　4Pi顕微鏡

4Pi顕微鏡は，標本をはさんで2本の対物レンズを焦点面を合わせて上下に対向させて配置し，干渉を利用することにより，光軸方向の分解能を向上させる超解像法である．照射光および検出光の干渉形態により，以下に示す3タイプがある．

①　タイプA：上下両側から同時にレーザ光を照射して標本内で干渉させて片側から検出する．

②　タイプB：片側からレーザ光を照射して上下両側からの信号を干渉させて検出する．

③　タイプC：上下両側から同時にレーザ光を照射して標本内で干渉させて上下両側からの信号を干渉させて検出する（図1(a)）．

タイプAおよびタイプCでは，対向する方向からのレーザ光照射により光軸方向に励起波長の約1/4倍周期の干渉縞が生じる（図1(b)）．タイプBとタイプCにおける検出信号の干渉についても同様である．したがって4Pi顕微鏡本体による点像強度分布は光軸方向に複数のサイドローブをもつパターンとなるが，それをデジタルデコンボリューションすることによりこのサイドローブは消去される．

4Pi顕微鏡は前項のSTED顕微鏡との親和性が高く，タイプAの4Pi顕微鏡とSTEDとの組合せで33 nmの光軸方向分解能が確認されている．

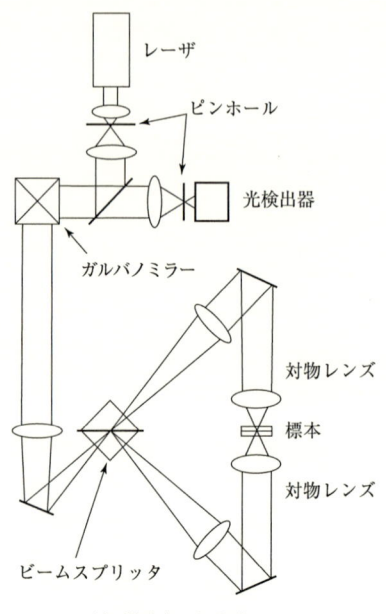

(a) 構成（タイプC）

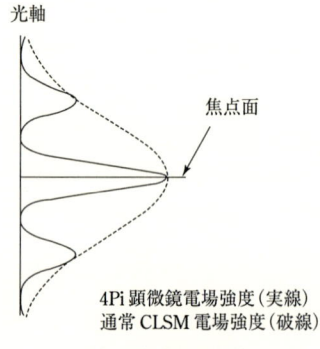

光軸

焦点面

4Pi顕微鏡電場強度（実線）
通常CLSM電場強度（破線）

(b) 励起光強度分布

図1 4Pi顕微鏡

13.2.4 共焦点シータ顕微鏡，SPIM，DSLM

（1）共焦点シータ顕微鏡 EMBL (European molecular biology laboratory, 欧州分子生物学研究所）のStelzerらは，3次元的にほぼ等方的な解像を得る手段として，対物レンズの光軸を約90°傾けて交差させた共焦点シータ顕微鏡を提案した．この顕微鏡は，等しいNAの対物レンズを互いに約90°の角度をもたせて標本の同一点に焦点を合わせる構成をもつ（図1）．しかし，物理的に二つの対物レンズのNAを大きく取ることは不可能であった．

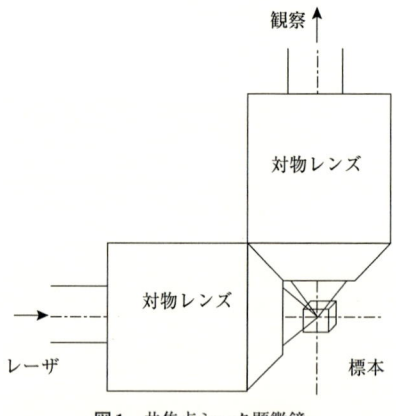

図1 共焦点シータ顕微鏡

（2）SPIM, DSLM 共焦点検出ではないが，照明側のNAを小さくしてシート状の照明光を作り，それを垂直方向から観察するSPIM（single plane illuminated microscopy）が，同じくStelzerらにより開発された．観察側光軸に対して垂直なシート状照明により，マクロな光学セクショニング観察が可能となる．主にメダカなど小動物の胎生を円筒形のアガロース内に固定

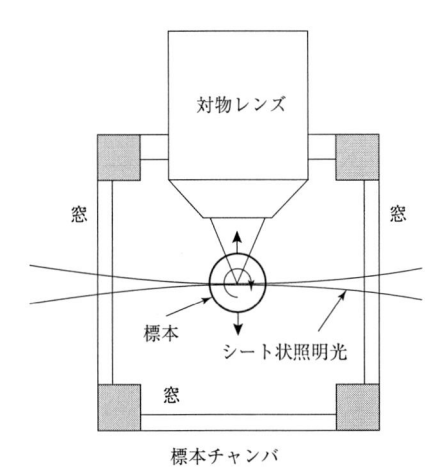

図2 SPIM

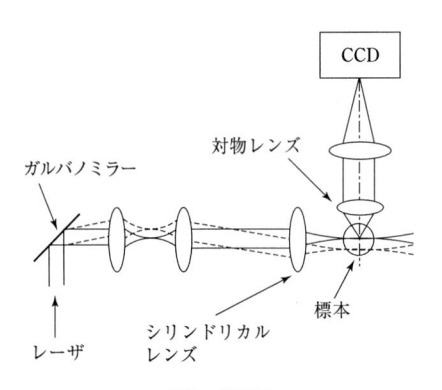

図3 DSLM

し，生きたままの立体構造を撮像するために用いられている（図2）．

さらに，シート照明の光軸方向走査を自動化し，構造化照明法を取り入れて高解像3次元画像を得られるようにしたDSLM（digital scanned laser light sheet microscopy）がEMBLにより開発され，ゼブラフィッシュの胚の細胞分裂を24時間追跡することに成功した[9]（図3）．

13.3 近接場光を利用して測る

媒質境界にのみ存在し得るエバネッセント法を利用することより，従来の顕微鏡の分解能や検出感度の限界を超えることができる．

13.3.1 走査型近接場光顕微鏡（SNOMまたはNSOM）

進行波は波長の半分より細かい情報をもつことができず，したがって進行波を結像する普通の顕微鏡では波長の半分より細かいものを見ることはできない．しかし，物体の境界にのみ存在できるエバネッセント波は物体の局所的情報を含んでいる．SNOM（scanning near field optical microscopy，またはNSOM）は，光の波長より小さい微小開口や散乱体などを用いてエバネッセント光を進行波に変換して捕捉することにより，通常の顕微鏡の解像を超える超解像を得ることが可能である．

（1）微小開口型 微小開口型SNOMには，微小開口からのエバネッセント光を標本に散乱させて遠視野より検出する透過型，遠視野から照明を標本に照射し発生したエバネッセント光を微小開口で集光する集光型，標本表面にエバネッセント光を発生させてそれを微小開口で取り出すフォトントンネリング型，微小開口を通して標本への照射および集光を行う照射−集光型などがある（図1）．微小開口には，光ファイバの先端を尖らせて先端以外に金属コーティングしたものが多く用いられている．

（2）散乱型（無開口型） 散乱型SNOMには，針状の自由端でエバネッセ

(a) 透過型
(b) 集光型
(c) フォトントンネリング型
(d) 照射-集光型

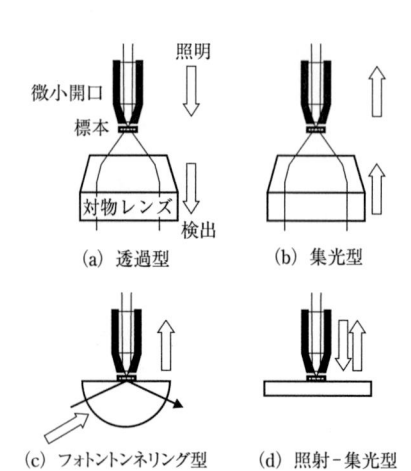

図1 微小開口型SNOM

ント光を散乱させて検出するカンチレバー型，波長より小さい微小球によるエバネッセント光の散乱を検出する微小球型などがある（図2）．カンチレバー型は，AFM（atomic force microscopy）やSTM（scanning tunneling microscopy）との組合せにより，標本の形状と光学特性の同時取得が可能となる．散乱型は強い背景ノイズ光が存在するため，プローブを振動させてロックイン検出するなどの，S/N比向上のための工夫が用いられている．

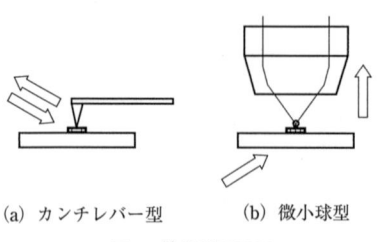

(a) カンチレバー型
(b) 微小球型

図2 散乱型SNOM

13.3.2 固体浸レンズ

(1) 原理・構成 ガラス－空気境界面に臨界角以上の角度で入射した光は全反射を起こし，空気中に伝播することはないが，その境界面上ではエバネッセント波が発生し，波長より短い距離の範囲内で空気中に浸み出し，境界面に沿って進行している．そのエバネッセント波の浸み出した領域に散乱体が存在すると，エバネッセント波は散乱により一部が進行波に変換され，ガラス側から観察することができる（図1(a)）．また空気層を挟んでエバネッセント波の届く距離内に次のガラスの境界面がある場合，次のガラスに浸み出したエバネッセント波は再び進行波となる（図1(b)）．

固体浸レンズ(solid immersion lens：SIL)はこのようなエバネッセント波の性質を利用したものであり，半径r，屈折率nのボー

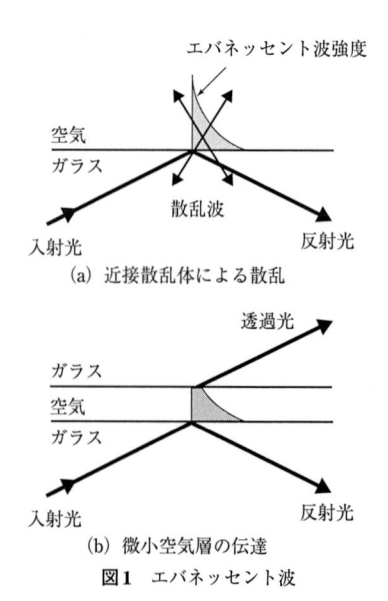

(a) 近接散乱体による散乱

(b) 微小空気層の伝達

図1 エバネッセント波

ルレンズの球心および球心からr/nの距離にあるアプラナティックポイント(浮遊点)を利用する．半球または超半球(ボールレンズを球心からr/nの距離で切断したもの)のSILの平面に裏側から長作動距離対物レンズの焦点を合わせることにより，SIL平面のエバネッセント領域にある物体の情報を$NA>1$の解像で取得することができる(図2)．

(2) アプリケーション エバネッセント波が到達するのは表面から数十nmの範囲に限られているので，アプリケーションは物体表面の平坦性の高いものに限定される．現在実用化のための研究開発が進められているのは，次世代高密度光ディスクのピックアップレンズおよび半導体検査装置である．光ディスクの場合，信号面は保護層の下にあるので，SILはその保護層の厚さ分薄いものが用いられる．

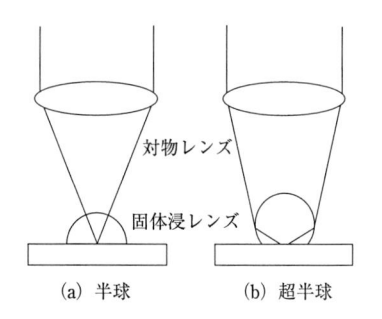

図2 固体浸レンズ
(a) 半球　(b) 超半球

13.3.3　プラズモンセンサ

(1) 表面プラズモンを利用したセンサ
金属と誘電体の境界面にp偏光の光を特定の入射角で入射させると，金属表面を伝達するエバネッセント波と金属内部の自由電子が共振して表面プラズモンと呼ばれるプラズマ波が発生し，同時に金属からの反射光の強度が減少する(図1)．表面プラズモン励起により反射率が最小になる入射角度を共鳴角と呼ぶ．

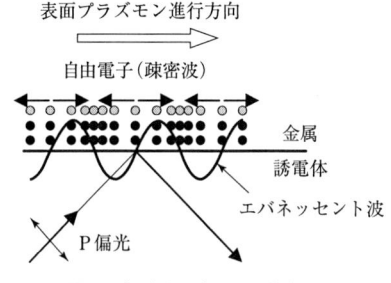

図1 表面プラズモンの発生原理

全反射プリズムの反射面に厚さ数十nmの金属薄膜をコートした表面プラズモン共鳴(surface plasmon resonance：SPR)センサは，共鳴角から金属薄膜表面の屈折率変化を感度よく計測することができる．金属薄膜表面に特定のアナライトに対するリガンドをコートしたものは，リガンドとアナライトの結合による微小な媒質屈折率変化をも検出できるので，高感度な免疫反応装置として市販されている(図2)．

(2) 局在プラズモンを利用したセンサ 直径数十nmの金属粒子は，その表面に局所的に強いプラズモンが発生し電場を増幅する．複数の金属粒子が凝集している場合，個々の粒子の接点付近で特に強い

(a) SPRセンサの構造

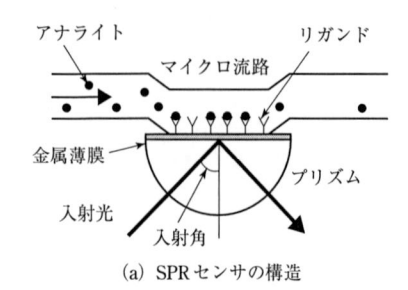

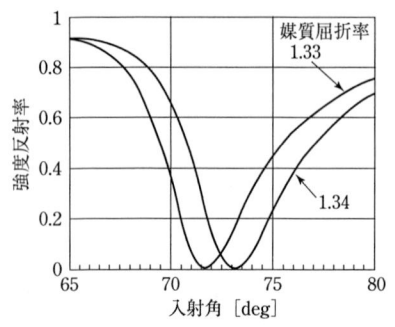

(b) 媒質屈折率とプラズモン吸収帯の変化
ただし，プリズム屈折率1.5163，金薄膜
（厚さ46.6nm，屈折率0.173 + 3.422i），
He‐Neレーザ波長632.8nmで算出した．

図2　表面プラズモンを利用したバイオセンサ

電磁場増幅が発生する．この金属粒子表面の局所的な電場増幅率は$10^8 \sim 10^{10}$倍程度にまで達するといわれ，増強された電場内の1分子から発生するラマン散乱光や蛍光も観測可能な強度にまで増強される．これを表面増強ラマン散乱（surface enhanced Raman scattering：SERS）および表面プラズモン励起増強蛍光分光（surface plasmon-field enhanced fluorescence spectroscopy：SPFS）と呼ぶ．特に銀粒子はラマン増幅率が高いことが知られている．ガラス表面に島状の金属粒子を堆積させたり多孔性の金属膜を形成させたりした高感度な蛍光センサやラマンセンサも研究が進んでいる．

13.3.4　1分子蛍光

生物科学分野では生体分子1分子ごとの挙動を計測することが重要となってきている．従来の蛍光顕微鏡では周囲の光ノイズに埋もれてしまい，1分子レベルの蛍光は観測できなかった．近年，エバネッセント光など用いて蛍光分子を局所的に励起する手法が発達してきた[2]．

(1) TIRF　ガラス‐標本媒質の境界面に臨界角以上の角度で励起光を入射させて，境界面での全反射により発生するエバネッセント波でガラス表面極近傍の蛍光分子のみ励起し観察する顕微鏡を，TIRF (total interference reflection fluorescence) 顕微鏡と呼ぶ（図1）．

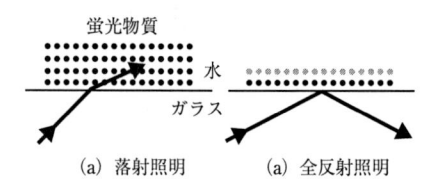

図1　TIRFの原理

TIRF顕微鏡の照明は，高NA対物レンズの瞳の端に励起レーザを導入してカバーガラスと標本媒質の境界面で全反射を起こさせる対物TIRF方式と，全反射プリズムに励起光を導入するプリズムTIRF方式などが行われている（図2）．

励起光の境界面への入射角を変えることにより，エバネッセント光の浸み出しの距離を調整することができる．

対物TIRFの場合は，対物NAが大きいほどエバネッセント波形成に有利である．NA 1.45以上のTIRF専用対物レンズが顕微鏡メーカー各社より供給されている．

(a) 対物 TIRF　　(b) プリズム TIRF

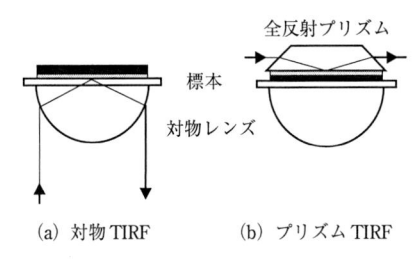

図2　TIRFの構成

(2) FCS　媒質内に励起光の焦点を結ばせ，その集光の体積内を通過する蛍光分子による蛍光信号の時間的ゆらぎスペクトルを解析することにより，蛍光分子のブラウン運動の速度を求めることができる．ブラウン運動の速度から，蛍光分子の分子量や他分子との結合の度合いなどを求めることができる．これをFCS（fluorescence correlation spectroscopy，蛍光相関分光法）と呼ぶ．複数種類の蛍光分子の相関をみるものを特にFCCS（fluorescence cross correlation spectroscopy，蛍光相互相関分光法）と呼ぶ．

(3) ブリンキングの問題　1分子検出においては，個別の蛍光分子が発光したり消光したりをランダムに繰り返すブリンキングには留意する必要がある[5]．たとえば半導体量子ドットは他の蛍光色素に比較して発光強度が高いこと，退色速度が遅いこと，励起スペクトル幅が広いことなどが高感度検出に向いているが，ブリンキングが弱点とされている．

13.4　画像演算を利用して測る

画像に含まれる像成分や光学系の特性の影響を，演算処理で低減することで微細構造の計測が可能になる．

13.4.1　画像強調法を利用する

アッベの結像理論から，物体の像は±1次回折光と0次光の干渉によって形成される．図1に示すように形成された物体の像は，回折光と0次光が干渉した像成分と0次光による背景成分を含んでいる．

13.1.2項の図2に示した光学系のMTFによって，微細物体の像コントラストは微細な物体ほど低くなる．そして，像成分と背景成分の強度差が大きくなり，像成分の背景成分に対するS/N比が低下して，微細物体の像成分を検出することが難しくなる．

ここで，検出する画像から背景成分を取り除くことができれば，像成分のみをコントラスト強調することが可能になり，微細物体の像成分を検出しやすくなる．そして，高解像な計測が可能になる．

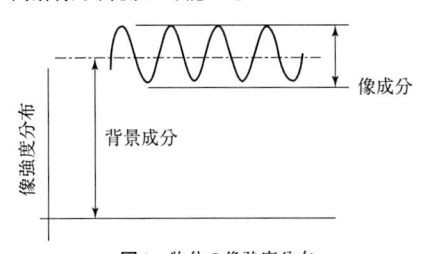

図1　物体の像強度分布

図2に示すように，背景成分を抽出して観察画像からアナログ的またはデジタル的に差演算処理することで，像成分を抽出することができる．さらに，差演算処理した

画像を比例倍することで，観察したい微細部分をより明確に強調することができる．

生体細胞や組織を高分解能に実時間観察する方法として，背景成分に照明分布がほぼ同じになるデフォーカスした画像を用い，観察画像の信号からこの背景成分をアナログ的に差演算処理してモニタ表示するVEC (video enhanced contrast) が開発された．

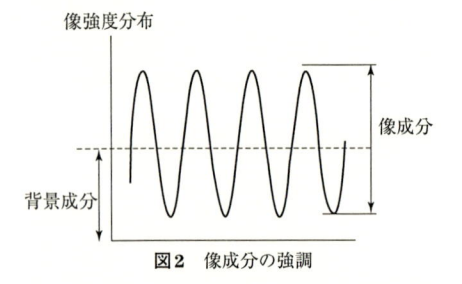

図2　像成分の強調

生体細胞や組織の観察には，微分干渉 (differential interference contrast : DIC) 顕微鏡が使用されることが多く，微分干渉顕微鏡にVECを組み合わせて生体細胞や組織の微細部分を強調することで，従来より高解像な観察を実現している[1]．

微分干渉顕微鏡にVECを組み合わせて生体の観察画像を強調する手法をVEC-DICと称している．この手法はアレン (Robert D. Allen) によって提案されたことから[2]，AVEC-DIC (Allen VEC-DIC) と呼ぶことがある．

取り込んだ画像から背景成分の影響を取り除いて像成分を抽出する方法は，VEC-DIC以外でもウエハ面上に付けられた検出マークの位置や大きさを計測する装置にも用いられている．ここでは，検出マークがない均一な部分の画像を近似的に背景成分として用いることがある．

13.4.2　デコンボリューション法

物体の透過率分布または反射率分布を$O(x, y)$，フーリエ変換を表す演算子を$F\{\ \}$，光学系のMTFを$MTF(fx, fy)$とするとき，物体の像強度分布$I(x, y)$は，

$$I(x, y) = F\{F\{O(x, y)\} \cdot MTF(fx, fy)\} \tag{1}$$

で表される．ここで，fx, fyはxyそれぞれの空間周波数を表す．

光学系のMTFには図1に示すような特性があり，光学系を伝達できる空間周波数が制限されている．これにより，空間周波数の高い成分が多い微細物体は，像強度（コントラスト）が低下する．

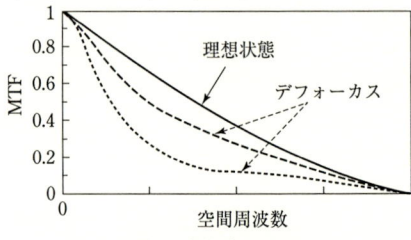

図1　光学系のMTF

13.4.1項では，背景成分を取り除いて像成分を抽出し，画像強調することで高解像化が実現できることを示した．しかし，この手法では，微細構造の部分を強調すると，その他の部分では像強度が飽和してしまう．ここで，式(1)は

$$O(x, y) = F\{F\{I(x, y)\}/MTF(fx, fy)\} \tag{2}$$

と書き換えることができ，画像強調するときに各周波数の比例係数を$1/MTF(fx, fy)$とすることで，図2に示すようにすべての空間周波数帯域で均等な強調が行える．そして，物体がもつ強度分布に近い像強度分布を得ることができ，高解像な物体の観察

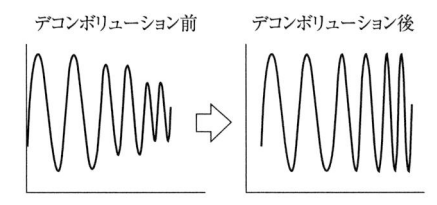

図2 デコンボリューション処理

が可能になる.

式(2)を用いて物体の強度分布(透過率分布または反射率分布などの情報)を再現する方法がデコンボリューション法である.デコンボリューション法では光学系の影響を低減した像情報が得られるので,高解像な観察が可能になる.ただし,物体がもつ光学系のカットオフ(cut off)周波数以上の空間周波数成分は,デコンボリューション法を用いても復元できない.

また,MTFが0に近い周波数帯域では式(2)が発散するので,式(2)を

$$O(x,y) = F\{F\{I(x,y)\} \cdot w(fx, fy)\}$$
$$w(fx, fy) = MTF(fx, fy)/\{MTF(fx, fy)^2 + \gamma\} \quad (3)$$

と書き換えた逆ウィナー手法でデコンボリューション処理が行われている[3].

γ は発散を防止する定数を表している.ただし,γ によってデコンボリューションの効果は左右されることがある.

物体がデフォーカスした位置にある場合でも,光学系にデフォーカスが発生すると,図1に示したようにMTFも変化する.光学系にデフォーカスが発生したときのMTFを用いてデコンボリューション処理を行うことで,デフォーカスの影響を低減することも可能である.

デコンボリューション法として点像強度分布(point spread function : PSF)を用いた処理でも同様の結果が得られる.

13.4.3 位相検出法

生体細胞や組織などは無色透明であり,一般に位相物体として扱われる.また,シリコン基板の表面に発生する微小なキズや段差などもその高さに対応した位相分布と考えることができる.

一般に,位相物体を観察するときには,位相分布を像コントラストに変換する機能がある位相差顕微鏡や微分干渉顕微鏡などが用いられ,微細構造を観察するときには微分干渉顕微鏡が用いられることが多い.

微分干渉顕微鏡では,光が位相物体で回折するときに発生する0次光と回折光の間の位相差を,二つの偏光間のリターデーションを調節して補正し,位相分布を像コントラストに変換している.そして,二つの偏光に与えるリターデーション量を ϕ,背景成分を I_B,位相分布に対応した像成分を I_P とすると,微分干渉顕微鏡で形成される像強度分布 I は,近似的に

$$I = (1 - \cos\phi) \cdot I_B + \sin\phi \cdot I_P \quad (1)$$

で表せる[4].

式(1)から,リターデーション ϕ を変化させて画像を取り込み,画像間の演算を行うと,背景成分 I_B と像成分 I_P を分離することができる.たとえば,リターデーション量が $\pm\phi$ となる2枚の微分干渉顕微鏡の画像を取り込み,その差演算を行うと,

$$I = (\phi) - I(-\phi) = 2\sin\phi \cdot I_P \quad (2)$$

となり,和演算を行うと,

$$I = (\phi) + I(-\phi) = 2(1 - \cos\phi) \cdot I_B \quad (3)$$

となって,背景と像成分が分離できる.

そして,式(2)で示す差演算を行うことでVECと同様に像成分のみを画像強調することができ,高解像な画像が得られ,微

細構造の計測が可能になる[4),5)].

珪藻標本を従来の微分干渉顕微鏡で観察した結果を図1に示し，±ϕの画像を取り込み，式 (2) で示す差演算を行った結果を図2に示す．

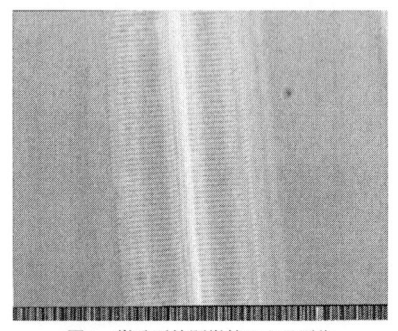

図1 微分干渉顕微鏡による画像

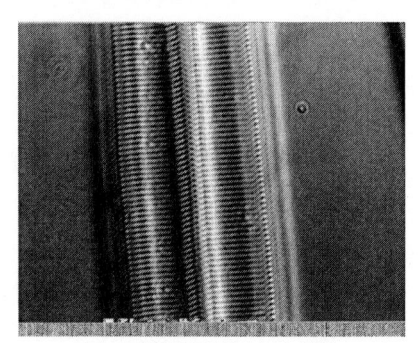

図2 差演算処理を行った結果

図2に示すように，位相分布を分離抽出することで，微細な構造をもつ物体を高解像に検出することができ，微細物体の形状や大きさなどの計測が可能になる．

微分干渉顕微鏡を例に位相検出法の効果を説明したが，位相分布を可視化できる検出法であれば，同様に位相分布の分離抽出が可能であり，像成分のみを強調することができる．

文 献

13.1.1
1) 渋谷眞人，大木裕史：回折と結像の光学，p. 26, 朝倉書店，2007

13.2
1) 藤田哲也監：共焦点レーザ顕微鏡の医学・生物学への応用，学際企画，1995
2) 高田邦昭編：初めてでもできる共焦点顕微鏡活用プロトコール，羊土社，2004
3) 船津高志編：生命科学を拓く新しい光技術，共立出版，1999
4) オプトロニクス社編：光学系の仕組みと応用，オプトロニクス社，2003
5) 河田 聡：超解像の光学，学会出版センター，1999
6) Hell, S., Wichmann, J.: Opt. Lett., Vol. 19, p.780（1994）
7) Keller, J., et al.: Optics Express, Vol.15, p.3361（2007）
8) Dyba, M., Hell, S.: Phys. Rev. Lett., Vol. 88, p.163901（2002）
9) Keller, P., et al.: Science, Vol.322, p.1065（2008）

13.3.4
1) 永島圭介：プラズマ・核融合学会誌, Vol. 84, p.10（2008）
2) 船津高志編：生命科学を拓く新しい光技術，共立出版，1999
3) オプトロニクス社編：光学系の仕組みと応用，オプトロニクス社，2003
4) Pawley, J.B., ed.: Handbook of Biological Confocal Microscopy (3rd Ed.), Springer, 2006
5) 横田浩章ら：生物物理, Vol.46, p.164（2006）

13.4.
1) Holzwarth, G., et al.: J. Microscopy, Vol. 188, p.249（1997）
2) Allen, R.D., Allen, N.S., and Travis, J.L. : Cell Motility, Vol. 1, p.291（1981）
3) 河田 聡，南 茂夫：科学計測のための画像データ処理，CQ出版，1994
4) Ishiwata, H., Itoh, M., Yatagai, T.: Proc. SPIE 2873, p.21（1996）
5) Holzwarth, G. M., Hill, D. B., McLaughlin, E. B.: Appl. Opt., Vol. 39, No 34, p.6288 （2000）

II　光を利用する

14 光源を選ぶ

前章までに紹介したように,物を光学的に測定するためには何らかの光が必要となり,被検物に光を当てその反射または透過光を利用するのがよく知られた方法である.その光を発生させる元を光源と呼び,利用できる一番身近な光源は太陽光であり,一般に自然光と呼ばれている.自然光と呼ばれているものは,太陽からの光に起因するもの,雷など放電によるもの,火山の噴火,山火事などの熱に起因するものなどがある.

神話によると,プロメテウスにより神の所有物であった光(熱)が与えられ,利用するようになり人類は進化を遂げた.

自然光に対し,人間が作りだした光を人工光と呼ぶことにする.これにはエジソンが発明した白熱電球(熱)から蛍光灯,放電型ランプ(放電),LED,レーザ(誘導放出)などがある.電球などの人工光は顕微鏡用をはじめ数々の測定装置の照明として活用されている.

自然光は連続した波長の集合であるが,LED,レーザは単一波長のものや何種類かの波長を出力するものなどがあり,構造によりさまざまな種類に分けられており照明に利用するものを選択しなければならない.

光は波長により異なる名称が与えられている.特に我々が感じることができる領域380～780 nmを可視光と呼び,可視光より長い方を赤外線,短い方は紫外線と呼び区別している[1].光源より発せられる光のスペクトル分布を考慮し測定に利用できる光源を選択することが重要となる.また紫外,赤外のどちらの領域も自然,人工光に含まれるが,白熱電球などは紫外域でのエネルギーが弱いなどの理由があるために測定対象により紫外領域に強度をもつ重水素ランプなどの光源を選択しなければならない.可視光以外を測定に利用するときは直接目で見えないため,その領域に感度のある撮像素子などを利用する.

最近の半導体製造においては,高解像を得るため露光に利用する波長がどんどん短くなっている.これはスペクトルをもつ光源よりレンズの解像力は使用する波長により決定されるためである.逆に,赤外など長波長は散乱が少ないため物質を透過することができ,Siなど物質内部の非破壊観察に利用できる.

連続スペクトルをもつ光源より特定された波長のみ取り出し,利用または波長を変化させることによりさらに多くの情報を引き出し違った測定データを得ることができる.

画像を利用した測定では照明ムラがなく均一に被検物に照射することにより測定精度が向上する.ストロボ光[2]のように発光時間を制約することにより動きのある物に対しても解析が加えられるようになる.

最近ではレーザとそれを透過する光学系を利用して測定のみならず加工にも応用されている[1].

本章では光学測定に利用できる人工光,ランプの種類特徴,レーザの種類特徴,照明方法,波長の変化方法など,さらにこれらの光をいかに測定に利用するか,また光に加工を加えることにより高精度な測定に利用できる方法を紹介する.

14.1 自然光の特徴

我々の身近に存在している自然光は発光の形態により熱・放電・生物発光*の3種類に分けられる.本節ではこれらのうちで測定に利用できる自然光を紹介する.

14.1.1 熱光源と放電光源の特徴

光は電磁波の一種であり赤外線,可視光線,紫外線などに分けられる.一般に自然界で「光」といった場合は可視光線(人が認識できる波長380～780 nm)を示す.赤外線は紫外線ほどではないが長時間浴び続けると目に障害を及ぼすといわれているので測定時は注意を要する.

光を自ら発生させる元を光源と呼び,代表例として太陽光(熱),稲光(放電),蛍の光(生物発光)などがあげられるが,光源利用としては熱光源,放電光源がメインであり,ここではこの2種類について説明する.

(1) 熱光源 熱光源の例は太陽光や火山,火事などの火である.これらは熱放射(原子,分子が熱的に励起されて生じる放射)で自ら発光しているので1次光源と呼ぶ(月は太陽の光を反射しているため2次光源と呼ばれる).熱光源の特徴は連続スペクトルであり,その放射エネルギーの分布はプランクの放射則(黒体放射)に従う.このエネルギー分布は絶対温度 T と波長 λ の関数 $W(T, \lambda)$ であり,具体的には

*:生物発光の研究でオワンクラゲの発光原因物質である「緑色蛍光たんぱく質の発見と開発」に対して下村博士が2008年度のノーベル化学賞を受賞されている.

次式のように書ける.

$$W(T,\lambda) = \frac{C_1}{\pi\lambda^5} \cdot \frac{1}{\exp(C_2/\lambda T)-1}$$

ここで,C_1(放射第一定数) = 3.74×10^{-16} W·m², C_2(放射第二定数) = 1.439×10^{-2} m·K.

$W(T, \lambda)$ を λ で偏微分し極値を求めれば,温度が上がるに従い分布のピークが短波長側(青色)にシフトすることがわかる.実際に,完全黒体に近い鉄など高温に熱すると青く見える.黒体放射の原理は非接触の温度計などに利用されており,黒体放射の色度と一致する光源の色度を,そのときの黒体の絶対温度で表したものを色温度と呼び,光源の評価に用いられる.たとえば赤っぽい色の光源は色温度が低いと表現される.なお,色温度が実際の光源の温度とは限らないので注意を要する.

(2) 放電光源 放電光源の例として稲光があげられる.稲光は積乱雲中の氷片などが摩擦によって帯電し,ある限界を超えると雲と地表の間の空気絶縁を破り放電を引き起こす現象である.稲光自体を光源として利用することはないが,稲光の原理を利用した蛍光灯は照明に広く利用されている.放電光源も熱光源と同様に連続スペクトルであるが,熱光源に比べ発熱が少なくエネルギー効率がよいことが特徴にあげられる.またガス圧が高くなるに従い光源色は青くなり,ガス圧計に利用されている.なお,ガス圧が高くなるに従い放電が起こるしきい電圧も高くなるので,放電型光源を扱う際は注意を要する.また電圧をかける関係上安定器などが必要であり,装置を一定以下に小型化できないというデメリットがある.

14.1.2 スペクトルの広がり

太陽光は熱放射による発光のためさまざまな波長（振動数）の光が含まれている連続スペクトル光源（プリズムで分光すると虹色に分解する）であり（図1），かつ偏光と呼ばれる光の振動面がさまざまな方向に分布している．加えて可視光域のスペクトル強度がもっとも強く，可視光域でのスペクトルがなだらかなため，人間の目には偏りのない白色に見える．

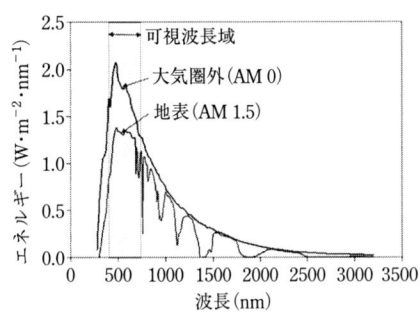

図1 太陽光のスペクトル

白熱電球や蛍光灯の光も白色光であるが，スペクトル強度に分布があり，白熱電球は赤っぽく蛍光灯は青っぽく見える．これらの白色光源は，単一波長で時間的・空間的にも位相がそろっているコヒーレントなレーザ光と異なり，さまざまな波長の光の集合体で，さらに波長ごとの位相がランダムなためインコヒーレント（非干渉性）となる．そのため干渉しにくく，干渉などを利用した測定にはスリットや絞りを通すなどの加工が必要となる．また自然光そのままでは測定に利用できないときは，後述のように種々のフィルタを利用することにより希望の波長や偏光方向を取り出すことが可能である．またレーザ光源のように単一の波長の光を発振する光源も存在するが，あくまでも特定の波長のみである．レーザ光の波長を変換する場合は非線形光学結晶を用いた第2高調波発生やパラメトリック発振が用いられる．これらの効果は高強度のレーザ光で引き起こされるが，低強度の自然光では生じない．

太陽光のスペクトル中には物質特有の吸収線（フラウンホーファー線，図2）がみられ，吸収スペクトルを観測することによりその物質を特定できる．はるか彼方に存在する天体の組成を知ることができるのはそのためである．このように吸収スペクトルを分析することで未知の物体の組成を知ることができる．吸収する波長は物質の原子・分子構造で決まる．現在ではコンピュータの計算速度やアルゴリズムが発達し，数値計算で吸収スペクトルやその他の光学特性を精確に予測できるようになっている．またフラウンホーファー線の理論値からのズレ（ドップラシフト）を測定し地球と恒星との相対速度が算出できる．

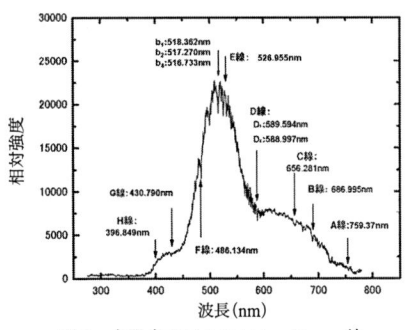

図2 太陽光のフラウンホーファー線

14.1.3 発光面分布と広がり

観測距離に比べ光源の大きさがきわめて小さい恒星は点光源とみなせるが,恒星の光度では測定に利用できない.太陽光は点光源とみなせ測定に利用できる.しかしながら厳密には太陽も面積をもっているので,光源が無限小の点光源は存在せず,すべて広がりをもった面光源である.

点光源が一列に並んだものを線光源,線光源が並んで面積をもったものを面光源という.点光源や線光源を作るにはピンホール,絞り,スリットを利用し観測距離を長くとって理想光源に近づけるようにする.

光源の明るさを表す指標として光度が用いられる.光度Iの定義は立体角$d\Omega$を通過する光束を$d\Phi$として

$$I = d\Phi/d\Omega \tag{1}$$

となる.また光度Iの点光源から距離dだけ離れた垂直な微小面の照度Eは$E = I/d^2$と表される(12.1.1項を参照).光度は光る強さであり,照度は照らす強さである.光源の評価としては前者を,照明の評価では後者を用いる.

線光源と面光源の場合,真の光度Iと見かけの光度I'としたとき補正係数をCとして$I = CI'$の関係が成り立つ.

長さ$2h$の直線光源の場合

$$C = \sqrt{1+\left(h/d\right)^2} \tag{2}$$

完全拡散面で半径rの面光源の場合

$$C = 1+(r/d)^2 \tag{3}$$

となる.また完全拡散面の法線角度θ方向の光度I_θは,ランベルトの余弦則により$I_\theta = I\cos\theta$で表される.これは観測面に垂直な成分が観測光度に効いてくるためである.

14.2 人工光・ランプの種類と特徴と選び方

人工光を大きく分類すると熱放射,放電,電界発光,誘導放出などになる(図1).我々がよく利用する人工光源として電球(熱光源)と蛍光灯(放電光源)があげられる.本節は熱,放電,電界発光を取り上げる.熱,放電,電界発光のスペクトル分布は同一ではなく,熱放射は連続スペクトル,放電発光は輝線をもったスペクトル分布をもつものもある.電界発光の発光ダイオードにいたっては単一スペクトルになっているので選択には注意が必要である.

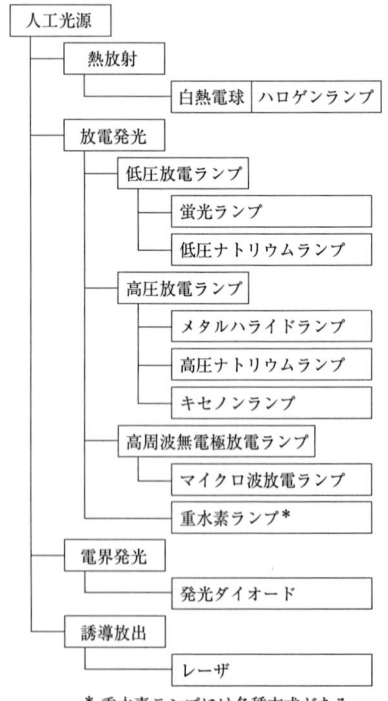

```
人工光源
├─ 熱放射
│   └─ 白熱電球 ── ハロゲンランプ
├─ 放電発光
│   ├─ 低圧放電ランプ
│   │   ├─ 蛍光ランプ
│   │   └─ 低圧ナトリウムランプ
│   ├─ 高圧放電ランプ
│   │   ├─ メタルハライドランプ
│   │   ├─ 高圧ナトリウムランプ
│   │   └─ キセノンランプ
│   ├─ 高周波無電極放電ランプ
│   │   └─ マイクロ波放電ランプ
│   └─ 重水素ランプ*
├─ 電界発光
│   └─ 発光ダイオード
└─ 誘導放出
    └─ レーザ
```

* 重水素ランプには各種方式がある.

図1 人工光の種類

14.2.1 白熱電球と蛍光灯

(1) 白熱電球 白熱電球はフィラメントに電流を流し，ジュール熱による熱放射を利用したものである．そのため連続スペクトルとなり，配置によって点光源とみなせる状態が作り出せる．また形状や大きさに自由度が利くため小型のものが顕微鏡の照明に利用されている（図1）．

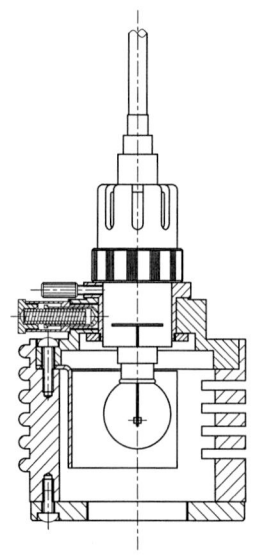

図1 顕微鏡用タングステン照明

反面，消費電力が多く，熱放射を行うため測定には熱に対する対策が必要となる欠点がある．特に精密測定では，温度変化によって被測定物の伸び縮みが起こるため，測定結果に影響を与えないようにすることが必要である．

フィラメントには融点が高く，蒸発性の低いタングステンが用いられる．ただしタングステンは空気中で高温になると酸素と化合して燃えてしまうため，ガラス球内を真空にするかまたは不活性ガスを封入して使用する．前者を真空電球，後者をガス入電球と呼ぶ．ガス入電球は，ガラス球内に不活性ガスを封入することでタングステンの蒸発を抑えることができ真空電球よりも効率が向上するが，ガスの対流による熱損失が大きくなる．ガス入球の不活性ガスにハロゲンガスを微量入れたものをハロゲンランプと呼び，通常の白熱電球よりフィラメント温度が高くなり，その分だけ明るくなる．

ハロゲンランプは高温になるため，ランプ交換時に残った手脂による破損が起きないように手袋など利用して交換しなければならない．詳しくは14.2.2項を参照．

(2) 蛍光灯 蛍光灯は蛍光管内に水銀分子が含まれており，電極からの電子が衝突し紫外線を発生させる．蛍光管には蛍光物質が塗布されており，紫外線を吸収して可視光を放出する．スペクトルはある程度連続であるが水銀独特の輝線が現れ，電球に比べると演色性が悪いが消費電力が低く，長寿命であるというメリットがある．

蛍光灯は電極の関係上あまり小型のものは作りにくく線光源とみなせるので，実体顕微鏡用リングライトなどを除き組込用として顕微鏡照明にはあまり利用されていない．

14.2.2 ハロゲンランプ，放電型ランプ

(1) ハロゲンランプ　ハロゲンランプの発光原理は白熱電球と同じである．ただし電球内に不活性ガスのほかハロゲンガスが封入されており，通常の白熱電球よりも明るく長寿命である．これは通常の白熱電球ではフィラメントに使用されるタングステンが昇華してしまうのに対して，ハロゲンランプでは昇華したタングステンがハロゲンガスと結びつきハロゲン化タングステンを形成しフィラメント部に戻るためである．この一連の化学変化をハロゲンサイクルと呼ぶ．ハロゲンランプとコールドミラーを組み合わせて熱対策したものがランプ光源として市販されている．

上記のハロゲンランプ光源とファイバを組み合わせて照明光として利用できる，ファイバを使用するためランプ光源の設置場所を選ばないメリットがある．このとき光学系の配置を適切に行わないと個々のファイバが物体面に投影されることがある．

ハロゲンランプは連続スペクトル（図1）で色温度も高く（3000 K），白色光のため演色性も良くバンドパスフィルタを利用して希望の波長のみを取り出すこともでき，顕微鏡用照明はじめ種々の照明に利用できる．

(2) 放電型ランプ　放電型ランプの例として前出の蛍光灯や高圧水銀ランプ，キセノンランプがあげられる．放電型ランプを点灯させるためには専用の電源が必要となる．

超高圧水銀ランプはスペクトル（図2）をみると紫外域での輝線を含んでおり，この波長を利用して半導体製造装置などの露光光源としてフォトレジストの感光に利用されている．露光面の照度分布を均一化するために超高圧水銀ランプを点光源としてフライアイレンズを通して2次光源として均一化を図っている．使用に際しては紫外

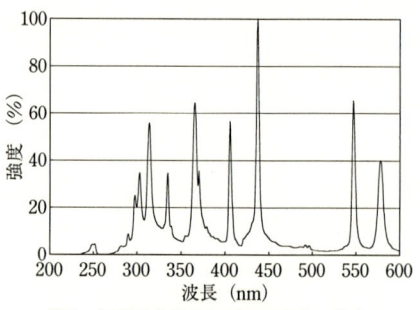

図2 超高圧水銀ランプスペクトル分布
（(株)ユメックス提供）

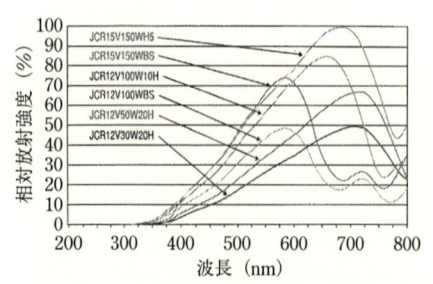

図1 ハロゲンランプスペクトル分布
ダイクロイックミラー付ハロゲンランプの分光分布
※相対放射強度はJCR15V150WH5のピーク値を100％にして図示．（林時計工業(株)提供）

図3 蛍光顕微鏡

線を発しているので外部に漏れないような工夫が必要となる．またキセノンランプとともに蛍光物質の励起波長を含んでいるため蛍光顕微鏡（図3）などの蛍光観察にも利用されている．

キセノンランプはキセノンガス中の放電での発光を利用したランプであり，フィラメント式の白熱電球に比べ消費電力が低く，理論上は球切れを起こさない．放電路の長さによりキセノンショートアークランプ，キセノンロングアークランプに分類される．前者は主に直流で点灯され，映写用・印刷用に利用される．点灯時の特性が電圧を上げると電流が下がる「負特性」となるため安定器が必要となる．後者は電極間長5〜10 cmで主に交流で点灯され，照明やレーザ励起光源に用いられる．点灯管部分が高温となるため冷却装置が必要である．

キセノンロングアークランプのうちパルス光発生に特化したものをキセノンフラッシュランプという．発光時間が短く，発熱量も少ないため冷却装置が不要となり，管径が全体的に小さくでき，写真撮影用のフラッシュに利用されている．

14.2.3　LED

LED（light emitting diode）とは電流を直接光に変換する素子である．p型半導体とn型半導体を接合したpn接合ダイオードであり，順方向に電圧をかけることで電流が流れ光を放出する．市販のLED組込み小型光源の概略図を図1に示す．

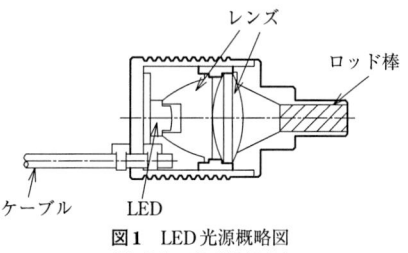

図1　LED光源概略図
（林時計工業(株)提供）

光の波長は半導体のバンドギャップに依存し，材料構成で決まる．単色光のためバンドパスフィルタを使用せずに特定波長のみを利用できる．しかも長寿命（40000時間以上（測定条件により異なる））で輝度も高く小型化・量産性に優れ消費電力も少ないため，道路信号や鉄道の行き先表示盤など置き換えが行われている．LEDを点灯させるための電源は大きく分けてパルス調光（デューティ制御），電圧調光などがあり，専用の電源が必要となる（図2）．パルス調光での超高速写真撮影ではカメラシャッタとパルスoffと同期すると画面が真っ暗となるので注意が必要である．

LEDの明るさ（光強度）は注入電流に比例し，タングステンランプのような電流制御とは異なる方法を採用している．

近年は，LEDを利用した白色光源が検討されている．方法としては単色LEDと蛍光物質を組み合わせる方法と，RGB三

14.2.4 EL

EL（electro-luminescence）とは電界の印加によって発光する素子であり，広義にはLEDも含む．発光物質には無機化合物，有機化合物が用いられ，前者を無機EL，後者を有機ELと呼ぶ．LCDのようにバックライトを必要とせず，薄いELは次世代の光源としてテレビや携帯電話などに用いられている．特に有機ELは従来の無機ELに比べカラー表示が可能であり，表示器としての機能を有し消費電流も少ない．また発光材料である有機化合物の組み合わせは無限にあるとされ，発光色が多彩，光源を薄くできる（曲げられる）といったメリットがある．LEDの点光源と比べELは面光源とみなせる．

ELの発光原理は，電子衝突によって発光物質を励起する真性型と電子・正孔を注入する注入型に分けられる．現在の主流は注入型であり，後者について説明する．電圧を印加すると陰極・陽極からそれぞれ電子・正孔が注入される．注入された電子と正孔はそれぞれ電子輸送層・正孔輸送層を

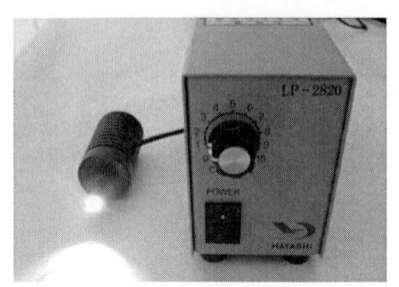

図2 LEDと専用電源
（林時計工業(株)提供）

色のLEDを混合する方法が検討されている．前者は蛍光灯のようにLEDで紫外線を発生させ蛍光物質に照射し白色光源とする方法である．光源を1チップで作成できるが，照明に必要な照度を得るために大電流を注入する必要があり，発生熱量の増大・エネルギー効率の低減といった問題がある．後者は光の三原色を組み合わせ白色光を生成する方法であるが，スペクトル的にはR，G，Bの3点にピークをもっているだけであり（図3），連続スペクトルである自然な白色光を再現するのは難しい．また白色光を生成するのに3チップ必要であるというデメリットもある．

しかしながら，小型化が容易，量産性に優れるといった特性からLEDは小型照明として顕微鏡の同軸落射照明や透過照明に利用されている．

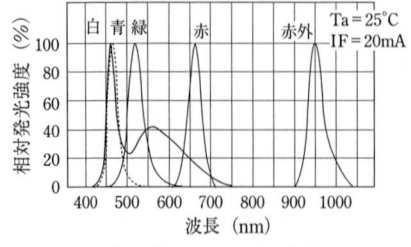

図3 各色LEDの分光特性
（シーシーエス(株)提供）

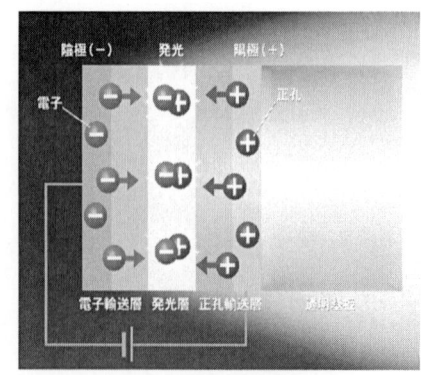

図1 有機EL発光原理図
（コニカミノルタ(株)提供）

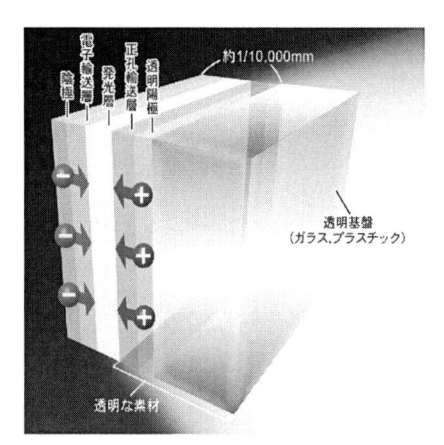

図2 有機EL照明の面構成
（コニカミノルタ(株)提供）

通り発光層で再結合し，発光層の分子が励起する．励起状態では不安定なため基底状態に戻ろうとしエネルギーの差分に相当するエネルギーの光を放出する（図1）．

ELはこれまで光の取り出し効率が低い．発光板の温度ムラ・電流ムラによる輝度ムラという技術的な問題を抱えていたが，最近はELを利用した照明も検討が始まっている（図2）．前述のように面発光であり広い範囲を照らすことに優れているため，小型化が進むLEDとは逆にELは大型化が進むと考えられている．

14.3 レーザの特徴と種類

人工光の分類で唯一外部よりの誘導にて発振する光がレーザであったが，近年誘導によらない半導体レーザが発明され，その小型のため，レーザの応用範囲が広がった．本節ではレーザの特徴，種類，選び方について説明する．

14.3.1 レーザの特徴

1960年にメイマン（Maiman）によりルビー結晶のレーザ発振が実現された[1]ことにより，光測定の分野は大きく飛躍する．

レーザ（LASER）とはLight Amplification by Stimulated Emission of Radiation（輻射の誘導放出による光の増幅）の頭文字をとったものである．これは，自然光が原子の自然放出過程によって生じているのに対して，レーザが原子の誘導放出過程を利用しているからである．

レーザは2枚以上の鏡によって構成されている光共振器の中に，反転分布をもつレーザ媒質（レーザ発振の元となる物質）を置いた構造となっている（図1）．共振器の中で光は何度もレーザ媒質を往復し，そのたびに誘導放出過程より増幅される．増

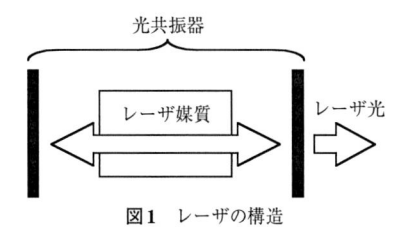

図1 レーザの構造

幅された光は一方の鏡からレーザ光として出力される．

レーザ光の最大の特徴は，高いコヒーレンス（可干渉性）である．このコヒーレンスは，空間的コヒーレンスと時間的コヒーレンスに分けて考えることができる．

空間的なコヒーレンスとは，光の波面の一様さである．空間的なコヒーレンスが高いと，光はほぼ完全な平面波や球面波となり，長距離の伝播や非常に小さなスポットへの集光が可能となる．この高い指向性を利用して地球と人工衛星，あるいは人工衛星間の通信に利用されている．また，高いエネルギー密度を利用して，金属板の加工や溶接などに利用されている．

時間的なコヒーレンスとは光電場の周期性がどれだけ長く保たれるかを表す．時間的なコヒーレンスの高い光は，干渉計などで光路差を与えて干渉させた場合に鮮明な干渉縞を得ることができる．レーザ光を用いた干渉現象は，測長器や波長計などさまざまな計測分野で利用されている．ホログラフィも光の干渉を利用したものである．また，単色性が良く，自然光と比べて周波数の広がりが狭いため，さまざまな物質の光学的な性質を調べるために利用されている．

以上のほか，レーザの種類によりさまざまな特徴があり[2]，それぞれの特徴を生かしてさまざまな分野で利用されている．

14.3.2 レーザの種類

レーザ光は主要スペックだけでも，波長やエネルギー，パワー，単色性や指向性，時間幅などがある．これらの特徴を伸ばすために，この半世紀の間，数々の方式のレーザが試され，多くの種類のレーザが生まれた．そしてレーザの分類も多岐にわたるようになった．

Ar^+レーザや He-Ne レーザなどのようにレーザ発振に関わる媒質による分け方や，波長やパルス幅など基本的性能での分類，励起法や共振器構造など装置での区別や，さらには「波長安定化レーザ」や「アイセーフレーザ」などといった目的や特徴を表した分類法まである．

たとえば，フッ化クリプトンレーザは，$Ne/Kr/F_2$などの混合ガスを用いた「気体レーザ」であり，発振に関わるのは「KrF」の励起状態なので「エキシマレーザ」に分類される．またその多くが「放電励起方式」のレーザであり，利用目的で分ければ「加工用レーザ」や「医療用レーザ」である場合が多い．発振波長は 248 nm なので「紫外線レーザ」と呼ばれることもある．

このようにレーザの種類分けは，たいへん多面的であるので，利用や選定に際しては，かなり深い知識が必要となる．

(1) 媒質の状態による分類 レーザ媒質が，物質の三態でどの状態であるかによって分類することはよく行われた．気体レーザ（He-Ne, CO_2, アルゴン，エキシマ，金属蒸気レーザなど），固体レーザ（Ndをドープしたら YAG・YLFやYVO_4，チタンサファイア，アレキサンドライト，ルビーなど），液体レーザ（主に色素レーザ）の分類がある．

このような分類法は，固体レーザが主流になるにつれ歴史的な分類法になりつつある．またArのイオンが発振していても「プラズマレーザ」と呼ぶことはないが，色素を溶媒に溶かしただけでも「液体レーザ」と呼ぶことは多い．さらに半導体レーザや量子カスケードレーザなどが発展しているが，これらも状態は固体である．

(2) 発振波長による分類　最初の誘導放出利用装置は，マイクロ波（24GHz）領域のアンモニア分子メーザで達成され，その後，長波長側はTHz（遠赤外線）領域から，近赤外，可視光，紫外線，X線領域までの放射が達成されている．このような発振波長帯域で分類することは多い．

(3) パルス幅による分類　レーザの発振過程により，連続光（CW）で発振可能なものと，パルス発振しかできないものがある．パルス幅としては，励起ストロボの発光時間と同等のマイクロ秒程度になっているものから，ナノ秒，ピコ秒，フェムト秒のものが実用化されている．ピコ秒レーザ，フェムト秒レーザという名称はよく用いられる．

(4) 励起法による分類　レーザ物質に反転分布を起こすエネルギーを与える手法で分類することも可能である．主な励起方法としては，放電励起，光励起（レーザ，フラッシュランプ），電子ビーム励起，化学反応励起，電流励起などがある．たとえば「放電励起型レーザ」などと呼ぶことがある．

(5) 共振器による分類

共振器には，励起効率やレーザモードなどのビーム品位を調整するために，多くの構成がある．

2枚の鏡を用いるファブリ-ペロー型の共振器には，平面鏡に限らず凸面および凹面の鏡も用いられる．また，レーザ光の一部を共振器外へ直接導いて取り出し，共振器の光のロスと励起体積の大きさを折衷して効率を最適化する「不安定共振器」の配置も使われる．

また，二つの鏡の往復励起による定在波の発生以外に，多角形配置した鏡を用いて，閉じた面周上で回転方向に進む進行波を発生するリング共振器，光ファイバ自体を励起媒質とし安定化・大出力化を得るファイバレーザ方式，薄いディスク面を媒質とするディスクレーザ方式などもある．半導体レーザの場合には導波路上に回折構造を用いた分布帰還型共振器を用いる場合も多い．

(6) パルス化手法による分類　パルスレーザの多くは，放電時間や励起状態の寿命などの要因で受動的にパルス幅が決まってしまう．能動的にパルス化する手法としては，注入電流のON/OF制御やシャッタを挿入するといった自明な方法以外に，Qスイッチ法やモード同期法などがある．

Q値とは，共振器へエネルギーが蓄積される量とエネルギーが散逸する量との比のことで，Q値が高いと発振しやすい．発振に関わる励起状態の寿命によっては，エネルギーを貯めるときにはQ値を低くし，貯まったらQ値を高くできれば，大きなエネルギーでパルス幅の狭いパルスが発生するものがある．これがQスイッチ法で，共振器のQ値の制御には，偏光素子などを用いる．励起準位の寿命の比較的長いNdを用いたレーザ，たとえばYAGレーザなどで多用されている．得られるパルス幅は，数n～100n秒程度のものが多い．

レーザの縦モードは，それぞれ違う位相で発振しているが，できるだけ多数のモードの位相を，所定の場所で一致させられれ

ば，パルス幅が狭く，電場の強いパルスが得られる．これがモード同期法で，位相の制御には，AO変調器や飽和吸収体などを共振器中に挿入して用いる．得られるパルス幅は，100 p～100 f秒程度のものが多い．

（7）正確にはレーザとは呼びにくいもの レーザ（LASER）は「誘導放出を用いた増幅」であるから，誘導を伴わないものは純粋にはレーザではない．代表的な例は2倍波・3倍波やパラメトリック発振などの波長変換した光であろう．しかし元となる光がレーザであり，レーザと同一筐体に入っている場合がほとんどであるため，Nd系レーザの2倍波を「グリーンレーザ」，超広帯域パラメトリック光源を「白色レーザ」と呼ぶことは非常に多くなっている．

（8）近い将来一般化するもの 従来の半導体レーザがバンド間の遷移を用いて，近赤外線から可視光を放射するのに対し，量子カスケードレーザはサブバンド間の遷移を用いるため，赤外線やTHz波を高効率に発光する．センサ用など多くの赤外光源が量子カスケードレーザに置き換わる可能性がある．

超短パルスのモード同期レーザを，非線形ファイバを用いて広帯域化し，等周波数間隔の広帯域光を得る．「光周波数コム」の発生技術は，マイクロ波の周波数精度で光周波数を測定・制御できる機構として，長さ標準や波長標準などの分野で，広く普及していくものと予想されている．

14.3.3 レーザを光源として利用する

これまでいくつか紹介してきたように，レーザはさまざまな分野で光源として利用されている．利用されている分野は身近なものから最先端の研究と多岐にわたっている．表1に代表的な分野を紹介する．

表1 レーザの光源としての利用

分野	例
身近な利用	・CDやDVDの読み取り ・レーザポインタ ・バーコードリーダ ・OA機器（コピー機，レーザプリンタ） ・ホログラフィ ・レーザライトショー
計測	・測長機（3章参照） ・測距・測量機器（3章参照） ・変位センサ ・表面形状・粗さ測定機（5章参照） ・レーザドップラ速度計（9章参照） ・レーザ走査顕微鏡（5章参照） ・走査型プローブ顕微鏡（5章参照） ・走査型近接場光顕微鏡（13章参照）
医療	・レーザメス ・レーシック（LASIK：Laser-assisted in Situ Keratomileusis，角膜屈折矯正手術）
産業	・レーザ加工機 ・レーザマーキング ・光通信 ・レーザレーダ ・レーザディスプレイ

14.3.4 インコヒーレント化

14.3.1項で示したように,レーザ光の特徴に高いコヒーレンスがある.そして,この特徴を利用することで,種々の干渉計による高精度計測や共焦点顕微鏡による微細構造計測などが実現された.また,レーザ光は優れた単色性をもつ高輝度光源でもあることから,大画面投影装置などの高輝度光源への応用も進められている[1].

しかし,レーザ光で物体などを照明したとき,図1に示すようなスペックルと呼ばれる斑点模様が現れ,画質や解像力の低下などを招く問題が発生する[2].

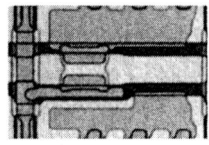

(a) インコヒーレント照明　(b) レーザ照明
図1 スペックルの発生[2]

スペックルノイズはレーザ光の高コヒーレンスに起因することから,レーザ光のコヒーレンスを低下させてインコヒーレント化することで低減できる.

レーザ光をインコヒーレントするためには,レーザ光の揃っている位相を乱すことが必要である.その一つに,図2に示すガラス柱内で光を多重反射させる方法がある.この方法では,ガラス柱内を多重反射する光は反射回数に比例して光路長が長くなり,反射回数が異なる光が混ざり合うことで,レーザ光の位相に乱れを生じさせている.

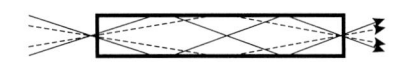

図2 ロッドインテグレータ

図2のガラス柱は異なる光路長(位相)の光を合成することから,ロッドインテグレータ(rod integrator)と呼ばれている.

図2では1点に集光した光の位相を乱す例を示したが,レンズアレイなどを組み合わせて複数の集光点をロッドインテグレータ内に形成すると,それぞれの集光点から異なる経路で進んだ光がさらに合成されるので,レーザ光の光路長の変化を大きくすることができ,位相を大きく乱すことができる.

さらに,図3に示すようにレンズアレイを回転させ集光位置を時間とともに変化させると,インテグレータから射出するレーザ光の位相も時間とともに変化する.これにより,スペックルの明暗が時間変化するので,画像などを時間積算することで,スペックルが時間平均されてノイズを低減できる[1].

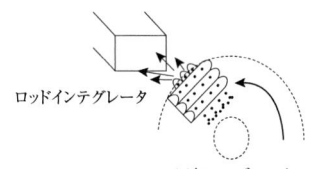

図3 回転レンズアレイを組み合わせた例[1]

図2からロッドインテグレータによるレーザ光のインコヒーレント化はロッドインテグレータが長くなれば効果が上がることは容易に推測できる.ここで,ロッドインテグレータを長さの異なる光ファイバに置き換えることで,レーザ光をインコヒーレント化することが可能である[1].

これはレーザ光の位相がファイバの長さに比例して変化するので,長さの異なる光ファイバをランダム配置でバンドル化すると,位相の異なるレーザ光を合成することができるからである.

14.4 光源を均一にする

本節では自然光もしくは人工光を，光学素子を用いて均一に対象物に照射する方法について説明する．

14.4.1 光学系による均一化

自然界で光源自身に輝度ムラがないのが太陽である．太陽は無限遠方の光球であり，地上に到達するその光は平行光である．

太陽光を照明ランプとして見立てると，地上は明るさにムラがなく均一に照明されているといえる．このことから，平行光は均一な照明を行うのに有効であることがわかる．

照明を用いた観察や測定では，観察物に対して均一照明が求められる．

美術館の絵画のスポット照明の場合，照明用の光源の質や当てる角度や距離によって見え方が異なるので，絵画を見るときの印象を損ねないよう光源にはいくつかの工夫がなされている．

たとえば，角度については首振りや移動用のスライド機構を設け，電球（一般にハロゲンランプ）の前には粗い回折格子板が付けられていて光が拡散されるようになっている．また絵画に近すぎたり上側から照明したりすると，電球の輝度ムラが現れたり額縁の影が出るおそれがあるので，多少距離を離すことで影を出さないのと同時に絵画に照明が均一に当たるようにしている．

天井の室内灯のみによる照明も複数のランプ光の混合と距離が離れているという点で，おおよそ均一な照明になりうるが，一般に暗いのでスポット照明がよく使用される．

光学顕微鏡では一般に照明が不可欠である．対物レンズを通して照明する方法を同軸落射照明と呼び，観察面を均一に照明できるケーラー照明という方式が一般に採られている．

ハロゲンランプやLEDランプなどの光源は輝度ムラをもっているので，そのまま対物レンズのみで観察物に集光させて照明すると，光源像が投影されるので輝度ムラが現れてしまい，正しい観察や測定ができにくい．実際にこのような照明方法をクリティカル照明と呼ぶが，非常に明るい反面，照明ムラや集光による加熱問題があり，高級な光学顕微鏡では通常使用されない．クリティカル照明の概略図を図1に示す．

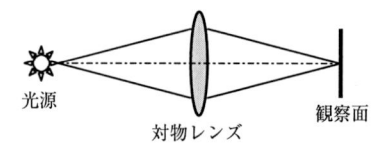

図1　クリティカル照明の概略図

ケーラー照明は前出の太陽光による平行光の原理と同じで，均一な照明を提供してくれる．ケーラー照明の概略図を図2に示す．ケーラー照明の光学系の構成としては，光源の光を集める集光レンズと，その集光された光を平行光にして観察面に照射する投影レンズ，すなわち対物レンズの二つになる．また，対物レンズは一般に物体側にテレセントリック（光束の主光線が光軸と平行）になっているので，元々平行光が作れるようになっている点も重要である．

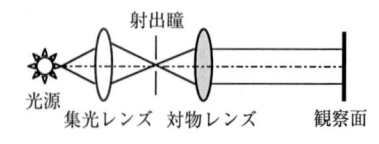

図2　ケーラー照明の概略図

14.4.2 散乱による均一化

光源に明るさのムラがある場合,明るさを均一にする手法として,散乱を使用する方法がある.

(1) 散乱 散乱で身近な例として,空の色や雲の色があげられる.空の色はレイリー散乱と呼ばれる現象によるもので,波長より小さい粒子に太陽光が当たって散乱し,散乱後に波長が変わらない性質を有する.散乱係数k_sを式(1)に示す.

$$k_s = \frac{2\pi^5}{3} n \left(\frac{m^2-1}{m^2+2}\right)^2 \frac{d^6}{\lambda^4} \qquad (1)$$

ここで,n:粒子数,d:粒子径,m:屈折率,λ:波長.

レイリー散乱に対してミー散乱という現象がある.身近な例として雲があげられる.ミー散乱は,光の波長と同程度か大きい粒子により起こる散乱で,散乱後に波長が変わらない性質を有する.

なお,粒子の大きさにより散乱現象が変わらないが,そのサイズパラメータを式(2)に示す.

$$\alpha = \frac{\pi D}{\lambda} \qquad (2)$$

ここで,α:サイズパラメータ,D:粒子直径,λ:波長.
ただし,

$\alpha \ll 1$ ……レイリー散乱
$\alpha \approx 1$ ……ミー散乱
$\alpha \gg 1$ ……回折散乱

散乱にはこの他にもラマン散乱,ブリルアン散乱があるが,これらについては「実用光キーワード事典」を参照してもらいたい.

(2) 散乱の利用 青空は一様に青く,白い雲は一様に白く明るさや色に均一性がある.これらの散乱の現象を応用することで,光源自体のムラやフィラメント自身のムラを解消することができる.通常,光源のムラを取り除くために散乱を生じさせる拡散板を用いる.安価な拡散板として平行平面のガラスの片面を粗くした摺りガラスなどがある.ハロゲンランプのようなフィラメントが発光するタイプだと摺りガラスでも十分均一になる.しかし,レーザ光のような指向性の強い光を拡散させるには摺りガラスでは拡散しきれないというのが現状である.そこで使用するのがホログラフィ素子である.任意の形状を基板に成形することで,レーザ光のような指向性の強い光を均一に拡散させることができる.しかも円形だけでなく,パターンによって楕円もしくは直線に変形することも可能である.

ホログラフィ素子は,基本的には回折素子だが,ホログラフィ技術で作製した回折素子を特にホログラフィ素子と呼んでいる.さまざまなホログラフィ素子があるが,基本となっているのはホログラフィック回折格子とホログラフィック輪帯板である.前者は,二つの平面波の干渉縞を記録することにより多数の格子を規則正しく並べたものである.後者は,発散球面波と平面波の干渉縞を記録したものである.

ホログラフィ素子の特長として,①波面変換機能(使用目的に応じた光収束機能),②無収差で結像(ある条件下),③収束・光束分離機能などの複合,④薄く軽量などがある.欠点として,①白色光を用いる光学系には結像素子として使用不可,②無収差条件から外れた場合は軸外で大きく収差が発生,③干渉縞が湾曲している場合は高回折効率は得られない,などがある.しかし,これらの欠点は使用方法を工夫すれば解消される.

14.4.3 空間フィルタ

空間フィルタとは,簡単にいうとコヒーレント光を得るために使用される素子である.光学系を通して通常得られるランプの光はインコヒーレント光であるが,この光は古典的な手法で最も有効な方法である.近年レーザなどの開発により干渉性に優れたコヒーレント光を得られるようになり,ピンぼけ修正やエッジ強調,ノイズ除去などの処理ができるようになった.レーザに特化すると,レーザ光自身はコヒーレント光であるが,空気中にはゴミや塵が浮遊しており,レーザ光がこれらに照射されると散乱などを生じ理想的なコヒーレント光が得られなくなったり,レーザ自身も環境により周辺分散を生じたりするが,空間フィルタを用いることで,理想的なコヒーレント光が得られる.また,ピンぼけ修正やエッジ強調,ノイズ除去などを画像処理するにあたりコヒーレント光の利用は非常に有効である.

最も一般的な手法にフーリエ変換を用いた方法がある.光学的なフーリエ変換は光の回折を用いることで自動的に実現される.フーリエ変換を行うために専用のフーリエ変換光学系がある(図1).

レンズの前側焦点面に物体を設置すると,レンズの後側焦点面にフーリエ変換像が得られる.このフーリエ変換された像を,逆フーリエ変換レンズを用いて得た画像は,上記のような画像処理を行うにあたり有効である.

このように空間フィルタを用いてコヒーレント光(均一な光)を得ることにより画像処理に最適な画像を得ることができる.これらを利用した応用として,個人認証技術や情報秘匿技術などがある.

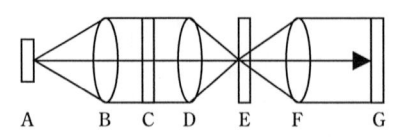

A:点光源,B:L1,C:物体(前側焦点面),
D:L2,E:フーリエ変換面(後側焦点面),
F:L3,G:出力画像

図1 フーリエ変換光学系

14.4.4 偏光利用

偏光を利用して光のムラを均一にする方法もある．今までは光源自体のムラを扱ってきたが，ここでは光自体のムラ（電磁波としてのムラ）について説明する．

（1）偏光 光は電磁波であり横波として進行する．自然界の光やランプの光は電場および磁場が全方位にランダムに振動しながら進行しており，これらの光は非偏光もしくはランダム偏光と呼ばれている．この光を偏光素子に通過させると，振動方向が一定の偏光が得られる．進行方向に垂直な面内におけるベクトル成分が直線となる偏光を直線偏光，楕円となる偏光を楕円偏光，円となる偏光を円偏光と呼ぶ．さらに楕円偏光と円偏光には，右回り・左回りの偏光がある．偏光についても，詳しくは「実用光キーワード事典」を参照してほしい．

（2）偏光の利用 光源のムラをなくすために光学系を使用する方法を述べてきたが，同軸落射照明の場合，レンズの曲率が平面に近いレンズなどでは，ケーラー照明法を用いても中心にスポットフレアが出現する場合がある．スポットフレアとはレンズの表面で反射された光によるもので，このスポットフレアを取除くために偏光板と1/4波長板を使用する．レンズの表面で反射された光を像面に到達させないために，偏光板2枚（ポラライザ，アナライザ）を使用し直交ニコル状態にする．この直交ニコルの影響により，レンズの表面の反射光はなくなるが，サンプルから戻ってくる光も当然通過しなくなる．そこで，光学系の先端に1/4波長板を入れると偏光状態が変化し，サンプルから戻ってきた光がアナライザを通過できることになり，観察画像にスポットフレアがない状態で観察できる．

サンプル自体に偏光特性がある場合，偏光を利用して観察する場合がある．主に鉱物や結晶などであるが，通常の光だとランダム偏光になっており，鉱物を観察しても含まれている結晶の違いはわからないが，直線偏光の光で見ると結晶の違いにより着色が観察される．これは，結晶を通過した光が複屈折を起こし，位相差を生じて結晶特有の色が付いて見えるためである．

このほか，光通信などで使用される光アイソレータ[2]にも偏光が使用されている．光通信は1本のファイバに多くの異なる波長を入射させ伝送するので，レーザ共振器に異なる波長のレーザ光が入射すると違った波長のレーザ光を発振するおそれがある．ここでレーザ共振器に異なる光を入射させないために偏光板を利用したものが光アイソレータである．原理としては，図1のような構成になっている．偏光板1を通過した光は，ファラデー回転素子により45°傾けられ偏光板2（偏光板1に対して45°傾いている）を通過する．逆方向から来た光は，偏光板2を通過後，ファラデー回転素子により45°傾けられ，偏光板1と直交状態となり，偏光板1を通過できなくなる．このような原理により，共振器内部への光の進入を防いでいる．

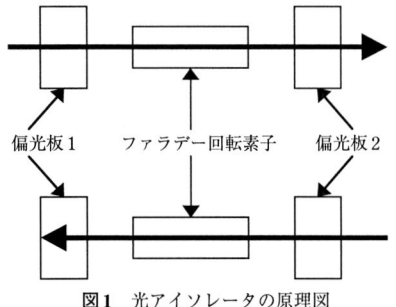

図1 光アイソレータの原理図

14.5 光源の波長を操作する

本節では、一つの光源からさまざまな波長を選定する方法や、レーザの波長変換方法について説明する。

14.5.1 各種フィルタを利用する

太陽光から放射されている光にはさまざまな波長の光が存在しているが、実際に人が視覚で感じ取ることのできる光は可視光だけである。この可視光の波長域は、およそ380～780nmであり、紫から赤までの虹色の光すべてを含み白色光と呼ばれている。

光学系を用いた実際の観察や測定では、白色光だけでなく特定の色の光を使用したい場合がある。たとえば550nm（緑）付近の光を使用したいなら緑色の色ガラスフィルタ、もしくは550nm透過のバンドパスフィルタ（図1）を使用する。

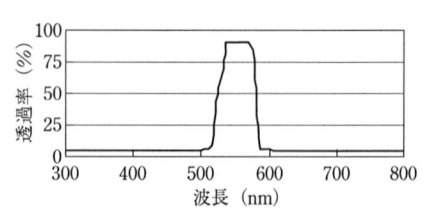

図1 バンドパスフィルタの分光特性

色ガラスフィルタは光吸収を利用したフィルタであり、ガラス内部に光を吸収する物質を均等に分散させ特定の波長を透過させる原理に基づく。色ガラスフィルタには、たとえば赤・青・緑の波長をそれぞれ透過させるフィルタがある。そのほかにも、紫外線以下の短波長を透過させない紫外線カットフィルタや赤外線を吸収する熱線吸収（赤外線カット）フィルタなどがある。

一方、バンドパスフィルタのような光の干渉を利用した色フィルタもある。この種のものは干渉フィルタと呼ばれ、ガラスなどの透明基板の上に屈折率の異なる物質を交互に重ね合わせ、光の干渉作用により特定の波長を透過・反射させるものである。このときの物質の厚さは$\lambda/4$と非常に薄く、薄膜と呼ばれる。

この薄膜を用いてさまざまな特性のフィルタを開発することができるが、透過・反射特性が光の入射角度に依存するため、薄膜設計上で考慮していない入射角度で使用するとフィルタの特性が保証できない。しかし、色ガラスフィルタのようにガラス自体に吸収材を入れるわけではないので、任意の波長に対して透過・反射特性を自由に得ることができる。

液晶プロジェクタなどで使用されているダイクロイックフィルタは、この薄膜を何十層も重ね特定の波長域を透過・反射させるようにしたものである。

また、これらのほかに光の量を減らすND（neutral density）フィルタがあり、可視域の波長すべてを同じ割合で減光する。なお、近赤外線領域では、その特性が崩れるので別に近赤外線用NDフィルタがある。

14.5.2 波長を変換する

レーザ光の波長はレーザ媒質特有の波長となり,ほかの波長の光は発振できない.しかし,レーザ媒質によっては発振波長帯域を通常のレーザより広帯域にできる媒質がある.これらの媒質を利用しレーザの発振帯域を広い範囲で再現性が良く,連続的に発振できるレーザを,波長可変レーザもしくは波長可変光源と呼ぶ.

代表的な波長可変光源に色素レーザ,ラマンレーザ,光パラメトリック発振器などがある.このほかにも一般的な半導体レーザ,固体レーザ,気体レーザがあるが,先に述べた3種類より可変波長範囲が小さく,温度,圧力,電磁界によって可変する.

(1) 色素レーザ 色素レーザで発振波長を変化させるには,ある色素にレーザ光が照射されて強く励起すると色素から蛍光が生じ,この蛍光により誘導放出が起こる.色素レーザは発振波長が広く,連続的に発振波長を変化させることができる.共振器も通常のレーザとは異なり,共振器の片方の鏡をプリズムもしくは回折格子を使用し波長選択をして発振させている(図1参照).

(2) ラマンレーザ ラマンレーザは,物質に入射する光の方向と結晶の方向を変化させることにより,連続的に光の波長を変化できる.

半導体レーザ,固体レーザともに温度もしくは圧力で発振波長が変化する.半導体レーザに用いられるGaAsの場合,2Kで838 nm,77Kで842 nm,常温で902 nmとなる.ルビーレーザ(固体レーザ)の場合,93〜483 Kで694.3〜695.3 nm変化する.気体レーザも圧力により変化するが,発振可能な圧力が狭いという欠点がある.

これらの波長可変レーザは主に,計測用,通信,高分解能分光法などに用いられている.

(3) 光パラメトリック発振器 光パラメトリック発振器は,発振器の効率が非常に高く,色素レーザでは困難な赤外域の光が得ることができる.光パラメトリック発振器は非線形光学を利用した発振器の一種で,可視から赤外までに及ぶ波長範囲で実現している.

非線形光学結晶にレーザ光が入射されると,通過した後の波長が入射した波長と異なる.

非線形光学は主にレーザ光の波長変換に利用される.非線形光学の代表的な方法は,和周波発生,差周波発生,光パラメトリック発振である.

和周波発生とは,低エネルギーの2種類のレーザ光が非線形光学結晶に入射すると,射出光が高エネルギーのレーザ光に変換されることである.式で表すと,

$$\omega_1 + \omega_2 = \omega_3 \quad (1)$$

ここで,ω_1:各周波数1,ω_2:各周波数2,ω_3:各周波数3.

代表的な例として,YAGレーザの2倍波・3倍波である.YAGの基本波は1064 nmであるが,第2高調波発生(SHG)にて532 nm(2倍波),第3高調波発生

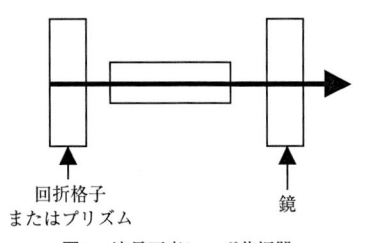

図1 波長可変レーザ共振器

(THG) にて 355 nm（3倍波）となる．

差周波発生とは，高エネルギーの2種類のレーザ光が非線形光学結晶に入射すると，射出光が低エネルギーのレーザ光に変換されることである．式で表すと，

$$\omega_1 - \omega_2 = \omega_3 \qquad (2)$$

となる．

光パラメトリック発振とは，高エネルギーのレーザ光が非線形光学結晶に入射すると，射出光が低エネルギーの2種類のレーザに変換されることである．式で表すと，

$$\omega_1 = \omega_2 + \omega_3 \qquad (3)$$

となる．

振動数とシグナル光が非線形光学結晶に入射し，その一方が増幅されると同時にアイドラ光が発生する過程を光パラメトリック増幅といい，この増幅を利用し，レーザと同様の共振器を非線形光学結晶の両側に設置し，発振させることをパラメトリック発振という．

光パラメトリック発振を利用すれば，長波長側にてレーザ光と同様のコヒーレントな光を得ることができ，また可変波長レーザで得ることができるスペクトル幅ももつことができる．

文　献

14
1) 日本光学測定機工業会編：実用光キーワード事典，朝倉書店，1999
2) ストロボ社の商標

14.3.1
1) Maiman, T.H.：Nature, Vol, 187, p.493 (1960)
2) 日本光学測定機工業会編：実用光キーワード事典，pp.151-163，朝倉書店，1999

14.3.2
1) 稲葉文男他編：レーザーハンドブック，pp.311-321，朝倉書店，1973
2) 美濃島薫：光学，Vol.37, No.10, pp.576-582 (2008)
3) 日本光学測定機工業会編：実用光キーワード事典，pp.151-163，朝倉書店，1999

14.3.4
1) 山本和久：第1回レーザディスプレイ技術研究会講演予稿集，p.4 (2008)
2) 特開2007-193108

14.4.2
1) 小瀬輝次他編：光工学ハンドブック，pp.537-544，朝倉書店，1986
2) 日本光学測定機工業会編：実用光キーワード事典，朝倉書店，1999

14.4.3
1) 日本光学測定機工業会編：実用光キーワード事典，pp.132-135，朝倉書店，1999
2) レーザー学会編：レーザーハンドブック（第2版），pp.802-803，オーム社，2005

14.4.4
1) 小瀬輝次他編：光工学ハンドブック，pp.411-419，朝倉書店，1986
2) 日本光学測定機工業会編：実用光キーワード事典，pp.127-128，朝倉書店，1999

14.5.2
1) レーザー学会編：レーザーハンドブック（第2版），pp.94-98，オーム社，2005
2) 稲場文男他編：レーザーハンドブック，pp.216-226, pp.276-284，朝倉書店，1973

15 光を制御する

　光計測には，物体の幾何的な寸法を計測する身近な計測方法から，レンズやプリズムなどの光学部品の計測，物体の変形や応力分布の計測，分光特性などの物性値に関する計測など，計測する対象やその特性に対応した種々の方法があることを第I編で紹介した．

　光を利用した計測では，光を物体に照射したときに物体から得られる光信号を検出し，その光信号を解析することで対象物体がもつ種々の物理的特性を求めている．このため，対象物体を照明する光の状態や物体からの光信号を検出する方法などが計測範囲や精度を左右することがある．

　そして，対象物体を照明するときの照明範囲，照明強度そして照明時間などを制御することで，検出する光信号のS/Nを向上できることはよく知られている．また，物体から光を検出するときに，照明光の制御に同期させるなどの制御を行うことで，計測の高精度化や高感度化だけでなく，高機能化や複合化も可能になる．

　物体の画像を取り込み，物体の幾何寸法や物体の変位などを計測することは光計測では馴染み深いものである．このとき，照明光の強度を適正に設定することで，良好な画像が得られ，安定した計測が行える．また，フラッシュランプを用いて照明光に周期的な強度変化を与えると，振動している物体の振動軌跡を捉えることができる．さらに，照明光の発光周期に同期して画像の取込みを行うことで，振動している物体の変形などを計測することも可能になる．

　レーザ光を物体面上に集光させると，集光ビームの回折限界にまで照明範囲を限定することができる．そして，この集光ビームを物体面上で2次元走査することにより，物体面上の各点の情報を時系列データとして検出することができる．この時系列データを再構築すると，波長オーダーの分解能をもつ画像情報を得ることができる．さらに，共焦点顕微鏡のように検出する光信号をピンホールで限定することで，集光点以外から混入してくる光の影響を遮断することができる．そして，集光ビームの光軸方向への走査制御加えることにより，物体の3次元情報を高分解能で得ることができる．

　光学部品に外力が加わると，その内部に応力歪が発生する．偏光干渉を利用した光弾性計測によってこの内部応力歪を計測することが可能である．そして，偏光干渉の偏光位相差を制御することによって，計測波長の1/100以下の微小な歪量までも計測することが可能になり，光学部品に加わる外力の解析も可能になる．

　このように，被検物体に照射する照明光の状態を制御し，その照明光の制御に対応した物体からの光信号を検出することで，光計測の高精度化や高機能化を実現できる．光計測をさらに高機能化し複合化させるためには，照明光や光検出の光制御技術が重要になる．

　本章では，光の制御技術を目的別に7項目に分類し，それぞれの項目で代表的な例を挙げて具体的な手法を紹介していく．

15.1 光量を制御する

照明光や検出光の光量の制御を，光束径，光束の密度，照射時間に着目して制御方法の特徴を紹介する．

15.1.1 光束径を調節する

光量を制御する代表的な光学素子に絞りがある．図1に示すように，絞りは光学系を通過する光束径を変えることで光量の制御が行える．そして，絞りには像の明るさを調節する開口絞りと像が形成される領域を制限する視野絞りの2種類がある．

（1）開口絞り 開口絞り（aperture stop）は明るさ絞りとも呼ばれ，カメラレンズの絞り，眼の虹彩や顕微鏡のASなどが身近な例としてある．また，開口絞りには光学系の解像力や焦点深度を同時に決める機能があり，形成される像の解像力などに方向性をもたせないために，円形の絞りが用いられることが多い．カメラレンズの絞りのように，明るさを連続的に調節するときには，開口を連続可変できる多角形の虹彩絞りが用いられている．

開口絞りによる明るさは，Fナンバーまたは開口数（NA）を用いて表される．

（2）視野絞り 視野絞り（field stop）は光学系によって形成される像の範囲を制限する働きがあり，カメラの受像素子のフレーム枠や顕微鏡コンデンサレンズのFSなどがある．視野絞りは，像が形成される領域を制限することが目的であるので，円形にする必要はなく，撮像素子や計測範囲に合わせて形状を任意に設定することができる．

視野絞りは光学系によって形成される像の範囲を制限する機能があることから，光学系内の枠やレンズの側面などに当たって発生する迷光を低減する機能もある．顕微鏡観察では，この迷光を防止するために，観察する倍率ごとに照明範囲をコンデンサレンズのFSで調節している．

（3）絞りの配置 光学系内に配置された絞りは，その位置によって開口絞りまたは視野絞りのいずれかの機能をもつことになる．光学系が理想的で構成する各レンズの径も十分に大きいことを仮定すると，像側焦点位置（フーリエ面）近傍に配置された絞りは開口絞りの機能をもち，像面に対し共役位置近傍に配置された絞りは視野絞りになる．しかし，実際の光学系では，絞りが光学系の像側焦点位置に配置されることが少ないことや，構成する各レンズの枠が第2，第3の絞りの働きをして，視野絞りの機能も併せもつことになる．そして，レンズ枠による視野絞りの機能が加わり，周辺部分の像強度が低下し，画像の均一的な光量調節ができなくなる可能性がある．

したがって，絞りによって光束を制限する場合は，絞りの配置に注意を払う必要がある．

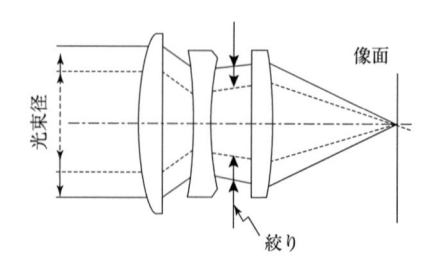

図1 絞りによる光束径の調節

15.1.2 光束の密度を調節する

　光学素子の吸収・反射特性を利用した減光フィルタを用いると，光束の密度を調節することができ，光量を制御することができる．減光フィルタとしては，減光率が波長に依存せず一定であるND（neutral density）フィルタがよく知られている．

　NDフィルタは，吸収媒質を含むフィルムやガラス素材の吸収特性を利用した吸収型と，ガラス基板に金属や誘電体の薄膜を蒸着し薄膜の反射・吸収特性を利用した反射型の2種類に分けることができる．

　NDフィルタの減光特性は，透過率，減衰比，光学濃度（optical density：OD）値のそれぞれで表される．入射光がNDフィルタで$1/N$に減光される場合，透過率では$100/N$の値が，減衰比ではNが，OD値では$\log_{10}(1/N)$の値が表記される．

　たとえば，1/4に減光されるNDフィルタは，透過率表記では25，減衰比表記では4，OD値表記では0.6と示される．

（1）吸収型NDフィルタ　吸収型NDフィルタは安価な点から，カメラレンズ用などに用いられることが多い．ただし，フィルムやガラス素材の吸収特性を利用しているので，強い光が照射されたときには熱損傷が起きることがある．

（2）反射型NDフィルタ　反射型NDフィルタはクロムやインコネルなどの金属膜をガラス基板に蒸着して作られ，入射光の一部を金属膜で反射させ，さらに透過した光を金属膜で吸収させて減光する．金属膜で入射光の一部を反射させているので，吸収型に比べて熱損傷は受けにくく，顕微鏡の水銀ランプやXeランプの減光調節に使用することも可能である．しかし，金属膜で反射した光は迷光になりやすく，検出信号に悪影響を与えることがある．このため，迷光が発生しにくい配置やNDフィルタを傾けるなどの工夫が必要である．

　反射型のNDフィルタはガラス基板上に蒸着する金属膜厚を場所ごとに変えることが可能で，透過率の異なるNDフィルタを一つのガラス基板上に集積させることができ，透過率が可変なNDフィルタを構成することができる．現在では，金属膜厚を連続的に変えることも可能であり，透過率を連続的に変化させることもできる．

　また，反射型には金属膜以外に誘電体多層膜を使用するものもある．誘電体多層膜は，金属膜に比べて吸収が少なく熱損傷を受けにくいが，減光特性が入射角に依存する特性も併せもっている．これらの特性から，誘電体多層膜による反射型のNDフィルタはコリメートされた高出力レーザなどの指向性の強い光の光量調節に用いられることが多い．

　反射型の特殊な例として，基板上に遮光する微小な円形や正方形のパターンをアルミなどの金属膜で形成したものがある．このフィルタは遮光パターンの密度を変えることで，減光率が調節できる特徴をもっている．そして，減光率が金属膜の特性に依存しないことから，紫外から赤外域まで広い波長帯域で使用可能なことや入射角特性が良いなどの特徴がある．ただし，遮光パターンで回折光が発生することもあり，迷光対策には注意が必要である．

15.1.3 照射時間を調節する

光の照射時間を調節する方法として，カメラのシャッタやフラッシュランプが身近にあり，馴染み深いものである．

シャッタやフラッシュランプを用いて光量を時間的に制御することで，動きがある物体の時間変化を捉えることが可能である．さらに，振動している物体の振動周期と光量の制御を同期させることで，振動している物体の振動時の変形や変位などの計測が行える．

また，光源の発光波長をRGBの3色を順次切り替えることにより，モノクロの撮像素子を用いた場合でもカラー画像（面順次式）を取り込むことが可能である．

光源からの照射時間を調節するには，フラッシュランプのように発光時間を電気的に制御する方法とハロゲンランプのように連続発光している光をシャッタ素子で開閉制御する方法がある．

(1) 発光時間の電気的制御 レスポンス性能の良い発光制御が可能な光源として，発光ダイオード（LED）や半導体レーザ（LD）がある．発光ダイオードや半導体レーザは連続パルスや正弦波状の制御信号を与えることにより，種々の周期的な発光パターンが生成でき，同期検出などの計測に対応できる．

(2) シャッタ素子による連続制御
He-NeレーザやXeランプのように連続発光し，発光時間を電気的に制御しにくい光源の発光時間を制御するには，シャッタ素子が通常用いられる．光路を遮蔽するシャッタ素子のなかでも，レスポンス性能のよい素子に液晶シャッタがある．液晶シャッタは図1に示すように，液晶素子を二つの偏光子で挟み込んだ構造になっている．液晶素子に電圧が印加されていないときには，液晶素子内で偏光面は回転せず，二つの偏光子の振動面を互いに直交させておくと，光は二つの偏光子を透過できずに遮光状態になる．液晶素子に電圧が印加されると，印加電圧に対応して液晶素子内で偏光面が回転し，光が二つの偏光子を透過し始める．したがって，液晶素子への印加電圧を制御することで透過する光量の調節が行える．液晶シャッタは光路全体を遮蔽制御する素子から，液晶テレビやプロジェクタで微小領域を独立して制御する素子まで幅広く開発されている．

液晶シャッタ以外でもミラーの反射特性を利用したシャッタ素子にMEMSミラーがある．図2に示すようなミラーによる往復光路を形成する．ミラーに傾きがないとき光は光路を往復する．ミラーがθ傾くと光は2θ傾いて反射される．このとき，反射光が光学系に戻らないような角度θにミラーを傾けると，光はミラーによって遮蔽されたことになる．静電気力や電磁気力でミラーの傾き制御を行っているのがMEMSミラーである．ミラーの大きさや駆動方式によりさまざまな素子が開発されている．MEMSミラーも液晶素子と同様に，微小領域の独立制御が可能であり，プロジェクタに組み込まれているDMD（digital micro-mirror device）はよく知られている．

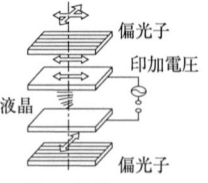

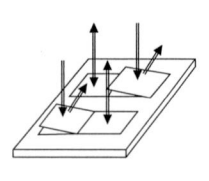

図1 液晶シャッタ　　図2 MEMSミラー

15.2 光を分岐する

光を分岐する方法，光の透過・反射・回折，導波のそれぞれの特性に注目してその特徴を紹介する．

15.2.1 透過・反射特性を利用する

入射光を反射光と透過光に分岐する機能をもつ光学素子をビームスプリッタと呼ぶ．ビームスプリッタは形状の特徴からプレート型とプリズム（キューブ）型に分けられる．

(1) プレート型ビームスプリッタ 内部吸収がない理想的な反射型NDフィルタを図1に示すように入射光に対し45°傾けて配置すると，入射光の50％が透過し，残りの50％は入射光に対し90°方向を変えて反射して2方向に分岐される．

平面基板上に光分岐の機能をもつ光学薄膜が蒸着されたビームスプリッタがプレート型である．プレート型は平面基板で構成されていることから安価であり，比較的大きなサイズまで製作可能であることや光学系内への配置も容易であるなどの特徴がある．しかし，図1で示すように透過光の光軸が基板厚に比例してシフトすること，透過光と反射光の光路長に差が発生する，基板の裏面反射によるゴーストが発生するなどデメリットもある．

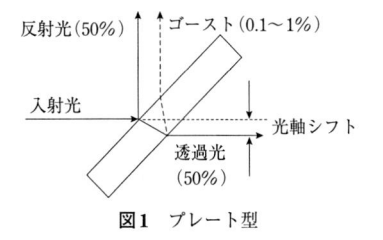

プレート型のデメリットを改善した特殊な素子としてペリクルビームスプリッタがある．ペリクルビームスプリッタは2μm程度の非常に薄い樹脂膜で構成され，光軸のシフトや光路長の差が無視できる．しかし，この素子は高価である点や，膜が破損しやすいなどの問題点も残っている．

(2) プリズム型ビームスプリッタ 図2に示すように，三角（直角）プリズムの斜面に入射光を所定の反射率と透過率に分岐する光学薄膜を蒸着して接合したビームスプリッタがプリズム（キューブ）型である．プリズム型ではプレート型のような光軸のシフトや反射光と透過光の光路長に差が発生しない，素子を配置する際に傾ける必要がない特徴がある．しかし，二つのプリズムで構成されていることから，製作できるサイズに制限がある，素子が重くなる，高価になるデメリットがある．

(3) その他のビームスプリッタ ビームスプリッタを素子の形状で分類したが，分岐する光の特性で分類することもできる．光の偏光特性で分岐する素子が偏光ビームスプリッタであり，光の波長で分岐する素子がダイクロイックミラーである．

また，光の分岐に15.1.3項で紹介したMEMSミラーを用いることもできる．MEMSミラーの角度を制御することで，光束を空間的に分けて分岐することや，時間分割して光を分岐することもできる．

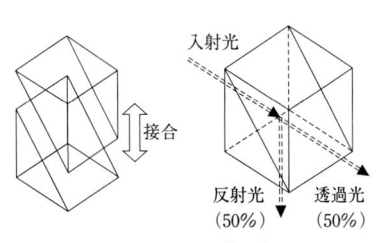

図1 プレート型

図2 プリズム型

15.2.2 回折特性を利用する

図1に示すピッチTの回折格子に波長λの光線を角度θ_iで入射させると,
$$\sin\theta_o - \sin\theta_i = m\lambda/T$$
$$[m = 0, \pm 1, \pm 2, \cdots] \quad (1)$$
で示す角度θ_oに回折される.

$m = 0$は回折格子を透過する0次(透過)光を表し,$m = \pm 1$のときは± 1次回折光を表す.

レーザ光のような単色光を図1に示す回折格子に入射させると,式(1)で示す角度に回折光が発生し,入射光は0次光(透過光)と± 1次回折光の三つの方向に分岐される.

式(1)から,回折格子のピッチTを変化させることで透過光と回折光の分岐角を調節することができる.また,透過光と回折光の分配比率は回折格子の回折効率で決まり,回折効率を変化させることで分配比率を変えることもできる.

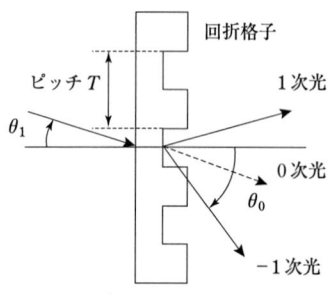

図1 回折格子による光の分岐

式(1)は回折角が入射する光の波長に依存することも表している.したがって,回折格子に広い波長帯域の光が入射すると,波長ごとに回折角が変わり,回折光の分岐方向に誤差が生じる.また,回折効率も波長によって異なり,全波長帯域の光を一定の分配比率で分岐することが難しくなる.したがって,回折格子による光の分岐は,レーザ光のような単波長光の分岐に有効である.

(1) ホログラフィック素子 ホログラフィック(holographic)素子は,格子ピッチを素子内で部分的に変化させることでレンズ機能をもたせることができる素子であり,回折格子の分岐機能も併せることができる.

したがって,ホログラフィック素子は,レーザ光を複数の方向に分岐することと,分岐したそれぞれの光の集光位置や波面を変化させることが可能になる[1].

(2) 音響光学素子 音響光学素子AOD(acousto-optic deflector)は結晶やガラスなどの光学材料に超音波振動子(transducer)を取り付け,光学材料内に疎密波を発生させ,疎密波を回折格子として機能させる素子である.

AODにレーザ光を入射すると,素子内に発生した回折格子によってレーザ光が回折し,透過光と回折光に分岐される.AOD内に発生する回折格子のピッチは超音波の振動数で決まるので,超音波の振動数を変化させると,AOD内に発生する回折格子の格子ピッチが変化し,回折光の回折角が変化する.また,超音波の強度を変化すると,AOD内の回折格子の振幅が変化するので,回折効率が変化する.したがって,透過光と回折光の分配比率を変えることができる.

以上から,AODで発生する超音波の振動数と強度を変化させることで,透過光と回折光の分岐角度と分配比率を制御することが可能になる.

15.2.3 導波特性を利用する

（1） ファイバカプラによる分岐　光ファイバは屈折率が高いコアが中心部分にあり，コアの周りを屈折率が低いクラッドが覆う構造で，光は中心部分のコア内を導波していく．導波の特性から，シングルモードファイバとマルチモードファイバに分類される．そして，ファイバカプラによって導波する光を分岐・結合することができる．

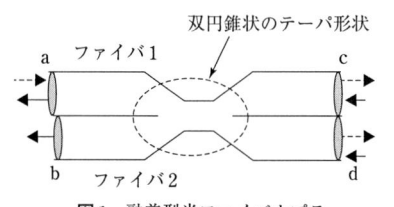

シングルモードファイバの融着型光ファイバカプラを例にファイバカプラの特性を説明する．

図1に示すように，2本の光ファイバを並列させて接触させた状態で加熱溶融して一体で延伸させると，双円錐状のテーパ形状が構成され，融着型光ファイバカプラが形成される．

図1　融着型光ファイバカプラ

光ファイバカプラでは，図1に示すようにファイバ1の端面aから入力した光は，ファイバ1の端面cとファイバ2の端面dからそれぞれ所定の分配比率に分岐される．また逆に，端面cと端面dから入射した光は結合され端面bから射出する．このとき，端面aからもcとdからの結合光が射出する．

ファイバカプラの分配比率は，融着時の条件で所定の値に設定することができる．しかし，ファイバ内を導波する光の波長や偏光状態などによって変動する．

ファイバカプラを用いた光の分岐・結合では，ファイバの結合部分が固定されているので，他の光学素子に比べ外乱に強い特徴をもっている．この外乱に強い特性を利用して，OCTなどの干渉計に用いられることが多い．

また，ファイバカプラは図2に示すように2本以上のファイバを用いることができ，1本のファイバに入射させた光をm本に分岐することができる．また，m本のファイバからの光を1本に結合することもできる．このように，m本の光ファイバを用いたものをスターカプラと呼び，光通信の分配・結合に用いられている．

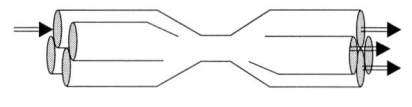

図2　スターカプラ

（2） 導波路による分岐　ファイバカプラと同様に，導波特性を利用して光を分岐する素子に導波路がある．

導波路は，基板上に光路を集積することができることと，半導体レーザなどの素子を同一基板上に配置することができ，干渉計などの計測装置を小型化できる．

ファイバカプラと同じく，一つの導波路を複数の導波路に分岐することも可能である．

15.3 光を分光する

光の屈折,回折,干渉の特性が波長に依存することを利用すると分光できる.それぞれの特性ごとに分光方法の特徴を紹介する.

15.3.1 屈折を利用する

図1に示すように,屈折率nのプリズム面に対しθで光が入射すると,スネルの法則に従って屈折角θ'で射出する.ここで屈折率が波長の関数$n(\lambda)$であるとすると,プリズム面での屈折は,

$$n(\lambda)\sin\theta = \sin\theta' \quad (1)$$

と書き表せる.

また,プリズム面に対し垂直方向にL離れた位置に投影面を考えると,投影面内に各波長λの光が到達する位置$\Delta_p(\lambda)$は,

$$\Delta_p(\lambda) = L\tan\theta' = L\frac{n(\lambda)\sin\theta}{\sqrt{1-n(\lambda)^2\sin^2\theta}} \quad (2)$$

で表すことができる.

さらに,プリズムの頂角が小さいときは,入射角θも小さくなり式(2)は,

$$\Delta_p(\lambda) = Ln(\lambda)\sin\theta \quad (3)$$

で表せ,$\Delta_p(\lambda)$は$n(\lambda)$に比例する.

一般にガラスなどの光学材料には,図2に示すような屈折率$n(\lambda)$が波長によって

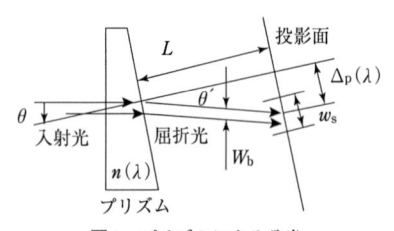

図1 プリズムによる分光

変化する分散がある.したがって,光学材料の分散によって,各波長の投影面上の位置$\Delta_p(\lambda)$が式(2)で示すように変化し,プリズムに入射した光が分光される.

したがって,投影面内で$\Delta_p(\lambda)$の位置にスリットを置き,その位置の屈折光のみを取り出すと$\Delta_p(\lambda)$に対応した波長λの光のみを分光して取り出すことができる.

さらに,式(3)の比例関係を利用すると,スリット位置$\Delta_p(\lambda)$を指定することで,波長λの光を指定して取り出すことができる.

そして,スリットの位置制御精度,プリズムに入射する光束の大きさW_b,スリット幅w_sが波長の分離精度を決めている.

光学材料の屈折率$n(\lambda)$は図2に示すように短波長域で大きく変化し,長波長域では変化が小さい特性をもっている.

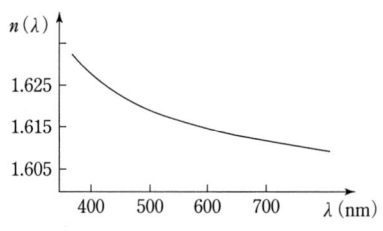

図2 ガラスの波長ごとの屈折率

このため,分光する光の波長の帯域が狭いときには,$\Delta_p(\lambda)$が近似的に波長λに比例すると考えることができ,分光のためにスリットを位置制御することも比較的容易になる.しかし,可視域全体のような広い帯域にわたって分光するときには$\Delta_p(\lambda)$が波長λに比例しなくなり,スリットの位置制御が複雑になる.

そして,光学材料は材質ごとに分散の特性が異なるので,$\Delta_p(\lambda)$と波長λの関係をあらかじめ求めておく必要がある.また,ガラスの吸収特性により透過しない波長帯域が発生するなどの点にも注意が必要である.

15.3.2　回折を利用する

　格子ピッチ T の回折格子に光が入射すると，15.2.2項において式(1)で表される角度に光が回折すること，回折角が波長によって変化することを紹介した．回折角が波長によって変化する回折格子の特性を利用すると，回折格子を用いることで分光することができる．

　図1に示すように，格子に垂直（0次光）方向に L 離れた位置に投影面を考えると，各波長が到達する位置 $\Delta_G(\lambda)$ は，

$$\Delta_G(\lambda) = L\tan\theta = L\frac{m\lambda/T}{\sqrt{1-(m\lambda/T)^2}}$$
$$[m = 0,\ \pm 1,\ \pm 2,\cdots] \quad (1)$$

で表せる．ここで，+1次回折光だけに注目し，格子ピッチ T を波長 λ に比べ大きく設定すると，式(1)は

$$\Delta_G(\lambda) = L\tan\theta = L\frac{\lambda/T}{\sqrt{1-(\lambda/T)^2}} \cong \frac{L\lambda}{T} \quad (2)$$

と近似でき，到達位置 $\Delta_G(\lambda)$ は回折光の波長 λ に比例する．

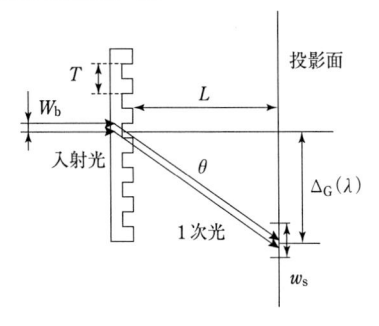

図1　回折格子による分光

　プリズムによる分光と同様に，スリットを $\Delta_G(\lambda)$ の位置に置いて回折光を取り出すと，$\Delta_G(\lambda)$ に対応した波長 λ を分光することができる．また，プリズムによる分光では，光学材料の分散を知る必要があるのに対し，回折格子による分光では到達位置 $\Delta_G(\lambda)$ を検出することで，式(2)から直接波長 λ を直接求めることができる点が大きく異なる．

　ここでは，透過型の回折格子を例に説明しているが，回折格子の表面で反射させる反射型の回折格子を用いても $\Delta_G(\lambda)$ は同様に波長に比例する．

　回折格子には+1次の回折光のみが発生する特殊な格子が存在し，その格子の形状は図2に示すように鋸の歯のようであることから鋸歯状（blazed）格子と呼ばれている．この鋸歯状格子を用いることで，+1次の回折光以外に振り分けられる回折光がなくなり，格子に入射する光を効率よく分光することができる．そして，一般的な分光器には，この鋸歯状格子が多く用いられている．

　回折格子を用いた分光でも，プリズムを使用するときと同様にスリットの位置制御精度，回折格子に入射する光束の大きさ W_b，スリット幅 w_s が波長の分離精度を決めている．

　ただし，波長の分離精度を向上させるために，回折格子への入射光束の幅 W_b とスリットの幅 w_s を狭くしていくと，検出できる光量が低下し，S/Nを低下させることがあるので注意する必要がある．

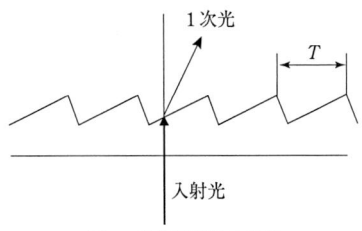

図2　鋸歯状格子の形状

15.3.3 干渉を利用する

屈折率n, 膜厚dの薄膜に波長λの光が薄膜内の角度θで入射すると, 図1に示すように入射光は薄膜内で多重干渉し, 反射および透過した光に鋭い波長特性が現れる. この波長特性は薄膜で生じる光路長差

$$光路長差 = 2nd\cos\theta' \qquad (1)$$

によって決まる.

この光路長差が$\lambda/2$の偶数倍になると, 光はすべて薄膜を透過し, 薄膜で反射する光は発生しなくなる. 逆に奇数倍のとき薄膜ですべて反射する. そして, 整数倍にならない場合は光路長差に依存して透過光と反射光に分配される.

ここで, 薄膜に白色光を入射させると, 屈折率の波長依存性により, 透過する条件を満たす波長と反射される条件を満たす波長が現れる. そして, 薄膜を透過する波長帯域と反射する波長帯域に分かれて分光される.

薄膜内を進む光は角度θが変化すると式(1)から光路長が変化するので, 透過光と反射光の分光される波長が変化する.

薄膜の角度特性を利用すると, 干渉フィルタの傾きを変化させることで, 透過また反射する光の分光特性を連続的に変化させることが可能になる.

また, 薄膜のこれらの特性を利用すると, 透過する波長帯域と反射する波長帯域をそれぞれ異なる波長帯域に設定することができる. そして, 異なる波長帯域に透過光と反射光を分岐するのがダイクロイックミラー (dichroic mirror) である.

(1) 干渉フィルタ, ダイクロイックミラー 干渉フィルタ (interference filter) は, 薄膜の上述の特性を利用して鋭い波長特性をもつ光を透過または反射させて分光している. さらに, 屈折率の異なる複数の薄膜を用いることで, 分光できる波長帯域を最適化している.

(2) エタロン 図2に示すように, 2枚のハーフミラーを間隔d'離して平行に向かい合わせて多重干渉させ, 分光機能をもたせた素子がエタロン (etalon) である. ファブリ-ペロー干渉計と同じ構成であることから, ファブリ-ペローエタロンと呼ぶことがある. ハーフミラーの間の媒質の屈折率をnとすると,

$$2nd' = m\lambda \quad (m:整数) \qquad (2)$$

を満足する光のみがエタロンを透過してくる. したがって, 間隔d'を変化させると, エタロンを透過する波長を変化させることができる. そして, エタロンのいずれか一方のハーフミラーをPZTなどで精密に制御することで, エタロンを透過する光の波長帯域を精密制御することができる.

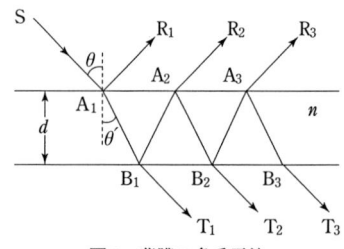

図1 薄膜の多重干渉

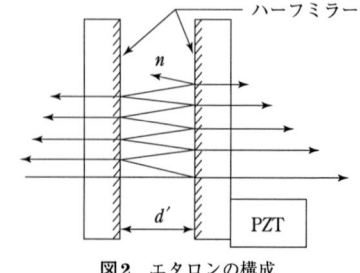

図2 エタロンの構成

15.4 光線を走査する

ここでは，面内と光軸方向のそれぞれについて走査方法と特徴を紹介する．

15.4.1 面内で走査する

図1に示すように，ミラーの傾き角をポリゴンミラーやガルバノミラーなどの素子で制御し，レーザビームの偏角 θ を連続的に変化させると，物体面S上のレーザビームが走査され，その位置 $X(\theta)$ は，

$$X(\theta) = L \cdot \tan\theta \quad (1)$$

で与えられる．

図2のように，焦点距離 f のレンズの焦点位置にミラー面を配置すると，レーザビームは物体面Sに垂直に入射して（テレセントリックに）走査され，ビーム位置 $X_s(\theta)$ は次式で与えられる

$$X_s(\theta) = f \cdot \sin\theta \quad (2)$$

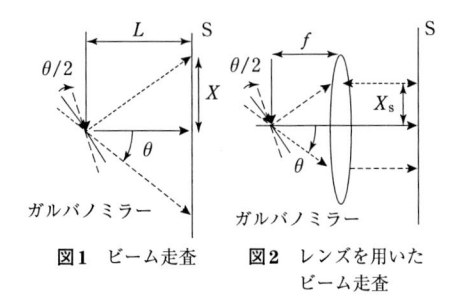

図1 ビーム走査 **図2** レンズを用いたビーム走査

また，光束径が ϕ のレーザビームをレンズで物体面S上に集光して走査するときは，レーザビームの偏角 θ を与えるミラー面を集光するレンズの瞳位置に配置する必要がある．ミラー面が瞳位置から外れると，光束が集光レンズ内でけられ，集光ビームの光量などの変化が発生する．しかし，レンズの瞳位置はレンズ内部にあることが多い．このような場合は図3に示すように，瞳をリレーする光学系によって瞳を集光レンズの外にリレーした共役点にミラー面を配置する．このとき，集光ビームの位置 $X_t(\theta)$ は，次式で与えられる．

$$X_t(\theta) = f \cdot \tan\theta \quad (3)$$

レーザビームを物体面S上で走査する場合，レーザビームの偏角 θ が小さいときには，式(2)および式(3)からビーム位置 $X_s(\theta)$ および $X_t(\theta)$ は偏角 θ に比例して変化する．しかし，走査範囲が広くなり，偏角 θ が大きくなると $X_s(\theta)$ および $X_t(\theta)$ は偏角 θ に比例しなくなる．レーザビームで描画するときなどでは，画像に歪が発生する．

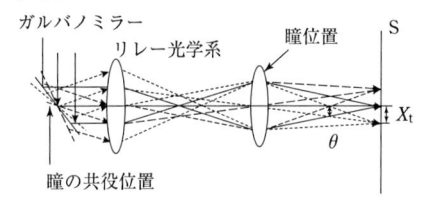

図3 集光ビームの走査

この問題は $f\theta$ レンズの開発によって解決され，ビーム位置 $X_\theta(\theta)$ とミラーの偏角 θ の比例関係が保たれるようになった．

$$X(\theta) = f \cdot \theta \quad (4)$$

レーザビームを2次元的に走査するときには，x 方向の偏角 θ_x を制御する素子と y 方向の偏角 θ_y を制御する素子の二つを用いることが多く，二つの素子を近接させて配置する手法と，図3と同様にリレーレンズで二つの素子をそれぞれ共役点にリレーして配置する手法がある．

偏角の制御素子を近接して配置する手法は小型化できるメリットはあるが，ビームがミラーの回転軸から外れることで発生する走査誤差が大きくなるデメリットもある．

15.4.2 光軸方向に走査する

 光学系を用いて計測する場合,画像などの情報が正確に得られる光軸方向の範囲(焦点深度)がある.物体が焦点深度を超える大きさをもつときには,光軸方向に焦点深度を走査することが必要である.
 物体と光学系の相対位置を光軸方向に変化させることで,焦点深度の走査が可能である.一般には,物体を載せるステージやレンズを光軸方向に駆動させて,光軸方向に走査している.しかし,これらの方法では,可動部分の重量が大きいために,高速駆動が難しく,走査時間が長くなっている.
 高速に光軸方向の走査を行う方法として,光学系の瞳面で波面を変化させる方法,厚みの異なる平行平板を交換する方法などが考案されている.

(1) 瞳面で波面を変化させる 点光源が光学系の焦点位置からΔzずれると,光学系の瞳内にはΔzに比例して放物面状の波面

$$w(\Delta z, \rho) = \alpha \Delta z \cdot \rho^2 \quad (1)$$

が発生する.ここで,αは比例係数,ρは瞳内の極座標である.
 逆に,光学系に入射する光を,瞳面内で式(1)に示す波面に変化させると,集光位置が焦点位置からΔzずれることになる.したがって,光学系の瞳内で波面形状を変化させることで,光学系の集光位置を変化させることができる.
 式(1)に示す波面を発生する素子には,形状可変ミラー(deformable mirror)[1]や空間光変調器(spatial light modulator：SLM)などがあり,ガルバノミラーなどと同様に,対物レンズの瞳をリレーした共役位置に配置される.
 形状可変ミラーはMEMS技術で形成されたダイヤフラム(diaphragm)を静電気力,電磁気力,ピエゾなどを用いて放物面状に変化させる素子である.形状を変化させるための電極やピエゾの数が制限されることにより,放物面からの形状誤差が大きくなるが,変形量を大きくできる特徴がある.
 空間光変調器は,小領域に分割された液晶素子によって構成され,各液晶素子の位相量を独立して制御できる.このため,形成される波面の精度を良くすることができる.しかし,液晶素子は変化できる位相量が限定されているので,波面を大きく変化させることが難しい.また,液晶素子を用いているので,偏光の影響を受けやすい.
 形状可変ミラーや空間光変調器などは,共焦点顕微鏡などの光学系の高速3次元走査を実現する目的で使用されることが多い.

(2) 厚みの異なる平行平板を交換する
 屈折率n,厚みdの平行平板を透過する光の空気換算長Lは,$L = d/n$であり,結像光路中に厚みdの平行平板を挿入すると,像位置は挿入前に比べてΔ_I移動する.

$$\Delta_\mathrm{I} = (1 - 1/n)d \quad (2)$$

この特性を利用すると,厚みの異なる平行平板をターレットなどで入れ替えると,厚み変化に対応した間隔で像位置が変化し,光軸方向の走査が可能になる.
 ターレットを一定の速度で回転させると,厚みの変化に対応したステップで平行平板の数だけ走査することができる[2].
 ただし,光学系のNAが大きい光路でこの方法を用いると,像位置の変化に伴って結像性能の変化が大きくなるので,NAが小さい光路中で行うことが望ましい.

15.5 波長や周波数を制御する

非線形効果と光音響効果を利用することで，単色性に優れたレーザ光の波長や周波数を変化させることができる．

15.5.1 非線形光学効果を利用する

非線形光学効果を利用することでレーザ光の波長を変化させることが可能になる．

光（ポンプ光）が媒質中を伝播すると，ポンプ光の電場成分によって媒質中の原子内の電子の移動によって分極が発生する．そして，ポンプ光の電場成分が小さいときには，分極の大きさは電場成分に比例する．ここで，ポンプ光の電場成分をE，媒質の誘電率をε，電気感受率を$\chi^{(1)}$とすると，分極の大きさPは，次式で書き表せる．

$$P = \varepsilon \chi^{(1)} E \qquad (1)$$

ここで，ポンプ光の電場成分が大きくなると，媒質中に電場成分の2乗に比例する成分（2次の非線形分極成分）が発生し，

$$P = \varepsilon \chi^{(1)} E + \varepsilon \chi^{(2)} E^2 \qquad (2)$$

となる．

分極によって新たな電場が発生するので，ポンプ光の電場成分が小さいときは，ポンプ光の電場成分と同じ周波数のシグナル光が誘発される．しかし，電場成分が大きくなると式(2)から電場成分の2乗に比例する電場が誘発され，周波数が2倍のシグナル光が発生する．

式(2)に示すように，非線形分極成分が発生する現象を非線形光学効果と呼び，代表的なものとして第2高調波発生などがある．また，非線形光学効果は媒質によって異なり，効果が大きい結晶媒質を非線形光学結晶と呼んでいる．

(1) 第2高調波発生 式(2)で示したように，2次の非線形分極によって，媒質に入射した光の2倍の周波数をもつシグナル光が発生する現象が第2高調波発生（second harmonic generation：SHG）である．

非線形光学結晶に振動数ωのレーザ光を入射させると，ωと2ωの2種類の周波数のレーザ光が射出され，分光手段で分離すると，2種類の波長のレーザ光を選択的に使用することが可能になる．また，2ωのレーザ光をのみを抽出することで，レーザ光の短波長化が可能になる．

(2) 和周波発生および差周波発生 非線形結晶に周波数がω_1とω_2の二つのポンプ光を照射すると，非線形光学効果によって結晶内に$2\omega_1$，$2\omega_2$，$\omega_1 + \omega_2$，$\omega_1 - \omega_2$に対応した非線形分極が発生する．これらの光のうち，結晶の方位，電場の振動方向（偏光方向）などによる位相整合条件を満たす光のみが発振され，$\omega_1 + \omega_2$の光が発振するのが和周波発生（sum frequency generation：SFG）であり，$\omega_1 - \omega_2$の光が発振するのが差周波発生（difference frequency generation：DFG）である．

(3) 光パラメトリック発振 和周波発生の逆の過程で，周波数$\omega_3 (= \omega_1 + \omega_2)$のポンプ光が二つの低い周波数$\omega_1$と$\omega_2$の光に分かれて発振するのが光パラメトリック発振（optical parametric oscillation：OPO）である．そして，$\omega_1 < \omega_2$のときω_1をアイドラ光，ω_2をシグナル光と呼んでいる．アイドラ光が発生せず，$\omega_2 (<\omega_3)$のシグナル光が発生し，これを光パラメトリック蛍光と呼ぶこともある．

位相整合によりコヒーレント光が発振する点が通常の蛍光とは異なる．

15.5.2 音響光学効果を利用する

(1) 音響光学素子 15.2.2項で音響光学素子AOD（acousto-optic deflector）によってレーザビームが分岐できることを示した．AODは音響光学効果を利用して光を分岐している．音響光学効果にはこの機能以外に，入射した光の周波数を変化させる機能があり，光の周波数を変化させる素子を音響光学素子AOM（acousto-optic modulator）と分けて表示することがある．

図1に示すように，AOMでは超音波振動子によって内部に疎密波（音波）が発生し，波長λの光を入射させると，入射角θが音波の波長Λとの間でブラッグ条件

$$\lambda = 2\Lambda \sin\theta \tag{1}$$

を満たすとき，$-\theta$の方向に回折光が発生する．

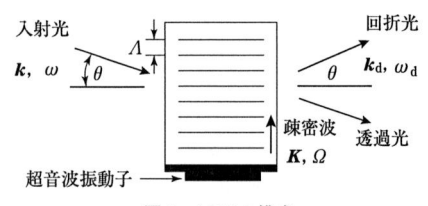

図1 AOMの構成

AOM内部には超音波振動子によって音波が発生し，その中を光が進行しているので，AOMに入射する光の波数ベクトルk，回折光の波数ベクトルk_d，音波の波数ベクトルKの間に，

$$\boldsymbol{k}_d = \boldsymbol{k} + \boldsymbol{K} \tag{2}$$

の関係が成り立つとき，回折光は強めあう．

このとき，入射光の周波数をω，回折光の周波数をω_d，音波の振動数をΩとすると，

$$\omega_d = \omega + \Omega \tag{3}$$

も同時に成り立つ．

したがって，AOMでは入射した光の周波数に音波の振動数が加算された周波数の回折光が射出する．超音波振動子の振動数を変化させると，AOMから射出する回折光の周波数を変化させることができる．

音波の進行方向が逆になると，波数ベクトルは$-\boldsymbol{k}$となり，回折光の周波数は，

$$\omega_d = \omega - \Omega \tag{4}$$

になる．

通常では，AOMの材質を選択することでレーザビームに50〜300 MHzの周波数変化を与えることができる．

AOMでは，ブラッグ条件を満たすときに，回折光が発生するので，入射光とAOMのアライメントを正確に行う必要がある．

(2) 応用例 AOMを利用した代表的な計測手法に，ヘテロダイン検出法がある．

図2に示すように，レーザ光をビームスプリッタで分岐し，それぞれの光路に二つのAOM1とAOM2を配置し，レーザ光にf_1とf_2の周波数変化を与える．

周波数変化を与えた二つのレーザ光を干渉させると，レーザ光に$(f_1 + f_2)$と$(f_1 - f_2)$のビート信号が発生する．このビート信号のうち$(f_1 - f_2)$を検出すると，二つの光路の相対的な位相変化を$(f_1 - f_2)$まで周波数を下げることができ，時間的な位相変化を検出することが可能になる．

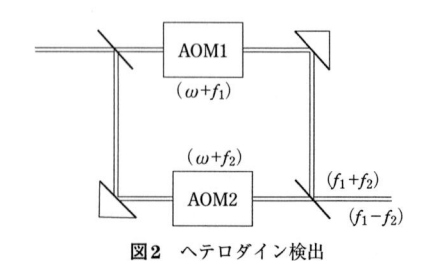

図2 ヘテロダイン検出

15.6 偏光状態を制御する

ここでは，光の偏光特性を変化させる種々の光学素子の特徴を紹介する．

15.6.1 偏光素子

(1) 偏光子，検光子 白熱電球などのランダムな振動方向をもつ光から特定の振動方向の光（直線偏光）を切り出す素子が偏光子（polarizer）であり，特定の直線偏光のみを検出する偏光子を検光子（analyzer）と分けて呼んでいる．そして，偏（検）光子の性能を表す評価量に消光比があり，式(1)で定義される．ここで，I_p は二つの偏光子の振動方向を平行に配置したときの透過強度であり，I_c は直交させて配置したときの透過強度である．消光比はその値が大きいほど偏光特性が良くなることを表している．

$$消光比 = I_p/I_c \quad (1)$$

(2) 偏光子の種類 偏（検）光子には，大きく分けてフィルム型，プリズム型，ワイヤグリッド型がある．

① フィルム型： フィルム型はフィルム状にした樹脂の特性を利用し，特定の偏光方向のみ透過させ，それ以外は吸収して偏光を分離している．消光比は 1000〜10000 程度であるが，量産性が良く安価で，カメラの偏光フィルタから液晶ディスプレイまで広く用いられている．

② プリズム型： プリズム型は，ニコルプリズムやグラン–トムソンプリズムに代表されるように，方解石などの複屈折材料で作ったプリズムを貼り合わせ，境界面の常光線と異常光線の反射特性の違いを利用して，二つの偏光を分離している[1]．消光比は100000以上で非常に良く，エリプソメータなどの高精度に偏光を分離する光学機器に用いられている．

③ ワイヤグリッド型： ワイヤグリッド型は光の波長より狭いピッチの金属格子が，格子に垂直な偏光成分のみを透過させ，格子に平行な偏光を反射する特性を利用して偏光を分離する素子であり，耐熱性が良いことから赤外光用の偏光子として用いられている．

(3) 波長板 光学系を伝播する偏光は，直交する二つの直線偏光に分解して考えることができる．そして，偏光の状態は二つの直線偏光の振幅比と位相差量（retardation）で表せる．

偏光状態のうち位相差量だけを変化させる素子が波長板（wave plate）である．波長板には位相差量を1/4波長変化させる $\lambda/4$ 板（quarter wave plate）と1/2波長変化させる $\lambda/2$ 板（half wave plate）があり，$\lambda/4$ 板は入射する直線偏光に対し光学軸[2]が45°になるように配置すると，射出する偏光を円偏光に状態を変える機能がある．また，$\lambda/2$ 板は入射する直線偏光に対し，光学軸を ω 回転させると入射偏光に対し 2ω 回転した直線偏光を射出する機能をもっている．

波長板は，樹脂フィルム，雲母，水晶などの複屈折材料を所定の位相差量になるように厚みを調節して作られている．水晶などでは，波長板の厚みが極端に薄くなり，加工性が悪くなるので，波長の整数倍の位相差量を加えて加工性の良い厚さにすることがある．このように，波長の整数倍の位相差量が加わっているものをマルチオーダ波長板と呼び，波長の整数倍が加わっていないものをゼロオーダ波長板と呼んで区別している．

15.6.2 補償素子

波長板は直線偏光に $\lambda/4$ や $\lambda/2$ の位相差量(retardation)を与えることで,円偏光や回転した直線偏光を発生させている.しかし,複屈折をもつ一般的な物質は直線偏光に任意の位相差量が与えられ,射出する光は楕円偏光になる.複屈折をもつ物体によって発生した楕円偏光の位相差量を調節し,直線偏光や円偏光に変換する素子が補償素子(compensator)である.

図1に示すように,振動面が互いに直交する偏光子と検光子の間に被計測物体と補償素子を配置する.ここで,被計測物体で発生する位相差量 δ_p を打ち消すように補償素子で $-\delta_p$ の位相差量与えると,検光子に偏光子と同じ振動方向の直線偏光が入射し,検光子の透過光が最小になる.

したがって,検光子を透過する光が最小となるように位相差量を補償素子で調整することで,被計測物体で発生する位相差量を計測することができる.

(1) 補償素子の方式 補償素子には,補償する位相量に対応して種々の方式がある.ここでは,バビネ方式とセナルモン方式を紹介する.

① バビネ方式: 図2に示すように,光学軸が互いに直交する二つの水晶で構成され,楔状の水晶を移動させることにより,楔状の水晶の厚みを変化させて位相差量を変化させる.したがって,バビネ方式では発生する位相差量は,楔状の水晶の移動量を制御することで調整でき,与えられる位相差量は楔状の水晶が可動な範囲で決まる.また,楔角を調整することで,移動量に対する位相差量の変化率を変えることもできる.

② セナルモン方式: 偏光子と $\lambda/4$ 板とから構成され,偏光子と $\lambda/4$ 板を相対的回転させることで位相差量を変化させる補償素子である.偏光子と $\lambda/4$ 板の光学軸を相対的に Θ rad 回転させると,セナルモン方式の補償素子を射出する位相差量が 2Θ rad 変化する.よって,セナルモン方式では,偏光子または $\lambda/4$ 板の回転角を制御することで,補償素子で与える位相差量を制御ができる.しかし,セナルモン方式で与えられる位相差量は 2π rad までに限定される.

(2) 位相変調素子 補償素子は複屈折物体で発生する位相差量を補償する素子であるが,偏光顕微鏡や光弾性計測などで直交する二つの偏光成分に任意の位相差量を与える位相変調素子として使用することも可能である.

バビネ方式では楔状の水晶の移動量を制御することで,セナルモン方式では偏光子または $\lambda/4$ 板の回転角を制御することで任意の位相差量に制御することが可能である.

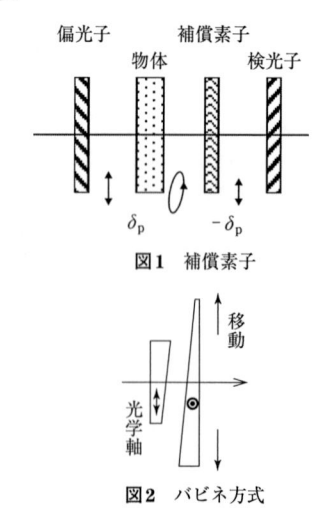

図1 補償素子

図2 バビネ方式

15.6.3 液晶素子

液晶は電場がかかると液晶分子が配向し，液晶分子の配向に伴って透過する光の偏光面も変化させる特性をもっている．特に，液晶分子が螺旋状に配向しているTN (twisted nematic) 液晶は，直線偏光が入射すると，偏光面を螺旋状に回転させる特性をもっている．そして，この特性から種々の光制御素子に応用されている．その代表的な例として，液晶シャッタや位相変調素子がある．

(1) 液晶シャッタ 液晶の分子配向を変化させるために加える電圧を印加電圧と呼び，印加電圧によってTN液晶は偏光面の回転角が変化する．

TN液晶は図1に示すように，振動面が直交している偏光子と検光子の間に，配向膜と液晶を配置する．配向膜は溝の方向が直交するように配置され，液晶分子はその溝に沿って配列して，90°ねじれた状態を作る．このとき，偏光子を通った光は液晶のねじれに従って90°ねじれて通り，検光子を通過する．液晶に印加電圧を加えると液晶分子の配列が解消され，光は液晶をそのまま通過するため検光子によって遮断され，シャッタとして機能する．

また，印加電圧を周期的に切り替えることにより，シャッタを周期的に開閉することができる．そして，印加電圧を保持する時間を制御することで，シャッタの開閉時間が調整できる．

さらに，印加電圧の大きさを調整することで，液晶分子の配向の解消度を制御することができる．したがって印加電圧の設定によって液晶シャッタを減光素子として使用することができる．

液晶ディスプレイなどでは，液晶素子の画素ごとにシャッタと減光の機能をもたせて像強度分布を形成している．

(2) 位相変調素子 図1の検光子の代わりに$\lambda/4$板を配置すると，セナルモン方式の位相変調素子を構成することができる．そして，液晶の印加電圧を変化させることで，$\lambda/4$板に入射する偏光面の角度を変化させることができ，$\lambda/4$板を射出する偏光の位相差量を変化させることができる．

ここで，$\lambda/4$板の光学軸（進相軸または遅相軸）を偏光子の振動面と一致するように配置すると，印加電圧が0のときは液晶で偏光面は回転することなく進み，$\lambda/4$板を射出する偏光の位相差量は0となる．

また，印加電圧を与えて$\lambda/4$板に偏光面が90°回転して入射するようにすると，$\lambda/4$板で180°（$\lambda/2$）の位相差が発生する．そして，偏光面の回転が45°になり，位相差量が90°（$\lambda/4$）となる印加電圧が存在し，$\lambda/4$板から円偏光を射出することができる．

したがって，液晶の印加電圧を調整することで，$\lambda/4$板から射出する偏光を直線偏光から円偏光に変化させ，再び直線偏光に変化させることができ，位相を印加電圧によって制御することができる．

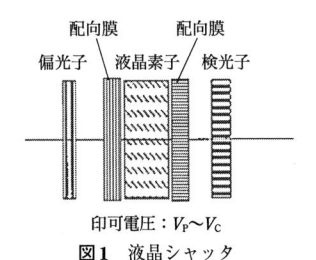

印可電圧：$V_F \sim V_C$

図1 液晶シャッタ

15.6.4 電気・磁気光学素子

液晶素子以外にも電気的な制御によって偏光面を回転できる素子として，電気光学素子と磁気光学素子がある．

(1) 電気光学素子 物質に電場をかけたときに屈折率の変化や複屈折が発生する現象を電気光学効果と呼び，物質にかける電場の強度に比例して屈折率の変化や複屈折が発生する電気光学効果を1次の電気光学効果またはポッケルス（Pockels）効果と呼び，電場強度の2乗に比例する現象を2次の電気光学効果または電気光学カー（Kerr）効果と呼んでいる．

これらの電気光学効果を利用して，電気的に偏光状態を変化させる素子が電気光学素子である．ポッケルス効果を利用して電気的に複屈折を発生させて，偏光面を回転させる素子としてADPやKDPなどの結晶材料がよく用いられている．

図1に示すように，ADPやKDP結晶を偏光子と検光子で挟み込み，光軸方向に電場をかけることで，液晶素子と同様に偏光面の回転によるシャッタが構成できる．

液晶素子に比べ電気光学素子は電場の変化に対する偏光面の回転が速く，ナノ秒・フェムト秒レーザなどで使用可能な高速シャッタを実現できる．また，検光子を外すと，高速可変の位相変調器も実現できる．しかし，液晶のようにアレイ化することは難しい．

(2) 磁気光学素子 磁場がかけられた物質の透過光または反射光の偏光状態が変化する現象を磁気光学効果と呼び，光軸に沿って磁場がかけられた物質を透過する偏光の偏光面が回転する現象をファラデー（Faraday）効果と呼び，磁場のかけられた物質で反射した直線偏光が複屈折により楕円偏光に変わる現象を磁気光学カー（Kerr）効果と呼ぶ．

ファラデー効果は磁気旋光とも呼ばれ，磁場によって入射偏光が状態を変えずに回転する．つまり，直線偏光は直線偏光のまま，楕円偏光は楕円偏光のまま偏光面が回転する．ファラデー効果によって偏光面が回転する角度αは，磁場強度をH，素子長をL，ベルデ（Verdet）定数をVとすると，式 (1) で表される．

$$\alpha = VHL \qquad (1)$$

ファラデー効果を利用して偏光面を回転させる素子をファラデー回転子（Faraday rotator）と呼ぶ．そして，ファラデー回転子は図2に示すようにレーザ光がレーザ光源内に戻らないようにする光アイソレータ（optical isolator）[1]として用いられる．また，波長に依存せずにアイソレータとして機能する特徴がある．

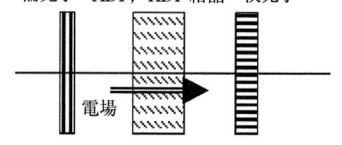

図1 電気光学効果を利用したシャッタ

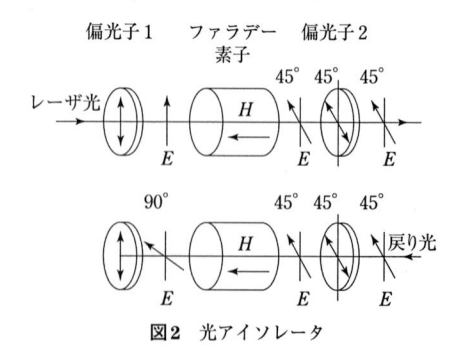

図2 光アイソレータ

15.6.5 フォトニック結晶

波長より小さい周期構造によって構成される素子をフォトニック（photonic）結晶と呼ぶ．フォトニック結晶には回折格子のような1次元構造の素子から結晶のように3次元構造をもつ素子まで種々の構造の素子があり，偏光子としての機能から3次元導波路の機能までさまざまである．

特に，フォトニック結晶の偏光特性に注目すると，今までにない新たな機能をもつ偏光素子を実現することができる．

(1) 偏光子 格子ピッチTの回折格子に波長λの光を入射させると，15.2.2項において式(1)で示す角度θに回折されることを紹介した．

ここで，回折格子の格子ピッチTが波長λより小さいサブ波長構造になると，$m=0$以外では15.2.2項の式(1)は成立しなくなる．そして，回折光は発生しなくなり，透過または反射光のみが発生する．

さらに，図1に示すように格子に対し垂直な振動面の偏光は透過するが，振動面が平行な偏光は反射する特性が現れる．

したがって，サブ波長構造をもつ回折格子は，偏光子として機能する．15.6.1項で紹介したワイヤグリッド型の偏光子もフォトニック結晶の一形態と考えることができる．

(2) 特殊な偏光素子 フォトニック結晶を用いた偏光素子は，サブ波長の周期構造を変えることで，さまざまな偏光特性を作り出すことができる．

図2に示すように同心状の格子構造や放射状の格子構造を形成すると，それぞれ同心方向に振動面をもつ偏光と放射方向に振動面をもつ偏光を作り出すことができる．

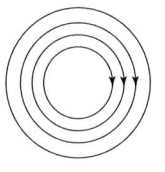

Circular Electric　　Radial Electric

図2 同心状と径方向の偏光
（（文献1）のFig.7から転載）

また，図3に示すように，領域ごとに格子の方向を変えることで，振動方向が異なる偏光子を集積化することができる．

フォトニック結晶を用いた偏光素子では，偏光板以外に波長板を構成することができる．さらに，偏光子との集積化も可能であり，領域ごとに偏光方向と位相差量が異なる偏光を発生する偏光素子を構成することも可能になっている．

格子に平行な偏光　　格子に垂直な偏光

サブ波長構造
回折格子

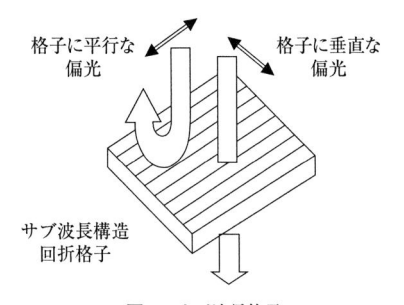

図1 サブ波長格子

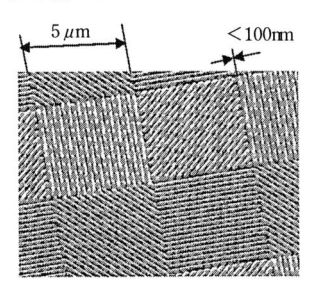

$5\mu m$　　$<100nm$

図3 集積化した偏光子の例
（（文献1）のFig.3(b)から転載）

15.7 位相を制御する

干渉計測をはじめとして光計測では，高精度計測のために位相シフトなどの計測手法を用いることが多く，位相を制御することが重要になっている．ここでは，位相制御する方法として，まず光路長の制御を示し，波面の制御，パターン投影法の位相の制御を紹介する．

15.7.1 光路長を制御する

干渉縞の強度分布 $I(x)$ は，
$$I(x) = a + b \cdot \cos\{\phi(x) + \phi_0\} \quad (1)$$
で書き表すことができる．ここで，$\phi(x)$ は物体の位相分布を，ϕ_0 は干渉縞の初期位相を表している．式 (1) から初期位相 ϕ_0 を変化させると，干渉縞の強度分布 $I(x)$ も ϕ_0 に同期して変化する．この特性を利用して，測定精度を向上させた計測手法が位相シフト干渉法である．

図1に示すように干渉計の参照ミラーなどを移動させることで，干渉計の光路長差OPD（optical path deference）を変化させることができ，初期位相 ϕ_0 を変化させることができる．

屈折率が n の媒質中で参照ミラーなどが機械的に Δ_L だけ移動すると，そのときの光路長差OPDは，屈折率 n と機械的に移動した距離 Δ_L の積
$$OPD = n \cdot \Delta_L \quad (2)$$
で表される．

位相シフト干渉法で計測を行うときには，OPDを高精度に制御する必要があり，参照ミラーなどの移動制御にピエゾトランスデューサPZTやパルスモータで制御された移動機構（マイクロメータ，ボールネジ）などが用いられることが多い．

式 (2) から，参照ミラーなどの光学素子が機械的に移動することだけではなく，屈折率 n が変化することでも，OPDが変化することがわかる．

屈折率 n の変化を利用する方法として，複屈折媒質の偏光方向による屈折率の差からOPDを変化させる方法がある．

複屈折媒質は入射する偏光の偏光方向によって異なった屈折率をもつ．したがって，偏光方向によって，素子を通過したときの光路長が異なってくる．15.6.1項で示した波長板や15.6.2項で示した補償素子は，この特性を利用して二つの偏光成分のOPDに変化を与えている．しかし，これらの素子は，二つの偏光成分が空間的に分離していないので，二つの偏光成分が再合成されて，素子を射出する偏光の状態が変化する．

入射した偏光を二つの偏光成分に分離する素子に，ウォラストンプリズム（Wollaston prism）がある．このウォラストンプリズムは，図2に示すように，入射する偏光の位置によってプリズムを構成する複屈折媒質の厚みが変化し，分離された二つの偏光成分の光路長が変化する．したがって，ウォラストンプリズムの位置を制御することで，分離された偏光成分の位相制御するこ

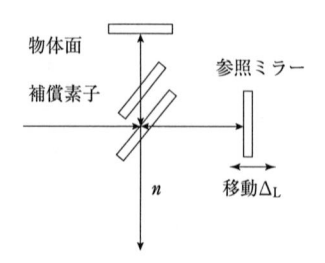

図1 干渉計の光路長変化

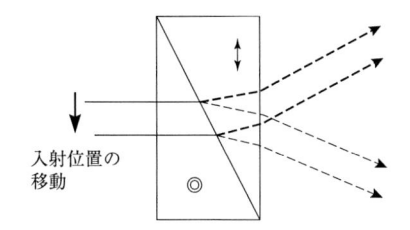

図2 ウォラストンプリズムの光路長変化

とができる．

また，15.3.1項の図2でガラスなどの光学材料は屈折率が波長によって変わる特性があることを示した．白色光源を用いて干渉計測する場合には，プリズムやハーフミラーなどの素子を光が透過するとき，波長ごとに光路長が変わるので，図1に示すように同じ素子を他方の光路に配置して光路長の補償を行うことが必要である．

15.7.2 その他の位相制御

（1） 波面を制御する　15.7.1項で干渉計などの光路長を変化させることで干渉する光の位相が制御できることを示した．ただし，ここでは干渉する光束はすべて同じ位相状態（波面）のまま位相が変化することを前提にしていた．

しかし，光束をレンズなどの光学素子で伝播するときには，光学素子によって伝播する波面が変化し，集光スポットの強度分布（点像強度分布）に変化が生じる．たとえば，共焦点顕微鏡で生体組織などの内部を観察する場合，表面からの深さに依存して集光光束の波面が変化し，点像強度分布が劣化し，計測精度を低下させていく．

したがって，光計測においては，計測時に使用する光束の波面を制御することも重要である．

波面を制御する方法として，15.4.2項で紹介した形状可変ミラーや空間位相変調器を用いることがある．これらの素子は，放物面上の波面を発生させて，集光点を光軸方向に走査していた．しかし，任意の波面を発生することもできるので，外乱によって発生した波面を補正する波面を発生することも可能である．

形状可変ミラーは形状を変化させる電極数に現状では制限があり，細かい波面変化を与えることは難しいが，波面の変化量を大きくできる特徴をもっている．

空間位相変調器は，細かい波面変化に対応可能であるが，与えられる波面の大きさが限定される．偏光依存性があるなどの特徴もある．

（2） パターンの位相を制御する　ここまで，光の位相を制御する方法を示して

きた．しかし，光計測には格子パターンなどを物体に投影し，格子パターンの変形量から物体の形状を計測するパターン投影法があり，パターン投影法でも位相シフト法を用いて測定精度の向上がはかられている．

パターン投影法では，投影したパターンの移動量を計測し，その移動量をパターンの周期で規格化して物体の形状分布を求めている．

図1に示すように周期Tの格子パターンがδだけ移動すると，格子パターンに

$$2\pi\delta/T \text{ rad} \quad (1)$$

の位相変化が生じたことになる．

したがって，物体に投影するパターンを移動させることで，パターン投影法では位相変化を与えることができる．そして，パターン移動量を制御することで，位相シフト法などの位相制御を行うこともできる．

投影するパターンを移動させる方法としては，マイクロメータ，PZT，ステップモータなどの位置制御装置を用いることができる．また，液晶素子上にパターン画像形成し，そのパターン画像を移動させることで，パターンの位置制御を行うことも可能である．ただし，式(1)の位相量は，正弦波状の格子パターンを仮定しているので，投影するパターンも正弦波状の分布をもっていることがよい．

文　献

15.2.2
1) 応用物理学会日本光学会光設計研究グループ監修：増補改訂版回折光学素子入門, p.154, オプトロニクス社, 2006

15.4.2
1) Dalimier, E., Dainty, C.: Optics Express, Vol. 13, No. 11, p.4275 (2005)
2) 石原満宏：光技術コンタクト, Vol. 39, No. 2, p.111 (2001)

15.6.1
1) 日本光学測定機工業会編：実用光キーワード事典, p.129, 朝倉書店, 1999
2) 日本光学測定機工業会編：実用光キーワード事典, p.128, 朝倉書店, 1999

15.6.4
1) 日本光学測定機工業会編：実用光キーワード事典, p.127, 朝倉書店, 1999

15.6.5
1) Kawakami, S., Inoue, Y.: IEICE Trans. Electron., Vol. E90-C, No. 5, p.1046 (2007)

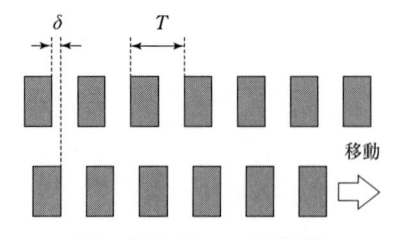

図1　格子パターンの位相変化

16　よい画像を得る

　光計測においては，対象物はレンズを介して拡大または縮小してカメラに取り込まれ画像として得られる．特に計測する場合には対象物を正確に拡大または縮小する必要があるため，レンズが重要となる．我々人間も眼というすばらしいレンズをもっている．たとえば，眼に入る光の量を自動で調整したり，数多くの種類の色を見分けたり，ピント（焦点）を自動で調整したりできる．また，人間の眼の分光感度特性は標準比視感度として定められ，さまざまな分野で使われている．その眼（レンズ）のしくみを知ることから本章の説明を始める．

　次に，実際によい画像を得るためには，レンズ・カメラ・光源を適切に選択する必要がある．レンズに歪みがあれば，正確な画像を得ることはできない．カメラも使用する目的によって適切なカメラを選択する必要がある．高速撮影を目的とする場合，暗い対象物を高感度で撮影する場合，高い解像度を要求する場合など，カメラは用途別にさまざまな種類がある．

　レンズ・カメラに対して，同様に重要な構成要素として光源がある．観察および計測用途の光源としてはハロゲンランプが主に使われてきたが，白色LEDの高輝度化により，LEDに置き換わることが増えてきた．単色で計測する場合は，レーザ光源を選択することも多いが，用途によってはスペックルの発生などもあり注意が必要である．観察・計測する対象物によって適切な波長と出力の光源を選択することがポイントとなる．

　このように光学系計測システムをつくりあげるには専門的な知識が必要となるが，正確に拡大した画像を得るならば，顕微鏡を使用するのが安易な方法である．その場合でもどのような顕微鏡がよいか，対物レンズは何がよいかなどを選定することになる．顕微鏡には立体的な画像を得るものとして，実体顕微鏡がある．また，微小な段差や傾斜を観察する場合は微分干渉対物レンズを使用することもある．顕微鏡の用語説明および顕微鏡の用途別の種類を述べるので参考にして欲しい．

　さらに動きのある対象物などの高速カメラによる撮影，微弱な光量しか得られない場合など暗い状態での撮影，および，顕微鏡の視野を越えた広い範囲の穫得方法についても説明する．

　最後に，画像を得たあとの信号処理について記載する．半導体デバイスの進化によってコンピュータの処理速度は格段に向上した．画像のフーリエ変換なども，処理時間を気にせずに行うことができる．また画像処理によって，元画像の画質を上げることも可能になる．市販のソフトでもこのような処理ができるので，ぜひ，試していただきたい．

　本章ではよい画像を得るための基本的な注意点について記載するが，光計測を実現する上でのキーワードになれば幸いである．

16.1 人間の眼の光学的スペックを知る

人間の眼の構造は図1のようになっている.

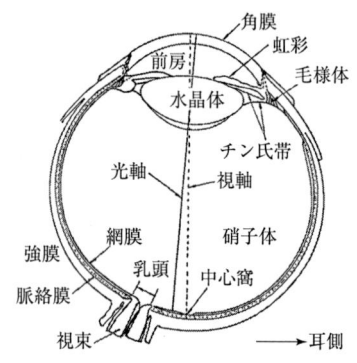

図1 人間の眼の構造

前房は前房水と呼ばれる液体で満たされている．虹彩は中央に穴のあいた不透明な膜で，外界の明るさに応じて穴の直径が約2 mmから8 mmまで変わり，眼に入る光の量を調整する．この穴は瞳孔と呼ばれ，いわゆる瞳である．水晶体は，毛様体筋の収縮により水晶体を引っ張って支持している毛様体小帯（チン氏帯）を緩め，水晶体の自己弾力性によりその屈折力を増す．毛様体筋が弛緩した状態（無調節状態）で平行光線が網膜面に結像する状態を正視という．無調節状態で網膜前に結像する状態が近視，網膜後に結像する状態が遠視である．また屈折力調節力は加齢とともに小さくなる．これらはめがねによって補正される．網膜には視細胞が存在し，それらにより光刺激を受ける．

眼の光学的モデルとして表1および図2に示すグルストランドの模型眼が知られている．このグルストランドの模型眼が光学

表1 グルストランドの模型眼

目全体	Gullstrand 模型		略式眼	
	無調節	極度調節	無調節	極度調節
屈折力 (D)	58.636	70.57	59.64	67.68
物体側主点	1.348	1.772	1.79	2.00
像側主点	1.602	2.086	1.91	2.19
物体側節点	7.078	6.533	7.39	6.79
像側節点	7.332	6.847	7.51	7.16
入射瞳位置	3.045	2.667	3.04	2.66
射出瞳位置	3.664	3.221	3.49	3.03
瞳倍率	0.909	0.941	0.93	0.96
物体側焦点距離	−17.055	−14.169	−16.68	−14.78
像側焦点距離	22.785	18.930	22.29	19.74

屈折力と瞳倍率以外はmm．

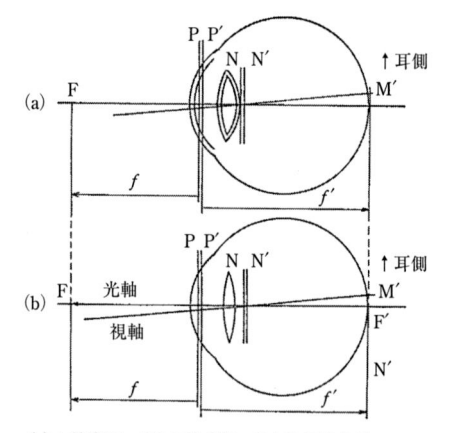

(a)：精密眼，(b)：略式眼，P：物体側主点，P′：像側主点，N：物体側節点，N′：像側節点，F：物体側焦点，F′：像側焦点，f：物体側焦点距離，f'：像側焦点距離，M′：中心窩

図2 グルストランドの模型眼

器械と眼とのマッチングをとるための基礎資料として使われている．

光学器械を眼で覗くときに必要となるのが接眼レンズである．接眼レンズの主要な仕様はアイポイントと視度調整範囲と倍率の三つである．顕微鏡の例を図3に示す．

物体PQから出た光は対物レンズObにより結像し物体の拡大像P′Q′となり，さ

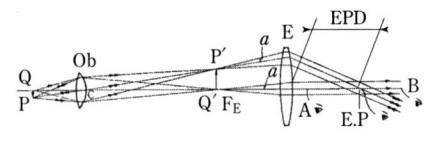

図3 顕微鏡の接眼レンズ

らに接眼レンズEにより平行光となり出射される．各点から出た各々の平行光が重なり合う位置をアイポイント（E.P）と称する．また接眼レンズの右端面からアイポイントまでの距離をアイポイントディスタンス（EPD）と称する．アイポイントの位置に正視眼の瞳孔が位置するようにもってくると，物体の像が眼の屈折力により眼の網膜上に結像する．図3のAやBのように瞳孔がアイポイントを外れると，物体のP点からの光束が瞳孔を通過しないため，物体の一部分しか見えなくなる．EPDが長すぎると眼の位置が不安定となり，アイポイントを維持するのが難しくなる．またEPDが短いとめがねをかけたままではアイポイントの位置に眼を位置することができなくなる．目当てゴムを用いるとこれを解決できる．接眼レンズの倍率は裸眼の明視の距離を基準として，250/接眼レンズの焦点距離（mm）と定義される．

16.2 撮影レンズを選ぶ

本節では，高精度な計測を実現するための光学系（レンズ）のポイントとなる「画像のゆがみ」および「テレセントリックレンズ」について説明する．次にカメラレンズに代表されるマクロレンズの利用について説明する．

16.2.1 画像のゆがみ

画像のゆがみは光学系の歪曲収差（ディストーション：distortion）によって生じ，碁盤目状の格子点が図1(a)，(b)のように変形する．前者は画面周辺ほど縮む「たる型」ディストーション，後者は逆に画面周辺ほど伸びる「糸巻き型」ディストーションと呼ばれている．このような光学系で寸

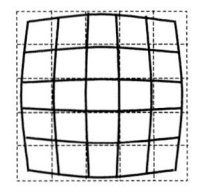

(a)「たる型」
　ディストーション

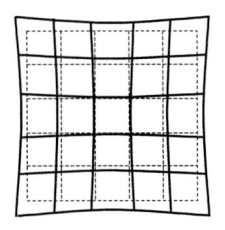

(b)「糸巻き型」
　ディストーション
図1 歪曲収差

法を測定すると,画面中心付近における誤差は比較的小さいが,画面周辺や大きな物体では誤差が大きくなる.

ディストーションは最大像高に対する偏差量(単位%)としてレンズ仕様に記載されている場合があり,必要精度に合ったレンズを選定することができる.ディストーション量が不明の場合は,寸法が既知の格子パターンの撮像画像より求めることができる.画像測定機では画像の歪みをソフト的に補正している.特にズーム光学系ではズーミングに伴ってディストーションが変動するので,必要に応じて画像の歪みを補正することが望ましい.

16.2.2 テレセントリックレンズ

テレセントリック(telecentric)レンズは図1に示すように絞りが対物レンズ(焦点距離:f)の像側焦点位置にあるため,絞りの中心を通る光線(主光線)が物体側で常に光軸に対して平行となっている.物体側から入射し光軸に平行な光線は焦点(絞り位置)に集光するからである.物体Oの像O′が像面に結像し,その大きさをHとすると,同じ寸法の物体Pが対物レンズより少し離れた位置にあった場合,その像P′は像面より手前に結像する.したがって像面上で像はぼけるが,その寸法(主光線が像面と交わる高さ)はHとなり,物体がピント位置から多少ずれていても,正しい寸法が測定できる.計測を行う上では,ピントを合わせることは重要であるが,ピント合わせによる計測への影響(誤差)を少なくした光学系がテレセントリック光学系であり,正確な計測を行う場合はテレセントリックレンズを使用する必要がある.

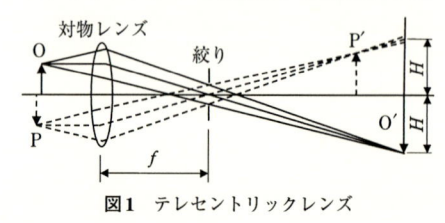

図1 テレセントリックレンズ

次に,テレセントリックレンズに関する倍率について述べる.

図1から明らかなように対物レンズと像面の距離を変化させると,像の大きさ(倍率)が変化するので,対物レンズと像面の距離は一定でなければならない.逆にこの距離を変化させることによって,倍率を調整することができる.像面の位置をO′の

位置からP′の位置になるように，対物レンズと像面の距離を短くした場合，物体Pの位置でピントが合う．この場合，像面O′の結像の大きさHに対して，像面P′の結像の大きさは小さくなるので，倍率を小さくすることができる．

光学系にコマ収差があると，焦点ずれに対して点像のぼけが非対称になり，テレセントリック光学系であったとしても点像の中心がシフトする．計測用対物レンズでは一般に収差は良好に補正されているので，このような問題は生じない．しかし衝撃などによってレンズが偏心すると，光軸上（画面中心）であってもコマ収差が発生し，測定誤差が生ずることもあるので注意が必要である．

一般的に高精度計測用対物レンズの収差は良好に補正されているが，これらはレンズを所定の倍率，寸法で使用することが前提となる．物体から像面までの距離を所定の寸法にすることによって，作動距離，倍率，NA（開口数）などの光学仕様が保証される．

16.2.3 マクロレンズ

テレセントリックレンズは16.2.2項で述べたように高精度な計測に必要であるが，測定対象物が大きくなると必然的にレンズが大型化する．画像計測に画像歪みの小さいマクロレンズを用いる場合が多いのは，精度よりも装置の大型化を避けるねらいがあるからである．マクロレンズの明るさは口径（F値）で表示されており，顕微鏡対物に表示されているNA（開口数）との関係を以下に示す．

$$\mathrm{NA} = \frac{1}{2F} \qquad (1)$$

ただし，式（1）は無限遠で使用する場合に成立し，倍率m倍（$0 < m \leq 1$：縮小）で結像させる場合は次の式で補正する．

$$\mathrm{NA} = \frac{1}{2F(m+1)} \qquad (2)$$

ただし，NAは像側のNAである．式（2）は実効的なNAが，倍率が1/2なら式（1）より得られるNAの2/3倍となり，等倍なら1/2倍になることを意味する．

一方，物体側のNAをNA′とすると，次の式となる．

$$\mathrm{NA}' = \frac{m}{2F(m+1)} \qquad (3)$$

焦点距離fの薄肉レンズをm倍（$m > 0$）で結像させた場合，物体から像までの距離Lは次の式で与えられる．

$$L = \frac{(m+1)^2 f}{m} \qquad (4)$$

使用するマクロレンズは薄肉レンズではないので，実際の距離Lは式（4）より数cm程度長くなるが，装置全体の大きさを知る上で有用である．

16.3 カメラを選ぶ

本節は画像を利用する計測時に必要となるCCD，CMOSの基本的な仕様について述べる．

16.3.1 カメラの仕様の読み方

カメラを選ぶ場合，我々は使用目的から，必要な仕様項目の選択を行う．カメラは近年さまざまな用途に使われるが，代表的な用途に絞ってみるべき仕様項目を明らかにする．

（1）解像度を重視する場合…画素数
撮像した画像の細部をみて形や凹凸のあるなしを判断するような用途の場合は，画像をどのくらいの細かさで撮像できるかが重要になる．この細かさは，カメラに内蔵されている撮像素子の画素数に比例する．一般に，画素数が多いほど画像の細かい部分まで撮影できることになる．

（2）動画像を見る場合…フレームレート　動画像を見るには，画像を1秒間に何枚撮影しディスプレイに出力できるかが重要になる．これをフレームレートという．動画を見るためには，30枚/秒の画像出力する能力が必要で，最低でも10枚/秒は欲しい．

（3）陰影の強い対象を見る場合…ダイナミックレンジ　陰影の強い対象を見る場合は，ダイナミックレンジが重要になる．ダイナミックレンジとは判別できる一番弱い光と一番強い光の比になる．

（4）暗い被写体を見る場合… S/N比
撮像素子の中で発生するノイズが重要になる．一般にはS/N（信号/ノイズ）として示されている場合が多く，ノイズが小さくてS/N比の大きなものがよい．

（5）機能… AE, AF　ここまでは，撮影対象別に重要となる仕様項目を述べてきたが，実際の用途としては，簡単にきれいな絵を確認，保存することが重要視されることが多い．

簡単にきれいに撮影するには，露光時間の自動調節機能（AE）や焦点の自動調節機能（AF）があると便利である．

（6）インターフェース　また，撮影した画像を見るためには，直接ディスプレイなどに出力する方法と，いったんPCに取り込んであとでPC上で確認する方法が一般的である．

直接に映像信号を出力する場合は，NTSCやDVI，HDMIといった映像信号出力インターフェースをもっている必要がある．これは出力しようとするディスプレイ側のインターフェースとの整合が必要である．

PCに取り込む場合は，PCインターフェースが準備されている必要がある．キャプチャボードといわれるインターフェースボードを介してPCと接続するものやIEEE 1394，USBのようにPCの標準搭載インターフェースにキャプチャボードなしで接続するものがある．

PCに取り込んだ場合は，各種のPC上のソフトウェアにて画像の再構築や計測などを行うことが可能となる．

16.3.2 CCD素子の特徴

CCDとは，charge coupled deviceの略で，電荷結合素子と訳す．現在のところカメラに内蔵されている撮像素子では中心的存在である．

CCDは，撮像面上に映った光の像を電気信号に変換し，外部に出力する機能をもつ．

(1) 原理・構成　CCDは以下の四つの部分からなる電子デバイスである．
・光電変換部（光を信号電荷に変える）
・電荷の蓄積部（信号電荷をためる）
・電荷の転送部（信号電荷を送る）
・電荷/電圧変換部（信号電荷を電気信号に変える）

CCDの特徴は，電荷の転送方法にある．シリコンの酸化膜上に電極を設けてゲートを作り電荷の蓄積部を構成する．蓄積した電荷を外部に出力する際には，電極ゲートの電圧を制御することにより電荷を画素ごとに移動させて順次外部に取り出す．

(2) 基本特性
① 感度：　光の強さを電気変換する割合が感度となる．弱い光で作成された像を写すことができる撮像素子は感度が高いことになる．CCDの感度は，光電変換部の変換膜の特性，開口率，画素ピッチ，FDアンプ効率の掛け算となる．CCDは単位画素ごとに光を電荷にして蓄える．高感度のためには，以下の四つが必要となる．光を効率よく電荷に変換する材料を使うこと．CCD面上の光電変換膜にどれだけの光が到達しているかを示す開口率をあげること（CCD面上にマイクロレンズを配置することにより効率が向上してきた）．画素の面積を大きくすること．FDアンプと呼ばれる電荷電圧変換素子の効率をよくすること．

一般に，光電変換膜の組成，開口率，FDアンプ効率にはそれほど差がなく，画素の大きさによる違いが大きい．画素の大きさは，大きくなると感度がよくなるが，CCDのサイズが一定であれば撮影画像の解像度が悪くなることになる．

② ダイナミックレンジ：　検知することのできる最大光量と最小光量の比がダイナミックレンジとなる．

CCDは光を電荷に変換して蓄えるが，蓄えられる電荷には限りがある．これを飽和信号電荷量といい，これが最大光量となる．飽和電荷量は一般に画素が大きいほうが大きい．

CCDを完全に遮光した状態で読み出しを行っても出力からは微小な出力がある．画素を転送する回路からの漏れこみであったり，電荷電圧変換回路のノイズであったりする．このノイズより少ない電荷を発生する光は検知できないことになり，これが最小光量となる．

③ 解像度：　光の像の平面分解能が解像度となる．

CCDは2次元の半導体でできている．画素のピッチが狭いほど解像度が上がる．カメラを構成する場合にはレンズによってCCD上に光学像を投影する．近年は半導体の微細化によりCCDの画素ピッチが狭くなってきている．光学系の分解能よりもCCDの画素ピッチが，狭くなる場合もあるが，この場合は光学系の解像度が全体の解像度となる．

16.3.3 CMOS素子の特徴

CMOSはcomplementary metal-oxide semiconductor（相補型金属酸化膜半導体）の略で，CMOS LSIの製造プロセスを流用したイメージセンサを総称してCMOS素子と呼ぶことにする．

（1）原理・構成　CMOS素子の，光を電気に変換する機能はCCDと同じであるが，CCDとの相違点は，画素ごとに電荷の増幅を行う機能がある点と，信号を読み出す場合にXYアドレス方式を使っている点である．

（2）基本特性　CCDとの比較でCMOSの基本特性を表1に示す．

表1　CCDと比較したCMOSの基本特性

	CCD	CMOS
感度	◎	○
ダイナミックレンジ	○	○
解像度	○	○
暗電流	◎	○
混色	◎	○
露光同時性	◎	○
読み出し自由度	○	◎
電源数	△	○
消費電力	△	○

感度，混色などは，半導体プロセスの改善によりCMOSがCCDに近づいている．少ない電源数，低消費電力などは機器組み込み時に多いにメリットになり，今後はCMOSの普及が進むものと考えている．

16.4　光源選びの注意点を知る

良好な画像を得るためには撮像素子などの感度を考慮した充分な明るさと，用途に応じた適切な発光スペクトルを有する光源を選択する必要がある．

明るさの観点における光源選択の注意点として，照明光学系の明るさは光源の光束（lm）の大きさで決まらないということが挙げられる．一般に照明光学系の明るさは光源の光束（lm）よりも，輝度（cd/mm^2，光束の立体角面積密度）に依存する場合が多い．また照明光学系は使用される光源の大きさ，発散性を考慮して設計されており，既存の光学系において仕様と異なる大光束の光源に置き換えたとしても明るくならないばかりか解像度やコントラストの低下を招く場合もあり注意が必要である．

光源の発光スペクトルも重要な要素である．カラー撮像の場合，白色光源を用いることはいうまでもないが，画像の忠実な色再現が必要である場合は幅広い連続スペクトルを有し演色性の高い光源を用いることが必要となる．一方で，蛍光観察など特定の波長を用いて照明する場合では輝線をもつ光源や固体光源などの単色光源が適している．また，多くの光源は撮像に必要な可視光に加え赤外線（熱線）を放射しており，試料の温度上昇を防ぐため熱線吸収フィルタやコールドフィルタが必要な場合がある．

以下，光学機器に用いられる代表的な光源についてその特徴と注意点を記載する．

（1）ハロゲンランプ　可視から赤外波長域までの幅広い連続スペクトルを有し，最もポピュラーな光源である．良好な演色性を有し，明視野，暗視野観察，偏光

観察や，微分干渉観察など幅広い観察法に対応可能である．

(2) **水銀ランプ** 紫外〜可視波長域で特有の輝線スペクトルをもつ放電光源である．輝線における出力は他の光源に比べて高く，特定の輝線波長を励起光として用いる蛍光観察などに適している．演色性は低い．

(3) **キセノンランプ** 光学機器には光点が小さく輝度の高いショートアークランプが一般に用いられる．紫外〜可視〜赤外の広帯域における連続スペクトルを有し，太陽光に近い白色光をもつことが特徴．非常に演色性が高く，試料の微妙な色の変化をとらえる用途に適している．また，パルス光発生用のキセノンフラッシュランプは写真撮影用光源として一般的に利用されている．

(4) **レーザ光源** コヒーレンス光源であるレーザはスペックルや干渉縞発生の問題から通常の画像観察用途の光源としては不向きである．一方で輝度がきわめて高く，収束性に優れているというレーザの特徴を生かし，共焦点走査顕微鏡の光源に利用されている．単色光のためモノクロ撮像用の光源である．

(5) **LED** 長寿命，熱線放射がないといった長所を有する．また高速応答性に優れ，ON/OFFを頻繁に繰り返す用途にも適している．本来単色光源であるが，青色LED + YAG（イットリウム・アルミニウム・ガーネット）蛍光体による白色LEDがある．この白色LEDは演色性が低く，特に赤色の試料に対して再現性が悪い．他の光源に比べ輝度が低いが，近年発光効率の向上，高輝度化が進んでいる．

16.5 光学顕微鏡を使う

本節は，光学顕微鏡の構成，歴史について概要を述べ，次に，顕微鏡を使用する上で必要な代表的な用語，各部の名称と顕微鏡の種類を説明する．最後に，顕微鏡を用いた観察方法について紹介する．

16.5.1 光学顕微鏡の概要

光学顕微鏡は凸レンズ2枚を組み合わせ，試料を拡大観察する装置である．試料側の凸レンズを対物レンズと呼び，目側の凸レンズを接眼レンズと呼ぶ．一般的には対物レンズは1〜100倍程度の拡大倍率をもち，接眼レンズは10〜20倍程度の拡大倍率をもつ．対物レンズによって実像を作り，接眼レンズでさらに拡大した虚像を作ることによって，試料の細部を観察することができる．また，その他の構成物として，試料を照明するための光源やコンデンサレンズなどの光学系や，それらを固定するために必要な各種レンズ室，対物レンズを複数装着可能なレボルバ，試料を移動させるためのステージなどが必要になる．

光学顕微鏡の歴史は古く，16世紀のヤンセン親子による発明に始まり，17世紀のA. レーウェンフックの単式顕微鏡やR. フックの複式顕微鏡の発明などを経て，半導体の微細化やバイオテクノロジーの発展に伴い，現在も急速に発展しつづけている．特にバイオテクノロジーの発展は生きた細胞（live cell）をさまざまな手法により観察し（バイオイメージング），生命の謎を解明するために役立っている．バイオイメージングは特定の分子がいつどこでどの分子

と相互作用して機能しているかを可視化する技術であり、バイオ研究者には必要不可欠な技術となっている。近年、特定の分子だけに蛍光タンパク質を発現させ、観察する蛍光イメージングが盛んであり、オワンクラゲ緑色蛍光タンパク質（green fluorescent protein：GFP）の発見・開発により、蛍光イメージングを飛躍的に発展させた功績で2008年に米ボストン大学医学校名誉教授の下村脩博士がノーベル化学賞を受賞されたことは記憶に新しい。iPS細胞の観察や人工授精などにも光学顕微鏡は多く使われており、今後の発展がますます注目されている。

16.5.2 顕微鏡の用語解説

光学顕微鏡にはさまざまな専門的用語が用いられる。代表的な用語の解説について以下に述べる。

(1) 倍率 倍率とは光学顕微鏡における物体の大きさと像の大きさの比をいう。

総合倍率（M）は式(1)により計算される。

$$M = M_o \times M_e \quad (1)$$

ここで、M_o：対物レンズ倍率、M_e：接眼レンズ倍率

デジタルカメラ撮影時にリレーレンズを使用する場合の取得画像では倍率式(2)となる。

$$M = M_o \times M_p \quad (2)$$

ここで、M_p：リレーレンズ倍率。

デジタルカメラの画像をモニタで写す場合のモニタ上の倍率は式(3)になる。

$$M = M_o \times M_p \times \frac{モニタサイズ}{CCDサイズ} \quad (3)$$

(2) 実視野 実視野とは顕微鏡の接眼レンズで観察できる試料面上の大きさのことをいい、式(4)で表される。

$$実視野 = \frac{接眼レンズ視野数}{対物レンズ倍率} \quad (4)$$

(3) 開口数 開口数とはNA（numerical aperture）と呼ばれ、対物レンズの分解能を求めるための指数である。開口数（NA）は式(5)により計算される。

$$NA = n \times \sin\theta \quad (5)$$

ここで、n：試料と対物レンズ先端の間の媒質がもつ屈折率（空気＝1、オイル＝1.515）、θ：対物レンズに入射する光の光軸に対する角度。

一般に開口数が大きければ、明るさや分

解能の点で優れているといえる．

（4）分解能　分解能とは点と点を別の点として見分けることができる最小間隔のことをいう．

分解能（α）は式（6）により計算される．

$$\alpha = 0.61 \frac{\lambda}{NA} \quad (6)$$

ここで，λ：光の波長．

分解能は光の波長と対物レンズのNAによって決まることになり，対物レンズの倍率には依存しない．したがって，試料をより微細に観察する場合には，単に倍率を大きくしても分解能を超える微細構造を見ることはできず，より大きな開口数NAをもつ対物レンズを選択する必要がある．通常，目で観察する光学顕微鏡の場合，計算に使用する波長は人の目に一番感度がよいといわれる550 nmである．

（5）焦点深度　焦点深度とは顕微鏡で試料を観察する際，試料の上下方向（厚さ方向）において，ピントが合う範囲のことをいう．焦点深度（Δ）は式（7）により計算される．

$$\Delta = \pm \frac{n \cdot \lambda}{2 \cdot (NA)^2} \quad (7)$$

16.5.3　顕微鏡各部の名称と種類

顕微鏡はその用途（何を観察するか）により構造が異なる．以下に代表的な光学顕微鏡の用途と特徴を記す．

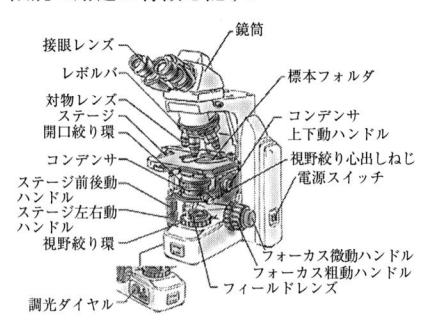

図1　顕微鏡各部の名称

（1）バイオサイエンス用途

① 正立顕微鏡

染色された生物試料，染色されていない透明な生物試料，血液などを観察するために利用される光学顕微鏡．対物レンズが試料の上に位置しており，試料が載っているステージを上下させることによりピント合わせを行う．落射蛍光装置や共焦点（コンフォーカル）顕微鏡との組合せも可能である．臨床分野で細胞や組織の診断のために使用されることが多いので，長時間観察しても疲労をためないための人間工学的な視点（エルゴノミクス）で数多くの工夫がなされている．また，近年は銀塩写真に代わり，デジタルカメラとの組合せでの使用が

② 倒立顕微鏡

生きた細胞（live cell）の観察，画像取得を行うために利用される光学顕微鏡．ガラス容器（シャーレ）内の生きた細胞を下から観察するため，対物レンズが容器の下に位置しており，対物レンズが装着されているレボルバ部を上下させることによりピント合わせを行う．正立顕微鏡同様，落射蛍光装置や共焦点（コンフォーカル）顕微鏡との組合せも可能である．生きた細胞を長時間観察・撮影するためにフォーカスを維持する装置やレーザを光源とし，細胞を捕捉・移動させることが可能な光ピンセットなど，さまざまな実験手法が可能である．また，生細胞を長時間培養するための環境維持装置などとも組み合わせて使用されることが多い．

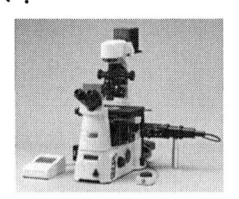

(2) 産業分野用途

① 正立顕微鏡（その1）

主にフラットパネルディスプレイや300mmウエハの観察・検査を行うために利用される光学顕微鏡．大きな試料を搭載するため，顕微鏡の構造強化，ステージの大型化や堅牢化などが図られている．同時に操作ノブ類を前側に集中配置（フロントオペレーション）し，大きくとも使いやすくするための工夫がなされている．光学的には微分干渉観察により，低倍率でもムラのない像が観察可能である．また，帯電防止対策やコンタミネーション対策なども行われているため，製造ラインにおける歩留まり向上に対応させている．

② 正立顕微鏡（その2）

主に電気基板や各種金属材料などの観察・検査を行うために利用される光学顕微鏡．ウエハ検査用の正立顕微鏡（上述）に対し，対象となる試料が小さいため，コンパクトな設計となっている．いろいろな方式の観察が可能なように，明視野観察，暗視野観察，微分干渉観察，落射蛍光観察などの対応がされている．また帯電防止対策やコンタミネーション対策も図られている．

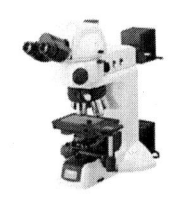

③ 倒立顕微鏡

金属・セラミックス・高分子材料などの組織検査，評価・解析を行うために利用される光学顕微鏡．自動車産業や素材関連産業における研究開発部門や検査品質管理部門など幅広い分野で利用される．厚みのある試料を下から観察するため，対物レンズは試料の下に配置されている．写真は従来

の倒立顕微鏡の設置面積を従来機比1/3に縮小しつつ，高い剛性を確保した製品である．正立顕微鏡（その1）同様，操作ノブ類を前側に集中配置（フロントオペレーション）し，使い勝手の向上が図られている．観察範囲は広範囲を観察するため写真の倒立顕微鏡では視野が$\phi 25\,\mathrm{mm}$にまで拡大され使い勝手を向上させてある．

④ 実体顕微鏡

試料を立体的に観察するために利用される光学顕微鏡．立体観察が可能なため，試料を拡大観察しながらさまざまな作業をする際に用いられることが多い．人工授精作業時などのバイオサイエンス分野や眼科・外科などの手術分野など，幅広く利用・応用されている．

2種類に分類され，光軸が平行に配置されている平行実体顕微鏡（ガリレオ式）と斜めに配置されている内斜実体顕微鏡（グリノー式）がある．人間の両目は内側に内斜しているため，内斜実体顕微鏡は立体視が楽にできるがその構造上，デジタルカメラや落射照明装置などの付属品を取り付けるのが難しい．一方，平行実体顕微鏡はシステム実体顕微鏡とも呼ばれ，落射蛍光照明装置やカメラポート，描画装置など，さまざまな付属品が取り付け可能である．

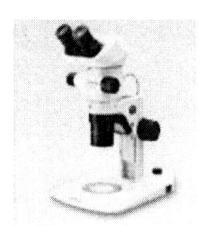

16.5.4 各種観察方法

前項にて，代表的な光学顕微鏡について説明したが，本項では産業分野で使われる光学顕微鏡を用いたさまざまな観察方法について述べる．

(1) 落射明視野観察法

色やコントラスト（明暗）のある試料の観察に適している．産業分野での試料のほとんどは不透明であり，照明光は試料を透過（通過）しない．このため，対物レンズを通して試料を照明する．観察像は試料面で正反射するので，明るい像となる．また照明はケーラー照明となっているため，試料を均一に照らすとともにコントラストの良い像を得ることができる．

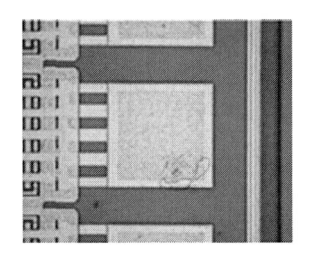

(2) 落射暗視野観察法

ウエハ・ガラスなどの鏡面試料のキズの観察に適している．対物レンズの外側からリング状の照明光を観察光学系に入らないように斜めに試料を照明し，回折光や散乱

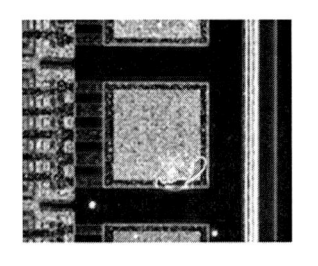

光を観察する．試料面での正反射光は対物レンズに入射せず，鏡面状の試料では暗黒の視野となるため，暗視野観察と呼ばれる．この観察方法ではわずかな段差やキズなどが暗黒の中に観察され，コントラストが極めて高く，検出能力に優れている．産業用光学顕微鏡では一般的には明視野と暗視野が簡単に切り換えられるようになっている．

（3）落射微分干渉観察法

ウエハ，磁気ヘッド，ハードディスクなどの表面の微小段差やキズなどの観察に適している．光の偏光性と干渉性を利用し，微小な凹凸や屈折率差（1nm）を高感度に観察する．偏光素子（ポラライザとアナライザ）とノマルスキープリズムを用いることにより，光を分離し，光路差の微分値を像面上でコントラストに変換し観察する．観察像のコントラストを自在に変えることが可能で，暗視野のような像や，レリーフ像，干渉色での観察を選択できる．さらに鋭敏色板を用いることにより，光路差が色の変化となるので，干渉色チャートにより，段差量をある程度推定することが可能である．

（鋭敏色板使用時）

（4）落射蛍光観察法

ウエハ上のゴミやキズ，半導体製造工程の残留レジストの観察に適している．特定の波長の照明光（励起光）を試料に照射し，試料が発する蛍光（自家蛍光）を観察する．通常，光源には水銀ランプを用いるが，最近はLEDも光源として利用され始めている．特定の波長で照明するためにエキサイタフィルタで波長分離を行い，試料が発する蛍光を目的の波長だけで観察するためにバリアフィルタを用いる．他の観察法では見えない異物やキズなどが見える．

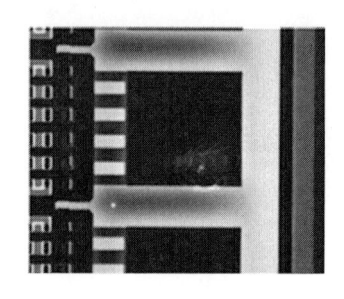

16.6 高速現象を撮影する

本節では目視のスピードではとらえられないような現象を画像としてとらえるための機材とその選択および画像取り込み方法,さらには高速度カメラでは必須の同期のとり方について述べる.

16.6.1 高速度カメラの種類と使い方

(1) 高速度カメラの説明

① 高速度カメラの定義: 高速度カメラは,1/100秒以下の高速現象を,連続した動画として撮影する目的で開発された動画カメラの総称である.英語表記は,high speed camera.

高速度カメラは,通常,100フレーム/秒～10万フレーム/秒の性能をもつ.

特殊目的では,100万～2億フレーム/秒のカメラも開発されている.これらのものは,構造上,撮影枚数が8枚～数十枚と限られている.

② 高速度カメラの使われる分野: 高速度カメラが使われる応用分野を以下に示

す(図1参照).

・自動車安全実験: エアバッグ試験,シートベルト試験,衝突実験.
・宇宙開発: ロケットエンジン燃焼試験,衛星分離試験,着脱ボルト試験.
・スポーツ: 各種運動解析.
・コンピュータ周辺機器: インクジェット,プリンタ機器の挙動,HDDの挙動,など.
・自動機械(FA)の不具合解明

(2) 高速度カメラの基礎用語

① 撮影速度(framing rate): 1秒間に撮影できる画像枚数を撮影速度と呼ぶ.単位は,フレーム/秒,コマ/秒,fps(frames per second),pps(pictures per second)である.撮影速度が速いほど高速現象解明に適している.一般に,現象が推移する時間の10～20倍のサンプリング間隔が適切な撮影速度となる.たとえば1/1000秒の現象なら,10000～20000フレーム/秒が適当である.

② 露出時間(exposure time): 1枚の画像を得るシャッタ時間である.露出時間は,秒,ミリ秒(ms),マイクロ秒(μs)で表す.一般的に,露出時間は,撮影速度間隔の1/5以下が望ましいとされている.すなわち,10000フレーム/秒(100マイクロ秒)の撮影速度であれば,20マイクロ秒以下の露出時間が適切である.露出時間を短くするのは,高速現象の移動ボケを減ずるためである.

シャッタは,固体撮像素子内蔵電子シャッタで行う場合が多いが,場合によっては撮像素子前部に回転円板シャッタを装備したり,撮影速度に同期させたキセノンストロボ,パルスレーザ,LEDなどの短時間発光光源を用いる.

③ 画像サイズと色情報: 画像を構成する画素数が大きいほど,画素を記録するのに時間がかかり,撮影速度に影響を与え

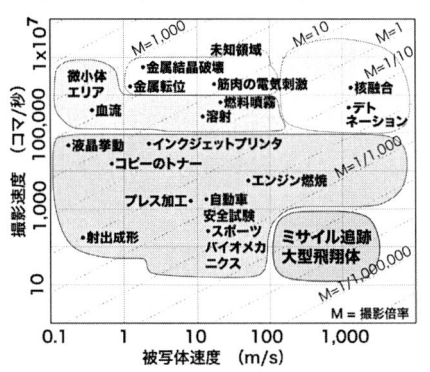

図1 高速度カメラ応用分布図

る．VGA画像（640×480画素）以上であれば，解析用としては十分な情報量である．カラー情報は，Bayerフォーマット（単板RGBモザイクフィルタ）のものがほとんどであり，3板式カラーの高速度カメラはない．

④ 撮影レンズ(lens)： 撮影レンズは，市販のカメラレンズを流用するのがほとんどであり，「C」マウントと呼ばれるネジマウントが一般である．ただし，Cマウントレンズは11mm×11mm程度の撮像素子までしかイメージサイズに対応していないので，サイズの大きい撮像素子をもつカメラでは，ニコンFマウントレンズを流用している．

⑤ 照明装置（光源，light source）：

高速度カメラは，短時間露光を行う必要上，高輝度照明装置が必要になる．1990年代より，メタルハライド（HMI）光源が使われている．レーザも，その特性が活かされて，ライトシート光源やシュリーレン光源，ファイバ光源として使われている．LED（発光ダイオード）も，2000年以降，高輝度で大出力，白色のものが開発され注目されているが，光量がいまだ不十分なので，微小エリア用やストロボ光として使われている．

⑥ 現象との同期： 高速度カメラは，撮影記録総時間がきわめて短い．ほとんどものが1秒～数秒で撮影を終えてしまう．その理由は，1秒間に数千枚の画像を撮るため，高速で取り込む記録媒体（RAM）の容量に限度があるからである．したがって，現象との撮影タイミングをとる電気的同期手段（トリガ信号）が必要となる．

⑦ 画像保存： 撮影された画像は，一般的な動画像フォーマットで保存される．よく知られている動画像フォーマットは，AVIファイルである．MPEGファイルは，すべての画像を保存せずに時間的な間引き

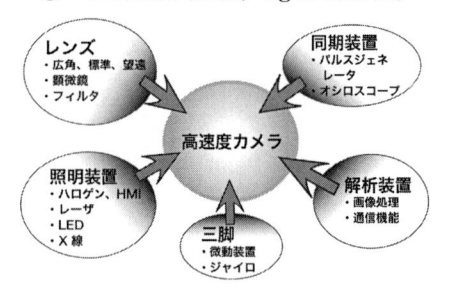

図2 高速度カメラの関連技術

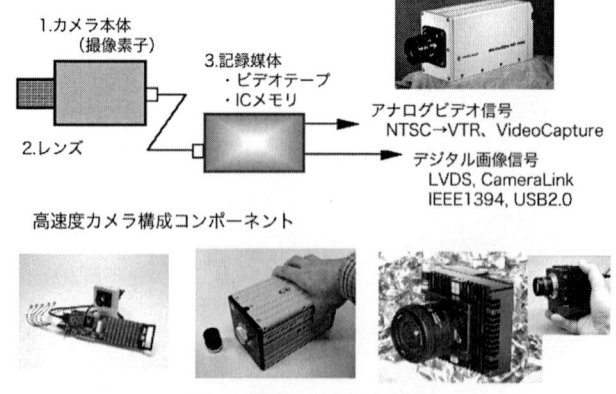

図3 高速度カメラの基本構成

が行われるので，記録に正確さが欠けることがある．

(3) 高速度カメラの種類

① 高速度カメラの体系： 高速度カメラの歴史は，1932年に始まる．16 mm映画フィルムを使って2000フレーム/秒の撮影を行った．1980年代よりビデオ技術が発達し，ビデオテープによる高速度ビデオカメラが開発され（200フレーム/秒），2000年以降，CMOS固体撮像素子と半導体メモリの発達により，1000×1000画素，2000フレーム/秒，撮影枚数2000枚を有するものが一般的となった．

② デジタル高速度カメラ： フィルム，ビデオテープを使う高速度カメラから，半導体メモリによるカメラの登場で，画像をデジタルで扱うことが一般的になっている．このタイプのカメラは，コンピュータと高速インターフェースを介して操作する．インターフェースは，USB2.0，IEE1394，ギガイーサネットが使われる．カメラ操作は，専用の操作ソフトウェアが無料で提供されていて，コンピュータのアプリケーションとして動作し，カメラの撮影設定や画像のダウンロード，撮影画像の再生が行える．

③ 100000フレーム/秒以上の高速度カメラ： 一定の画像情報を保ち（256×256画素以上），100000フレーム/秒の性能をもつ高速度カメラは，
・ロータリミラー方式
・ビームスプリッタ方式
・オンチップメモリ式CCD
・イメージコンバータ方式
などがある．これらは，超高速での撮影ができる反面，カメラが大きくなったり，撮影枚数が限られたり，高価になるなどの制約がある．

16.6.2　ストロボ撮影の機材と手法

ストロボとは米国ストロボリサーチ社の商標名である．ストロボ撮影とは，この短時間発光が可能なストロボ光源を使って，光源そのもので露出時間を決め高速シャッタ撮影を行うものである．高速現象を移動ブレなく撮影する場合に用いられる．キセノン発光では，1マイクロ秒～数ミリ秒の発光が可能であり，レーザ光源では，ナノ秒～フェムト秒での発光が可能である．ムービーカメラや高速度カメラと同期させて使う場合は，撮影速度に追従する光源が必要となる．キセノンストストロボは，1000 Hzまでの繰り返し発光が可能であり，YAGレーザでは10000 Hzまでの発光が可能である．また，発光ダイオード（LED）も，発光エネルギーは大きくないものの，短時間発光と高繰り返し発光が可能である．

図1　ストロボ撮影

(1) 瞬間光源の種類

① 火花放電： 瞬間光源の最初は，あらかじめコンデンサに蓄えられた電気エネルギーを使って電極を介して放電を行ったことに始まる．火花放電は大気中の放電であるので，強い光を得ることはできなかった．

② キセノンフラッシュランプ： 火花放電を，キセノンガス中で行ったものがキセノンフラッシュである．大気放電よりも2桁以上の強い自然光による発光が可能に

なった．1930年代〜現在まで短時間発光光源の代名詞として幅広く使われている．

③ パルスレーザ： レーザの発明とともに，Qスイッチ発振が短時間発光を伴うことから，写真光源として研究用途に広がった．レーザ発振のもつフェムト秒〜ナノ秒の発光時間と発光エネルギーの高さから，超高速現象の解明や，流れの可視化分野でのレーザライトシート光として利用されている．ピークエネルギーが高いので取り扱いには注意が必要である．撮影目的に限ったレーザの短所は，単一波長である（カラー写真ができない）ことと，干渉が強い（対象物に光源自体の干渉縞が出る）こと，眼への影響を配慮しなければならないことである．

④ LED（発光ダイオード）： 光量は少ないが，電気的な応答がよいのがLEDである．LEDでは$10\mu s$秒程度の発光と10000Hz程度の発光が可能であり，低電圧での駆動で簡便に利用できることからニーズが高まっている．

(2) 性　能

① 発光時間： ストロボ発光の場合，時間に対し山なり形状の発光を伴うため，発光時間は半値幅で定義することが多い．

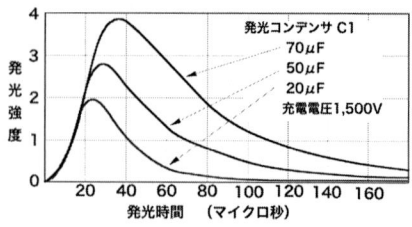

図2　キセノンフラッシュの発光特性

② 発光エネルギー： 発光時間と発光強度を積算した値で示すことが多く，多くの場合ジュール（ミリジュール）で定義する．この単位表記は，電気エネルギーで定義する光源（キセノンストロボ，LED）と，発光エネルギーそのもので定義する光源（レーザ）がある．

③ 繰り返し周波数： 1秒間に繰り返し可能な発光数であり，Hzの単位で表す．ストロボは，キセノンガスの熱容量により

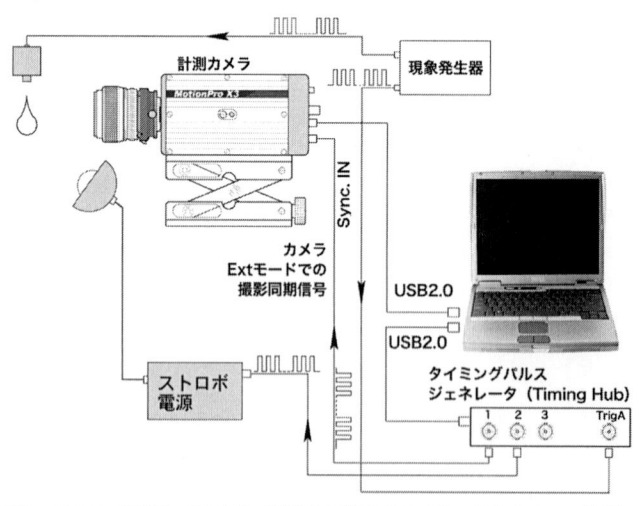

図3　ストロボ撮影レイアウト（現象と同期させたストロボとカメラの撮影）

プラズマになったガスが冷えないため，1000 Hz 程度が限界である．Q スイッチを利用するレーザでは，10000 Hz 以上のものが市販されている．LED は，光量が小さいものの，周波数応答がよく，10000 Hz 程度まで良好に反応する．

④ 発光遅れ： トリガ信号により発光が促され，最大光量の半分になった時間経過を発光遅れと呼んでいる．キセノンランプでは，高圧放電でのガスがプラズマ状態になるまでの時間がかかるので，発光遅れは，数 μs〜数十 μs に達する．YAG レーザの中には，トリガ信号が入力されてから，励起光源のストロボが発光し，発光が最大ピークに達した所で Q スイッチが働く方式のものがあり，この場合には発光遅れが数百 μs に達し，なおかつその遅れも安定しないジッターを伴ったものになる．こうしたものを使用する場合には，発光遅れをフォトダイオードなどで事前にチェックしておく必要がある．

⑤ 撮影の代表的なレイアウト： ストロボを用いた同期撮影には，まず第一に，カメラの撮影速度と同期したストロボ発光の構築を行わなければならない（図3）．両者の同期には，通常，タイミングパルスジェネレータを用いる．次に，現象を周期的に起こすことができる場合には，現象に合わせたストロボ同期撮影を行う．現象との同期撮影では，カメラの撮影速度とストロボ発光が希望する周波数に十分に追従するものでなければならない．

16.6.3 高速度撮影と現象の同期

（1）高速撮影時の同期の必要性 高速現象は短時間で現象が推移するので，これらをタイミングよく撮影するには，現象とカメラ，光源（ストロボやパルスレーザ）などとの同期を合わせる必要がある．

（2）同期の方法

① トリガ信号： ストロボやレーザに発光を促す信号は，多くの場合パルス信号を使う．この信号は，TTL 信号（transistor-transistor logic）と呼ばれる 5V のパルス信号が一般的である．多くの計測装置には，1960 年代に米国テキサスインスツルメンツ社が開発したデジタル素子（TTL 素子）が使われたので，この論理回路の信号が一般的となった．この信号では，0〜0.4V までが「0」信号で，2.4〜5.0V が「1」信号となる．パルス信号の立ち上がり，もしくは立ち下がりの時点がトリガポイントになり，パルス幅は，この場合，特に重要な要素ではないため，1〜100 μs に設定される．

② タイミングパルスジェネレータ： 正確な時間タイミングでデジタル信号を出力する信号出力装置をタイミングパルスジェネレータと呼ぶ．この装置は，2〜8ch 程度のタイミング信号を 100 ns 精度の間隔で，任意の組合せで TTL 出力するものである．この装置により，高速度カメラ，ストロボ光源，データレコーダに都合のよいタイミング信号を供給することができる．

③ フォトセンサ： 現象の発光を検知して，電気信号を出力するセンサである．フォトダイオードが一般的である．フォトダイオードの光応答は一般的に 0.1 μs 程度

であるが，ピコ秒オーダの応答をもった光電管もある．フォトセンサは，物体が通過したときの検知を行う目的にも使われる．光源には，安価な半導体レーザを使うことが多い．

④ マイクロフォン： 音を検知して電気信号に変換して出力するものである．比較的音圧の高い目的に利用される．空中を伝わる音波は光に比べ遅いため，トリガタイミングは十分に考慮する必要がある．

⑤ 圧力センサ： 歪みゲージなどが物体表面の応力を検知するのに使われる．歪みゲージは，応答が速くないので，瞬間写真を撮る目的には注意が必要である．

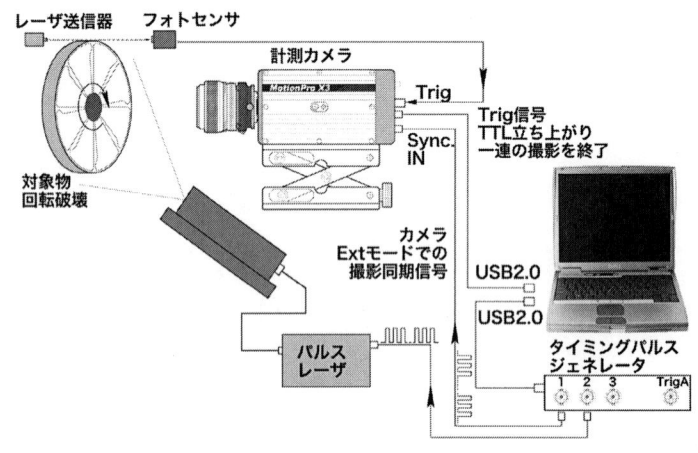

図1 高速度撮影同期信号レイアウト図

16.7 暗いものを撮影する

本節では高感度カメラの種類，仕様，使用方法について述べる．

16.7.1 高感度カメラの種類と使い方

高感度カメラに求められる特性とは，非常に微弱な光量の検出である．CCDカメラは，出力信号に原理的にノイズ成分をもつ．微弱光量成分がノイズ成分より小さくなれば信号検出ができなくなるわけで，ノイズ成分の抑制が高感度カメラのキー技術となる．

CCDカメラのノイズ成分を明らかにして，この抑制方法の観点から高感度カメラの種類と使い方を示す．

(1) CCDカメラのノイズ ノイズ成分は大きく分けて三つある．

① 読み出しノイズ： CCD内での電荷転送や電荷電圧変換回路などを主として，CCDカメラの電気回路に起因するノイズを読み出しノイズと総称する．低速度での読み出しやノイズキャンセル回路の搭載により読み出しノイズの抑制を行う．

② 暗電流ノイズ： CCDの光電センサ部のフォトダイオードには，光がまったく当たっていなくても暗電流といわれる一定成分の電荷の湧き出しがある．この電荷の湧き出し量がシリコン半導体の欠陥として，たとえば1万個に1個程度の割合で極端に大きくなり欠陥（ホットスポット欠陥）となる．暗電流は8℃程度冷やすと1/2になる特性があるので，CCDを冷却することで暗電流による欠陥の発生を大幅に抑えることができる．

③ ショットノイズ： 光量が一定でも光がフォトンという粒子の性質をもつので，1回の露光時間にフォトダイオードに入射する光のフォトン数が一定でなくゆらぎをもつ．このゆらぎがショットノイズとなる．

ショットノイズは，光電変換される電荷量の割合が少なくなると光量に対して相対的に高くなるので，光電変換の割合（＝量子効率）を高くすることが必要になる．CCDの場合は量子効率が半導体物性に左右されることは当然だが，物性以外にチップ上にマイクロレンズを置いたり，読み出し配線層などのない背面から光を入射したりする（背面照射CCD）ことにより，光電面への光の到達率をあげることを行い量子効率の向上を行う．

(2) 高感度カメラの種類 高感度カメラは高感度化の方法から，時間蓄積型のカメラと電荷増倍型のカメラに分かれる．時間蓄積型のカメラは，露光時間を延ばすことによってセンサ部に貯まる電荷（光量）を増やし感度を上げたカメラである．一方電荷増倍型のカメラは，光電変換した電荷信号を何らかの方法で増倍し感度を上げたカメラである．

両者について，時間蓄積型カメラは，代表例を冷却CCDカメラとして，電荷増倍型カメラは，代表例をEMCCDカメラとして構造と特徴を示し，どのような使い方に向いているのかを示す．

① 冷却カメラ＝時間蓄積型カメラ： 弱い信号を時間方向に積算することによって信号を増倍する．このとき，暗電流ノイズの抑制のためにCCD冷却を行う．冷却方式には，CCDにペルチエ素子を張り合わせ電子冷却を行う方法と，液体窒素による方法が一般的である．ペルチエ素子によ

る電子冷却を行う冷却カメラとしてはCCDを−30℃程度まで冷却しているが,この場合CCDを真空断熱容器内に配置する方法が使われる.この方法を使う意味は二つあり,一つは冷却に伴う結露を防ぐためであり,もう一つは外部からの熱侵入を最小限にするためである.

冷却CCDカメラの場合,冷却以外に高感度を達成するためには,背面照射タイプのCCDを使って量子効率を上げショットノイズの影響を抑えることや,読み出し回路を工夫し読み出しノイズを最小限に抑えることを併用する.

② EMCCDカメラ＝信号増倍型カメラ： EMCCDとは,CCD出力の最終段に電子倍増部をもたせ信号電荷の増倍を行うことで高感度を達成するCCDである.電子倍増部では通常よりも高い電圧で電子が転送され,転送エネルギーにより1個の電子がもう1個の電子を発生させる.その発生確率は低いが多段で転送を行うことにより平均で2000倍もの増倍率を達成できる.一方,増倍率は平均であり画素ごとにゆらぎが発生する.また,CCDチップの温度が低いほど電子増倍率が高くなる特性がある.このような特性からEMCCDカメラは冷却カメラとして構成される.背面照射CCDの出力段にEM部を設け,これを−80〜−100℃に冷却する.現在,−100℃冷却の場合は,ペルチエ素子による電子冷却が一般的である.その他の構成は一般的な冷却カメラと共通である.

③ 冷却カメラとEMCCDカメラの使い方： EMCCDカメラは,電子倍増を行わないことを選択することができ,その場合の量子効率はほぼ冷却カメラと同等となる.

冷却カメラは被写体が動かない場合で露光時間を長く取ることができる場合は,倍増のゆらぎの影響がないはっきりとした画像を撮像することができる.

一般に被写体は動くこともあるし,実験や観察の時間は短い方がよいのでEMCCDカメラの方が用途は広いといえる.

(3) その他の電子倍増タイプカメラ

① ICCDカメラ（イメージインテンシファイアカメラ）： CCDの前面にマイクロチャネルプレート部という光強度増倍部を設け,ここで光強度を倍増してからCCDに結像させる方式である.

マイクロチャネルプレート部は,光電面,マイクロチャネルプレート,蛍光面で構成される.光電面に光を当てると電子が出る.電子がマイクロチャネルプレートで倍増され,蛍光面で光に変換される.

イメージインテンシファイア方式は,原理的に解像度は出にくい.冷却EMCCDカメラが後に発明されイメージインテンシファイアの分野に侵入しつつある.

16.8 広い範囲を撮影する

本節では広い範囲の像を得るために使用されるカメラと，それに伴う画像処理方法について述べる．

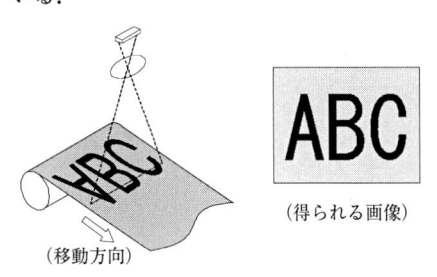

16.8.1 ラインセンサ

ラインセンサとは，受光素子が一列に配置されているイメージセンサである．素子単体では2次元画像を得ることはできないので，対象物をスキャンさせる仕組みと組み合わせて使用する．

ラインセンサは500画素程度のものから10000画素を超えるものまで製品化されており，水平分解能（画素数）の高い画像を撮影するシステムが，比較的安価に構築できる．このため，一定の速度で移動する対象物を検査するときなどに広く用いられている．

図1 ラインセンサ

センサとマイクロレンズアレイとを一体化したものや，TDI（time delay integration）という特殊な読み出しを行うCCDセンサも製品化されている．TDIとは一定速度で移動する対象物またはセンサに合わせ，読み出す画素データをシフトし積算していくもので，高感度・低ノイズが実現できる．

ラインセンサ用光学系（レンズ）の特徴は，ある幅の画像を撮影する場合，2次元センサを用いる場合と比べて，イメージフィールドが小さいものでよいことである．これは，2次元撮像素子の場合は，センサの対角線が，必要なイメージサークルの大きさを決める要素となるが，ラインセンサの場合は，センサの大きさ（幅）で決まるためである．一方，ラインセンサを用いる場合の多くは高解像度も目的としているため，高分解能も求められる．このため，ラインセンサを使ったシステム向けに解像度の高いレンズが製品化されている．このようなレンズは，高解像度だけでなく，低収差も実現しているものが多く，より質の高い画像を得ることができる．

なお，対象物またはセンサをスキャンさせるため，2次元撮像素子を使う場合とは異なる下記①～④のような現象が発生するので注意が必要である．

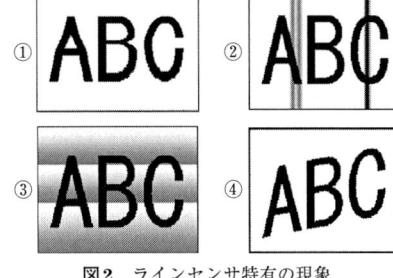

図2 ラインセンサ特有の現象
①～④は本文に対応

① 対象物の送り速度にムラがあると，像に縦方向の歪みが生じる．
② ゴミの影響や，感度ムラがある場合は，縦縞が現れる．
③ 照明光量が変動すると，横縞となる．
④ カメラが傾くと，ひし形に歪む．

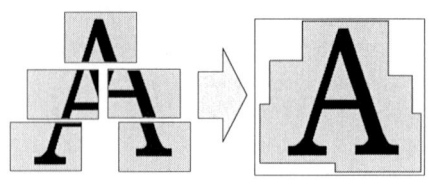

16.8.2 スティッチング

スティッチング(stitching)とは，隣接する視野の画像をつなぎ合わせ，仮想的に広い視野の画像を作る処理のことである．視野を広くするために，低い倍率の光学系を用いると分解能が落ちてしまうが，本手法を用いることで分解能を保ったまま，広い範囲の画像が得られる．

図1 スティッチング

画像をつなぎ合わせる際の位置合わせは，
1) 画像を取得したときのXY座標を基準とし，合成する．
2) パターンマッチングを用いて隣接画像の相対位置を決めて合成する．

と二つの方法がある．どちらの方法でも隙間が生じないようにある程度オーバーラップさせて画像を取得する．

1) の場合は，エンコーダ内蔵ステージなど，座標を取得できる機構が必要となるが，合成に必要な演算は簡単である．

2) の場合は，オーバーラップした部分に特徴的なパターンが含まれている必要があり，1) より演算が複雑になるが，ステージは簡単なものでよい．

なお，どちらの方法でも光学収差や照明ムラなどの影響を補正する処理が必要となる．これを行わずに画像をつなぎ合わせると，画像のつなぎ目でなめらかに像がつながらず，つなぎ目が目立つ画像になってしまう．

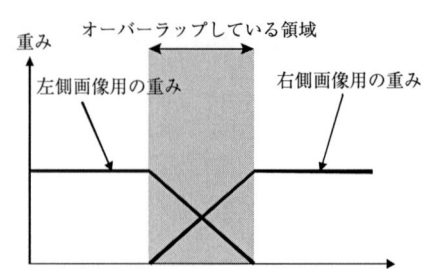

図2 オーバーラップ部の処理例

なお，オーバーラップする部分の画像を作る際，単純に二つの画像の平均を求めるのではなく，徐々に切り替わるように合成することで，つなぎ目をさらに目立たなくさせることも行われている．

対象物が平面的な場合には問題にならないが，立体的な対象物の場合はテレセントリック光学系になっている必要がある．テレセントリック光学系でない場合，立体的な対象物では高さが異なる場所ごとに撮影倍率が変化することになり，つなぎ合わせ精度に影響する．

本書ではスティッチング(stitching)と記したが，タイリング(tiling)と呼ばれることもある．

16.8.3 焦点合成

焦点合成とは，複数の画像から焦点の合っている部分を取り出し，1枚の画像に合成する処理のことをいう．光学的に高い解像度と深い焦点深度は相反するが，これを両立させた画像を作るために焦点深度の浅い光学系でフォーカスを変えた複数の画像を撮影し，焦点の合っている部分を取り出し，すべてに焦点が合っている画像を合成する処理である．このように擬似的に作り出されたすべてに焦点があっている画像のことを全焦点画像（extend depth of focus：EDF）という．

全焦点画像を作る処理手順は以下のようになる．

① 焦点位置の異なる（高さ = z_1, z_2, z_3, …, z_n）複数の画像を撮影する．
② すべての画像，画素ごとに合焦測度[1]を算出する．
③ ある特定の画素に着目し，Zの異なる複数の画像から，合焦測度の一番高い画像を抜き出す．

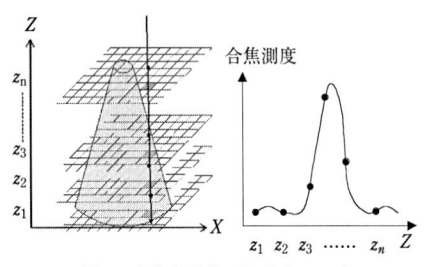

図1 全焦点画像の処理イメージ

④ ③の処理をすべての画素に対して行う．

合焦測度とは，焦点があったときに一番高い値となる指標で，コントラストを数値化したものだと考えればよい．実際には，周辺画素との輝度の差分値（微分）や，FFTにより抽出された高周波成分などが用いられる．なお，物体のテクスチャ（表面の模様）や光学系の特性により，最適な合焦測度の算出関数は変わる．光沢面，テクスチャがない対象物にはあまり適さない．どちらも適切な合焦測度が求められないためで，光沢面では背景など，対象物以外の影響を受けてしまうので注意が必要である．

各画素ごとに求めた高さの値は，3次元の点群データとして利用可能である．しかし，物体のテクスチャがない部分や，ノイズなどの影響で飛び値となった高さデータを穴埋めする処理が必要となる．なお，テクスチャがない部分でも合焦測度が求められるように，強制的にパターンを投影することも行われている．

精密な高さデータを求めるときはテレセントリック光学系になっている必要がある，という点にも注意が必要である．テレセントリックでない光学系を用いて焦点合成用の撮影を行うと，合焦位置以外の部分では撮影倍率が少しずつ変化した画像になってしまう．視野中心での影響は小さいが，視野の端では像がシフトすることになるので，同じ画素位置で算出する合焦測度に影響を与え，正しい高さデータが得られなくなる場合がある．

本書ではEDFを extended depth of focus と記したが，extended depth of field の略と紹介されることもある．また，shape from focus（SFF）と呼ばれることもある．

16.9 画像処理でできること

　画像処理とは，画像に何らかの変換を行い情報を取り出すことをいう．

　画像処理に使う画像データは，画素（ピクセル）と呼ばれるデジタル化された点（輝度，色）をマトリックス上に配置し構成されている．この画像データから情報を取り出すためには，コンピュータなどに変換アルゴリズムを記述し，演算処理をする．

　初期の画像処理は，ビデオ映像を美しくみせるためのエンハンス処理が主目的であった．しかし，画像からいろいろな情報が取り出せるようになり，現在では，産業分野，食品・薬品分野，セキュリティ分野，医療分野，ロボット産業など多彩な分野で利用される技術となった．

16.9.1 画像処理のソフト

　画像処理の一般的な手順は，画像データの入力処理，画像データのフィルタリング処理，画像抽出処理，分類処理，画像解析処理である．

　画像から必要な情報を取るためには，各処理で必要なソフトを開発し，データを受け渡すコントロールソフトを開発すればよい．画像処理のための汎用ライブラリも数多くあるので，これを利用し手間を省くことも可能である．

　画像の入力では，画像形式，色の有無，画素のビット数などを考慮して，画像をコンピュータのメモリに取り込む作業を行う．

　画像データのフィルタリングは，画像抽出しやすいように，画像を整える処理を行う．代表的なフィルタは2値化フィルタで，取り出したい画像と背景に輝度差がある場合に輝度の中間ぐらいにしきい値（threshold）を設定し，しきい値以下の画素を0，しきい値以上の画素を1とするフィルタである．この処理により取り出したい画像部分が分離しやすくなる．

　画像抽出処理は，取り出したい画像の範囲を確定する作業である．境界追跡アルゴリズムなどにより，画像周囲を位置として取り出す．

　分類は，あらかじめ分類したい形状をデータ化しておき，抽出された画像情報と比べて，最も近いものに分類する．たとえば，円，正方形などの周囲データを作成しておいて，上記の画像周囲位置と比べることにより抽出されたデータが円なのか，正方形なのかが判別できる．

　画像解析は，分類にもとづいて，特徴量を抽出する．たとえば円であれば，直径を算出するとか，正方形であれば，辺の長さを算出するなどである．

16.9.2　画像処理で便利な方法

(1) フーリエ変換　フーリエ変換は，画像を正弦波の集合体と考え，その正弦波の周波数の強度に分解することである．この処理により画像の周波数特性を調べることができる．また，特定の周波数を削除し逆フーリエ変換を行うと，フィルタリング処理として利用できる．この方法は，任意の周波数帯を削除できることから，ノイズ除去，情報圧縮，特徴抽出など多彩なフィルタとなり，重宝する処理である．ただし，フーリエ変換には，時間コストがかかる難点がある．それを解消するための手法としてFFT（fast Fourier transform）を利用することが多い．

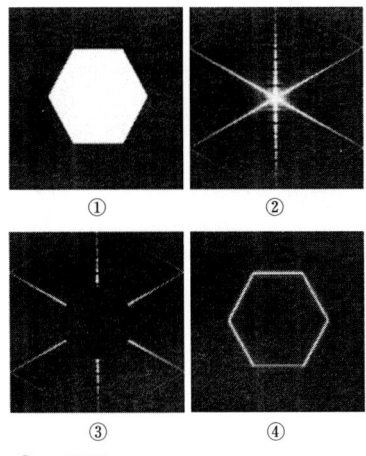

① : 元画像
② : フーリエ変換した画像
　　（中心が低周波成分，周辺が高周波成分）
③ : 高周波成分抜き出した画像
　　（中心部を円形に切り抜いた画像）
④ : 逆フーリエ変換を行った画像

図1　逆フーリエ変換でエッジ抽出した例

(2) 射影処理　射影（projection）は，画像の矩形部分を取り出し，水平方向，もしくは垂直方向に輝度を積算する処理である．よく利用される用途は，画像の2値化処理を行う上でのしきい値決定である．2値化処理のしきい値を決定する際，取り出したい画像と背景とのエッジ（境界）付近で，画像と背景を比べる．しかし，実画像では，エッジの特徴がエッジを横切るラインだけでは，決めにくい場合がある．その場合，エッジに沿って射影処理を行い，エッジの平均化によりエッジの特徴を決めやすくする．

また，画像抽出を行う場合には，全体画像を捜索するが，これには時間コストがかかる．これを解消するため，全体画像を水平方向と垂直方向に射影し，1次元のデータにして検索すると時間短縮ができる．その際，抽出画像のサンプルも水平方向，垂直方向に射影したデータで比較する必要がある．

(3) ラベリング　背景から分離された抽出画像に属性をつける処理のことをラベリング処理という．通常は番号などのインデックスを付け，抽出された画像の画素に同一のインデックスを割り振る．抽出画像はその後の処理で特徴量などが付加されるが，このインデックスをキーに特徴量を管理する．

(4) 相関　相関処理は，テンプレート画像と呼ばれる比較画像と抽出画像の正規化相関を計算することによって，画像の類似度を計算できる．この特徴を利用し，画像の検索処理，分類処理などに利用される．

画像の検索処理は画像全体からテンプレート画像と類似した画像を探し出す処理である．処理は，全体画像の左上からテンプ

レート画像の大きさに区切った領域についてテンプレート画像と相関を計算する．計算が終わったら，領域を右に1画素ずらし，相関を計算する．領域が右いっぱいまでできたら，左に戻り1画素下に移動し，相関を計算する．この操作を領域が右下になるまで繰り返す．相関値を比較して，最大となった位置が，テンプレート画像と一致した場所になり，検索結果となる．この方法は，計算コストが膨大になるため，簡単な画像であれば，射影処理を併用して，計算時間の短縮をすることが有効である．

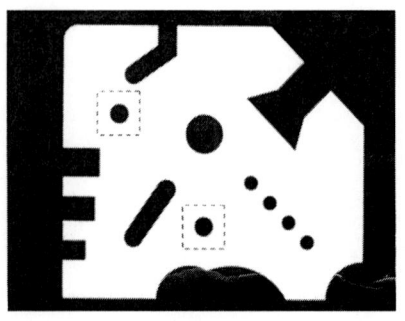

①検索処理結果

②テンプレート画像

図2 円の検索処理の例

分類で利用する場合は，分類したい画像数のテンプレート画像を作成し，抽出された画像とテンプレートの相関を計算する．その結果より，抽出画像は，相関値の一番大きい画像テンプレートに分類できる．

16.10 画像記録法を知る

本節では画像取込み方法と，画像フォーマットの種類について述べる．

16.10.1 デジタル画像の取り込み

CCDを使ったカメラでデジタル画像を取り込む場合のブロック図を図1に示す．

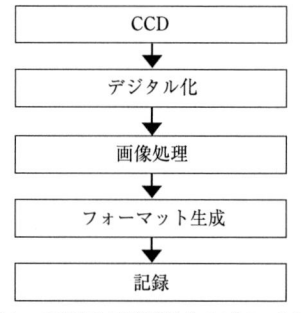

```
    CCD
     ↓
   デジタル化
     ↓
   画像処理
     ↓
  フォーマット生成
     ↓
    記録
```

図1 デジタル画像取込みのブロック図

レンズによってCCD像面上に結像された像はCCDによって電気信号に変換される．CCD上の電気信号は，クロック信号に同期した水平方向信号（HD），垂直方向信号（VD）に同期して読み出され，A/Dコンバータによってアナログ信号からデジタル信号に変換される．

デジタル化された画像データは，画像処理エンジンによって，画像信号の変化点を強調したり，平滑化したりする．そのほか数値演算でできる各種の論理演算を施すのが画像処理となる．

画像処理を行う画像エンジンは，DSPのような演算プロセッサである場合が多く，時間をかければ非常に複雑な論理演算を行うことができる．

16.10.2 記録フォーマット

(1) ビットマップ画像とベクタ画像
デジタル画像は，ビットマップ画像とベクタ画像の2種類に分類される．ビットマップ画像は画像を画素の集まりとして記録するもので，カメラから画像を取り込んだ場合の画像はビットマップ画像である．ベクタ画像は画像を線や図形の集まりとして記録する．ここではベクタ画像は省略する．

(2) ビットマップ画像の基本構成 ビットマップ画像は，ヘッダ部とビットマップデータ部より構成される．

ヘッダ部には，画像の2次元方向の幅と高さが画素の個数の情報として記録される．次に，光量が何ビットの階調で記録されているか，白黒/カラーなど読み出し時に必要な情報が記録されている．

ビットマップデータ部には，画素ごとの光量がデジタル値で記録されている．このビットマップデータを読み出すのに必要な規則がヘッダ部に記録されている．

(3) 圧縮（可逆圧縮と非可逆圧縮） ビットマップ画像の大きさは，文字情報に比べると非常に大きい．また画像により冗長性や予測可能性をもつものが多い．そこでデータの中からこれらの性質を見つけ出し，より小さなデータに変換することを圧縮という．圧縮には，完全に元通りに復元できる可逆圧縮と，詳細な部分が失われてしまう非可逆圧縮がある．静止画の有名な圧縮方法であるJPEGは一般に非可逆圧縮で，JPEG2000は可逆圧縮である．

(4) 動画の記録フォーマット 記録の基本は静止画と変わらないが，動画は30枚/秒以上の画像を保存する必要があることや，静止画に比べて細部情報がいらない場合が多いという違いがある．より動画専用のフォーマットを使い，効率的な圧縮により記録容量を少なくしている．

表1と表2に画像フォーマット例を示す．

表1 静止画ファイルフォーマット

名称	拡張子	説明
TIFF	.tif	ビットマップ形式 基本的には非圧縮だが圧縮も可能 タグ識別子により多種の画像データに対応
BMP	.bmp	ビットマップ形式 通常は非圧縮，多種の量子化に対応，Windowsの標準
JPEG	.jpg, .jpeg	ビットマップ形式 通常は不可逆圧縮だが可逆圧縮の選択も可能 圧縮の程度を選択でき，広く自然画像の圧縮に使用されている

表2 動画ファイルフォーマット

名称	拡張子	説明
AVI	.avi	Windowsの標準フォーマット，オーディオデータも対応 圧縮方式を複数選べる
Windows Media	.wmv	WindowsのMediaPlayerで再生可能な動画フォーマット 圧縮方式は基本的にWindowsが搭載する
MPEG1 MPEG2 MPEG4	.mpg	MPEGはISOのWGで作成 1→2→4と時系列的発表されている規格の総体を示す ・MPEG1 VHS品質の画像をCDで再生できる圧縮を採用 ・MPEG2 HDTVまでを想定した放送向け品質圧縮を採用 ・MPEG4 低ビットレートを目標として圧縮方式を改善，フレーム間予測などを追加している

文 献

16.1
1) 鶴田匡夫:続 光の鉛筆,p.95,新技術コミュニケーションズ,1988
2) 谷 道之:小眼科書,p.69,金芳堂,1984

16.3
1) 米本和也:CCD/CMOSイメージ・センサの基礎と応用,CQ出版,2003

16.7
1) 米本和也:CCD/CMOSイメージ・センサの基礎と応用,CQ出版,2003
2) 浜松ホトニクス(株):高感度カメラの原理と技術.

16.8.3
1) 石原満宏:最新光三次元計測(吉澤 徹編),p.54,朝倉書店,2006

16.10
1) 高田邦昭編:共焦点顕微鏡活用プロトコール,pp.202-203,羊土社,2003

Ⅲ 付　　録

17　安全に光を使う

「実験第一，安全第二」という類のうそぶいた掛声が日本経済を技術的に支えた時節は遠く去り，健康への配慮が企業の命運をも左右するようになった現在，実験者のみならず，監督者も安全な環境の実現には最大限の配慮を払うべきである．

光の安全性全般に関する本章においては，レーザの安全な利用が大きな課題となるが，本章でのみ「レーザ」という用語は，誘導放出による増幅に限ることなく，高調波・パラメトリック発生や誘導ラマン光などを含み，さらに高輝度LED，SR光など単色性や指向性が自然光より強い光源全般を含めての説明とする．また，明確に人体照射を伴う医学実験の安全性は，本書の範囲を大きく超えるため，対象外とする．

可視光は人体や構造物に対する最も安全性の高いプローブ手段であることは異存がないであろう．日々我々は視覚を用いて最大限の情報を得，太陽や蛍光灯の光を全身に浴びているのだから．しかし，光を利用した測定実験や装置における潜在的危険性について，作業を指導・遂行する人間は，いつも配慮しておかねばならぬことも，また実感していることと思う．

ここでは，初学者が最低限心掛けるべき安全な光学実験への配慮をまとめておく．

(1)　光学実験における代表的な事故

光学実験において，研究者たちの耳目に触れ，多発していると思われる事故をまず列挙する．

- 紫外線ランプやレーザ被ばくによる視覚障害
- 強い光の意図せぬ照射によるカーテンや機材などの発火
- レーザ光路への不注意な進入による火傷
- 測定対象への光照射による思わぬ反応（破裂，発火，溶融，飛散など）
- 高温物やランプへの接触による火傷
- レーザや実験に用いるガスの漏洩事故
- レーザ電源による感電
- 高圧容器の爆発
- 有機溶剤や液体窒素などの不注意な扱いによる酸欠，飛散などの事故
- 稼動部への巻きこみや先鋭部によるケガ

これらは，日ごろからの点検や教育と，危険予知トレーニングで避けられたはずのものであり，初学者や教育担当は，実験を始めるにあたり，まずそこに潜む危険性に思いを巡らすことが必要である．

(2)　目に及ぼす傷害　目は再生能力の低い器官であり，目への障害は被害者の将来を奪いかねない最も重篤な事故となりうるため，光学実験においても目への被ばくについては，最大限の注意を払うべきである．

人間の視覚は中心部が主に使われるため，周辺部に黒点などの障害がでてもしばらく気づかない場合もある．自身の視野などに日々十分に配慮しなくてはならない．

人の目の構造は，図1のようになっている．

可視光や1400 nmより短い近赤外光は，カメラの原理と同様にレンズ先端に相当する角膜から入射し，フィルムに相当する網膜奥まで到達する．

紫外光は短波長になるに従い途中で吸収されるようになり，315 nm以下の紫外線

図1 目の概略図(角膜,前房,虹彩,後房,毛様体,毛様体小帯,水晶体,硝子体,強膜,脈絡膜,網膜,黄斑,乳頭,視神経,耳側,鼻側)

では角膜部で吸収される.スキー場でゴーグルをしないと「雪目」になったり,放電光を長時間見たりして角膜炎になるのは,強い紫外線のためである.

赤外光は長波長になるに従い表面近くで吸収されるようになり,$3\mu m$を超えると角膜で吸収される.

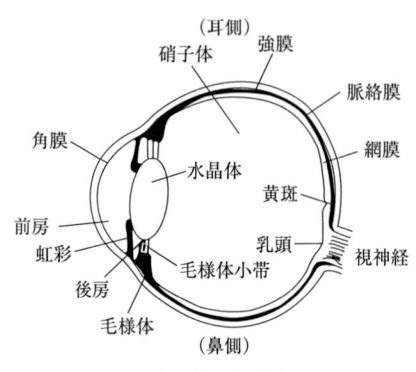

光による障害は吸収されやすい場所から発生するので,可視光付近では網膜への障害がまず懸念され,紫外線や赤外線へと離れるほど角膜への障害が大きくなると予想される.

特に,網膜近くまで到達する光は,結像されている光なので,レーザのような収束性の高い光が直接入射した場合,数桁以上大きな面密度となって集光することになり,たいへん危険である.

また,網膜に到達しない光でも,蓄積的に作用し,白内障などの障害を起こすため,強い光源を継続的に利用する者は,実験習慣や健康診断に日々注意が必要である.

(3) レーザのその他の障害 皮膚への障害は,材料加工と同様,レーザの波長やエネルギー密度によって熱的に作用するもの,アブレーション状に破壊するものそれぞれである.

大型加工用レーザ光が人体に照射されれば致命的な被害を受ける可能性もあるので,加工実験などでは装置全体のインターロック機構など特に十分な安全対策が必要である.

また紫外線レーザの遺伝毒性については,不明な点もあるが,一般の紫外線と同様,蓄積効果なども含めて注意を払うべきである.

(4) 規則体系[1] 日本でのレーザの産業利用における障害防止策は,厚生労働省基発第0325002号「レーザ光線による障害の防止対策について」と,その旧報である基発第39号「レーザ光線による障害防止対策要綱」によって求められ,具体的にはJIS C 6802(2005)「レーザ製品の安全基準」とその附属書によって明示されている.

特に使用者に対する安全教育は労働安全衛生法と上記文書によって求められている大変重要な,安全対策行為である.

レーザ使用に関して,指導責任者は装置の特性とJISの内容を理解し,実作業者に適切に教育指導することが求められる.以下ではJISを読破することを前提に,最低限の安全知識を紹介しておく.

(5) レーザのクラス[2] レーザは波長や広がり,エネルギー,パルス特性などにより危険度がまったく異なるため,JISの中で「レーザのクラス」の分類基準が厳密に決められている(表1).このクラスは,レーザ危険性の目安と管理内容を決めるものであり,使用するレーザのクラスが何なのかを知ることから安全管理は始まる.

クラスは,安全の基準となる「最大許容露光量(MPE)」をもとに,各クラスに基準値「被ばく放出限界(AEL)」を設定することで決められている.ただし1M,

2Mはレーザの広がりについても詳細に設定されている．

MPEは，目と皮膚についてそれぞれ定められており，レーザの発光時間（秒）と波長（nm）両者の関数である．したがって，「100 mWだからこのレーザはクラス3B」などと一概にいうことはできない．

クラスはレーザの安全性を保証するものではなく，対応指針とでもいうべきものであり，安全性への十分条件ではないことを念頭に管理対策を構築することになる．

表1 レーザのクラスと概略の目安

クラス	
クラス1	通常の使い方なら，人体に傷害を与えないもの
クラス1M	通常の使い方なら，クラス1相当であるが，光学系を利用して観察した場合，サイズや平行度により，クラス1を超える危険性があるもの
クラス2	危険であるが，まばたきなどの反射行動で回避できる出力であるもの．可視光（400～700 nm）である必要がある
クラス2M	通常の使い方なら，クラス2相当であるが，光学系を利用して観察した場合，サイズや平行度により，クラス2を超える危険性があるもの
クラス3R	クラス1・2の被ばく放出限界を超えているが，3Bより出力の低い設定のクラス．直接のビーム内観察は，潜在的に危険であるもの
クラス3B	直接または鏡面反射によるレーザ光の暴露により眼の障害を生じる危険性があるもの
クラス4	拡散反射によるレーザ光の暴露でも眼に障害を与えるほか，皮膚損傷や火災のリスクの大きい出力のもの

注記：この表は，JIS C 6802（2005）を初学者向けに説明するもので，実際の使用・管理に際しては，JISの数値規格の内容を理解されることが求められます．

（6）クラス別の措置 それぞれのクラスで危険度が異なるため，決められている予防手段は異なる．詳しくはJISと基発を参照とするが，

・レーザ安全管理者の選定
・定期点検
・インターロック，かぎ，警告表示の設置
・最低限の放射での安全作業
・遮光，終端など安全な光学系での実施
・目の保護，安全な着衣
・教育訓練，健康診断の実施
・屋外実験での危険評価
・電気，ガス，危険物など周辺設備の危険性への配慮

などが求められているので，確認が必要である．

（7）レーザ保護眼鏡使用の励行 紫外線やレーザ光から目を守るために最も有効なのは，保護眼鏡を使用することであり，クラス3R（可視光の3Rは除外），3B，4のレーザ使用時は必須で，それ以下でも使用が望ましい．

保護眼鏡は，使用レーザ・波長帯域ごとに製品がラインナップされていて，使用波長で万一レーザが当たっても，目の許容量を下回る濃度（OD値）の製品を選択する．また，2倍波発生実験など異なる波長が2種類以上発生するときには，使用する保護眼鏡の対応波長に十分配慮しなくてはならない．

戦時下，熱帯での戦闘で，暑いからという理由で防弾ベストを着用せずに命を落とした兵士が多いといわれているが，大出力のレーザを用いるときに，視認性が悪いなどの理由で安全用のゴーグルを使用しないことは，それと同様に危険な行為である．波長と光量に合った適切な安全眼鏡を使用していれば，多くの事故は防げたと思われている．観察のしにくさや，汗，眼鏡の曇りなど，不具合は多々あると思うが，効率や快適さを求めることが，得てして安全をおろそかにすることであることを認識し，

着用を心掛けねばならない．

(8) **レーザポインタの規制**　従来は市販玩具・事務用品として規制の視野から外れていたレーザポインタも，スポーツ選手へ観客が照射するといったいたずらや，子供たちの危険な遊び，クラス3B以上の製品の流通などにより，別途「消費生活製品安全法」の政令規制対象製品に指定され，法の下，規制・取締りが行われることとなった．

メーカや販売に要請される詳細な法律規制や罰則は，政令などを参考にしていただくとして，ユーザ側が少なくとも知っておくべき事項としては，

- 法律の適合検査を受けた製品には「PSCマーク」がついていること
- クラス2を超えるポインタは製造販売が許可されていないこと．
- 文具用はクラス1または2であり，クラス1であっても安定化回路の具備，通電状態が継続しない機構であること，形状規制，使用電池の規制などが細かく規定されている．

したがって，連続発振用や出力の改造が行われたものは，もはやレーザポインタとして認められる存在ではないことに注意が必要である．

(9) **教育**　新入社や研究室配属のときに，労働安全衛生法と基発に基づく，レーザの原理や安全に関する教育を受ける必要がある．

教育内容は，対象者の経験や教育により難易度が異なってしまうかもしれないが，安全面を重点にレーザ装置や光学系，JISなどについて確認し，危険の予知訓練や実験の模擬体験などをするのが適当である．

(10) **安全へのケーススタディ**[3]
① OME品への配慮：　部品として販売されるレーザユニットは，JIS規格を満たさない場合がある．また輸入品には，JIS以外の規格や，場合によっては粗悪なものがあるため，導入時には格段の配慮が必要である．

② 身だしなみ：　腕時計や貴金属などを装着することは，意図せぬ反射を引き起こすため，外すべきである．名札を首から下げたり極端な長髪などは，光路に思わぬ散乱を招いたり，機械への巻き込み事故を起こしやすく，現場に則した配慮が必要である．

③ 適切な安全技術の伝達：　卒業や異動などで使用者が代替わりした場合，マニュアルからは読み取れないメンテナンス手法や機器のクセなどの知識が埋もれてしまい，事故の遠因となるケースがみられる．技術移行時の学習や情報には十分な配慮が必要である．

④ 緊急時の体制の確認と構築：　万一，目などへの照射事故が起きた場合，当事者，管理者，医療の適切な連携が必要であるが，症例の少ない事故となる可能性が高く，日頃から眼科医と相談するなど，体制の確立に配慮が必要である．

文　献

1) 板倉省吾編：JIS C 6802（IEC 60825-1）レーザ製品の安全基準，日本規格協会，2005
2) 光産業技術振興協会編：レーザ安全ガイドブック第4版，新技術コミュニケーションズ，2006
3) レーザー学会編：レーザーハンドブック，オーム社，1982

18　単位を知る

　この付録を書くにあたり，新入社員たちに「大学時代，単位でつまずいたところはどこか？」というアンケートをとったところ，ワースト3は「SIとcgs系の換算」「エネルギー」「molがからむもの」であった．以下，磁気，kgf，圧力，ヤード・ポンド法，心理物理量，次元解析，…と続いた．それぞれが独立ではないが，出現頻度と難易度を考えると妥当な感想のように思える．またSI以外の単位で，いまだに悩まされ続けている構図も見える．

　ここでは，光学測定に現れる重要な定数と代表的な単位換算についてリスト化してみたが，配慮すべき知識についても，以下でコラム的に触れてみた．

1. 光速 (c = 299792458 m/s)

　真空中の光速は一定であり，長さの定義の基になっていることはご存知であろう．
　定義された光速を用いて，光を使って距離を求めるには，正確な時間の測定が必要であり，時間測定の不確かさが，求める距離の不確かさになることは，認識しておくべき事柄である．

2. エネルギー （J, eV, nm, K, cal, Hz波数）

　相互作用する二つの系が，どのくらいのエネルギーの差を持つのかは，現象を理解する上で重要である．「水素原子（イオン化エネルギー13.6 eV）は，温度が20万℃の場所でどんな状態にあるか？」「波長1 μm付近で20 cm^{-1}の差は，周波数で表すと何Hzか？」「400 Vの電位差間を飛ぶ電子は窒素分子を何回ぐらいイオン化できそうか？」といった疑問が生じたとき，研究者ならいつでもエネルギーの換算計算をしながら考察できるようにしておきたい．

3. 電磁気学における磁気

　電磁気学の勉強をすると，静電気から物質がかかわらない場合のマクスウェル方程式や電子論への道は比較的見通しが立ちやすく学習もしやすい．
　ただし磁場（H），磁化（M），磁束密度（B）の単位やそれにまつわる係数については，cgsの問題もからんで，磁性体研究などに踏み込まないと，なかなか理解が深まらない．
　ここで電磁気学の基本問題に立ち入る余裕はないが，
・電場に対して「磁場と磁束密度」のどちらを対応させて理解展開するか？（E-H対応，E-B対応の問題）．対応によって，磁化Mの単位をBと同じにするかHと同じにするか，などという問題が電磁気学にはあるということを頭の隅に留めていただきたい．

4. その他

・1 kgfは1 kgの質量にかかる重力相当の力の単位であり，約9.8 Nに相当する．SI以前に用いられていたが，質量と混同されたり，1 Nとほぼ1桁違うことや，kgfより派生した圧力，仕事や，粘度，表面張力の単位が，まだ一部残っていたりするため，誤認などに注意が必要である．

・圧力表示は，真空の0気圧を基準にとる絶対圧と，大気圧を0気圧にとるゲージ圧とがある．表示がどちらかはガスレーザの圧力調整などで注意が必要である．特にpsi表示のものは間違いやすい．

定数名称	記号例	数値(4桁まで)	単位	メモ
光速	c	2.998×10^{8}	m s^{-1}	真空中の光速度は定数:299792458 m s^{-1}
素電荷	e	1.602×10^{-19}	C	電気素量とも呼ばれる
電子質量	m_e	9.109×10^{-31}	kg	
誘電率	ε_0	8.854×10^{-12}	F m^{-1}	真空中 $1/(4\pi c^2)$
透磁率	μ_0	1.257×10^{-6}	H m^{-1}	真空中 4π E-7
プランク定数	h	6.626×10^{-34}	J s	
ボルツマン定数	k	1.381×10^{-23}	J K^{-1}	
アボガドロ数	N_A	6.022×10^{23}	mol^{-1}	
1calあたりのJ数	C2J	4.186	J cal^{-1}	記号例は,この表でのみ用いた. cal→Jの意味

エネルギー換算	記号例[単位]	単位あたりのJ	単位	求められた値
電子ボルト	V [eV]	1.602×10^{-19}	J	[J]=e[V]:1eV相当のエネルギー
周波数	ν [Hz]	6.626×10^{-34}	J	[J]=$h\nu$:1Hzの差に相当のエネルギー
波数単位	$\bar{\nu}$ [m^{-1}]	1.986×10^{-25}	J	[J]=$hc\bar{\nu}$:1m^{-1}の差に相当のエネルギー
波数単位(cmあたり)	$\bar{\nu}$ [cm^{-1}]	1.986×10^{-23}	J	m^{-1}の100倍. 古い慣習ではカイザー(kayser)と呼ぶ
温度	T [K]	1.381×10^{-23}	J	[J]=kT:1K相当のエネルギー
1モルあたりkcal数	H [kcal mol^{-1}]	6.951×10^{-21}	J	1粒子あたりのJ数 [J]=C2J$\times N_A^{-1} \times 1000$

圧力換算	単位	単位あたりのPa	単位	メモ
大気圧	atm	1.013×10^{5}	Pa	定義:1.01325 E + 0.5 Pa
バール	bar	1.000×10^{5}	Pa	cgs単位系の圧力
重量ポンド毎平方インチ	psi	6.895×10^{3}	Pa	ヤード・ポンド法の圧力
トル(トール)	Torr	1.333×10^{2}	Pa	水銀柱ミリメートル(mmHg)と同等, 760 Torrで1 atm

・ルクスやカンデラなどの人間の視感度を基にする心理物理量は,「12章 明るさと色を計測する」を参照されたい.

編集委員会後記

　光計測のユーザの80～90％は，光学技術の専門外の方々ではないであろうか．光計測の優れた解説書はたくさんあるが，その内容は，はじめに光学の基礎理論を述べ，その基礎理論に基づいて光計測を専門的に論じているものがほとんどである．光計測を専門とする者にとっては当然の内容だが，多くの一般ユーザの方々には，光学の基礎理論の理解が，これら解説書の活用を難しくしているようである．

　数年前，私ども日本光学測定機工業会の技術委員会の場において，多くの一般ユーザに役立つ技術解説書が作れないであろうか，ということが議論になった．このときの議論が，本書の刊行のきっかけとなった．

　本書は，主な読者を一般ユーザ，すなわち必ずしも光学の基礎理論に詳しくない研究者や技術者と想定し，光計測専門の方々にも参考になるよう意図したものである．

　多くの一般ユーザの方々は，「これを測る方法はないだろうか」，「この方法で測れそうだ」，「実際に測ってみよう」という過程を経て，光計測を使い始めていただいている．本書は，この検討プロセスに沿うように編集した．本書の特徴は，

- 計測の目的別に構成し，目的に適う光計測技術にどのようなものがあるかがすぐにわかるようにした
- それぞれの光計測技術のしくみや使い方を中心に述べ，どのような方法や機器なのかをイメージしやすくした
- 光学の理論的記述は最小限にとどめた

ことである．また，自ら光計測機を作り上げる方々のために，

- カメラ，レンズ，光源などの光学部品とその特徴について述べた
- これら光学部品の選択方法を解説した
- 安全に光計測を使うための基礎知識について述べた

ことである．光計測の基礎理論まで知ろうとする読者の方々には，本書であらま

しを知っていただいたうえで，別の専門書に移行されることを想定している．

このような特徴を打ち出す一方で，当然のことながら，本書には欠点も出てしまった．その代表的なものは，目的別の構成にしたため，同一の光計測技術が複数の箇所で重複して述べられてしまっていることである．

本書の構成は，お手本となるものがなく，編集委員が手探りで作り上げたものである．読者によっては，構成をこのようにした方が良い，というご意見もあるであろう．また，記載内容ももう少しバランスを取った方が良い，というご意見もあるかもしれない．これらの点は，皆様のご意見を戴き，今後改善していきたいと考えている．

日本光学測定機工業会は，光学測定機を開発，製造，販売する企業の集まりである．私たちのミッションは，多くの方々に光学測定機を使っていただき，ひいては，研究，技術，産業の発展に寄与することにある．本書により，光計測を使ってみようとする方々がいらっしゃってくださったなら，まさしく本書刊行の私達の願いに適うものである．

索引

あ行

アイドラ光　229
アイポイント　241
アーク法　39
アッベ屈折計　33, 35
アッベ数　9
アッベの結像理論　179
厚みムラ測定　87
圧力センサ　258
アバランシェ・フォトダイオード　5
アプラナティックポイント　189
アブラムソン方式　88
暗視野観察　181
暗電流ノイズ　259

位相アンラップ　92
位相緩和時間　49
位相誤差　18
位相差顕微鏡　193
位相差法　34
位相シフト法　74, 92
位相整合条件　48
位置センサ　101
1分子蛍光　190
異物検査　142
イマージョン法　34
イメージインテンシファイア　6
イメージインテンシファイアカメラ　260
イメージング分光　10
色温度　202
色ガラスフィルタ　214
インコヒーレント　199
インコヒーレント光　212

ウィーンの変位則　150
ウェッジ法　167
ウォラストンプリズム　22, 236

液晶シャッタ　220, 233
液浸法　34, 179
エタロン　226
エバネッセント波　187, 188, 189, 190
エリプソメトリ　23, 35, 42
演色性　202
円偏光　20

オートコリメーション法　32
オートコリメータ　70, 93, 128
オートフォーカス　44, 102
オプチカルフラット　158
音響光学素子　222
音場　163

か行

開口絞り　218
開口数　248
回折光　144
回折格子　10, 210, 225
ガイドの精度　127
ガウスビーム　28
拡散板　211
角速度測定　120
角度分布特性　25
角度変位　101
カー効果　19, 22
可視光　197
ガス比例計数管　24
画像処理　212
画像測定機　64
合致法　54
カットオフ周波数　193
ガルバノミラー　227
カロリメータ方式　7
干渉縞　105, 106
干渉対物レンズ　89
干渉フィルタ　214, 226

官能検査　137

幾何公差　61
機差　137
キセノンランプ　202, 247, 255
輝度計　171
逆ウィナー手法　193
吸光係数　164
吸収スペクトル　40, 44
吸収率　37
ギュンターの式　63
共焦点顕微鏡　182
共焦点光学系　155
共焦点シータ顕微鏡　186
共振器　207
狭帯域制限解析法　90
強度分布　26
共鳴角　189
共鳴ラマン散乱　47
局在プラズモン　189
曲率半径　93
鋸歯状格子　225
近接場光顕微鏡　187

空間位相変調器　237
空間光変調器　228
空間フィルタ　212
屈折率計測法　32
屈折率マッチング液　158
クラス　272
グラッドストーン-デールの式　163
クラマース-クローニッヒの関係式　35
グラン-トムソンプリズム　22, 110, 231
繰り返し周波数　256
クリティカル照明　210
グリーンレーザ　208

索引

グルストランドの模型眼　240

蛍光　44, 139
蛍光共焦点顕微鏡　183
蛍光顕微鏡　45
蛍光浸透探傷法　139
蛍光相関分光法　191
蛍光灯　201, 202
蛍光抑制　185
形状可変ミラー　228, 237
ケーラー照明　210
検光子　231
検査速度　137
検出感度　137
検出棒　154
検出率　137
顕微干渉計　89

高圧水銀ランプ　202
光学顕微鏡　247
光学モデル化　43
光子計数法　6
格子法　68
光速　275
高速度カメラ　253
光弾性定数　160
光弾性被膜法　111
光弾性法　110
光電式リニアスケール　55
光電子増倍管　4, 6
光波測距儀　56
光路長　163
誤検出率　137
コーシーモデル　43
固体浸レンズ　188
ゴニオメータ　26
コヒーレント　199
コヒーレント光　212
コンフォーカル方式　75

さ　行

再現性　137
最小偏角法　32, 35
最大許容露光量　272
差周波数　161
差周波発生　229
撮影速度　253
サニャック効果　120

サブ波長構造　235
サーミスタボロメータ　150
サーモパイル　7, 150
三角測定方式　101
残差逐次検定法　77
3次元曲面形状測定　147
3次元測定機　65
参照光　162
サンプリングオシロスコープ　18
散乱　182, 211
散乱型SNOM　187
散乱光　138
散乱光検出器　58
散乱素子　14

シアー量　140
シアリング干渉計　90
紫外, 可視分光光度計　38
紫外線　197
時間形状　3
時間波形　17
時間幅　17
磁気光学カー効果　234
磁気光学素子　234
磁気旋光　234
色素レーザ　85, 215
シグナル光　229
刺激値直読方式　171
自己相関　19
次数　10, 13
自然光　197
実視野　248
ジッター　256
実体顕微鏡　251
自動検査　137
縞走査法　74
ジャイロスコープ　124
射影処理　264
視野絞り　218
写真乾板　162
シャッタ　220, 253
斜入射干渉計　88
ジャマン干渉計　34
周波数　8
周波数領域解析法　90
自由分散領域　13
主応力差　159, 160
主応力和　160

縮退四光波混合　49
シュリーレン法　34, 122, 130, 135
シュレーダー法　34
衝撃波　122, 135
消光比　231
消衰係数　35, 42, 43
焦電効果　7
焦点合成　263
焦点深度　249
焦電センサ　150
焦電素子　7
照度計　171
ショットキーバリヤダイオード　25
ショットノイズ　259
真空紫外線　23
シーン現象　67
人工光　197
真直度　96, 127
シンチレーション　24
振動スペクトル　46

水銀ランプ　247
水浸　179
スターカプラ　223
スティッチング　262
ステレオ計測法　77, 79
ステレオマッチング法　77
ストークスシフト　44
ストリークカメラ　4
ストロボ撮影　255
スパーク法　39
スーパーコンティニウム光　85
スペクトル　10, 121, 199
スペックル　106
スペックルノイズ　27
寸法公差　61

正規化相関法　123
正立顕微鏡　249
赤外線　24, 114, 197
赤外線サーモグラフィ　114
赤外線センサ　114
接眼レンズ　241
セナルモン方式　232
ゼーベック効果　7
ゼーマン効果　53
セルマイヤモデル　43

索　引

ゼロオーダ波長板　231
線光源　200
線幅　12, 14
線幅測定機　58
全反射　190
全反射測定法　15

相関　127, 265
相互相関係数法　77
走査型干渉法　131
走査型近接場光顕微鏡　187
測定顕微鏡　63
ソニックブーム　122

た　行

ダイクロイックフィルタ　214
ダイクロイックミラー　221, 226
ダイナミックレンジ　244
第2高調波発生　19, 229
対物TIRF方式　190
太陽光　198
太陽電池　5
タウク-ローレンツモデル　43
ダークフィールド　143
多重スペクトル位相クロス解析法　90
多色格子フィルタ　135
ダブルプリズム法　33
単写真計測法　76

超音波　122
超解像　183, 184, 185, 187
超短パルス　19
超伝導検出器　25
超半球　189
直視プリズム　9
直線変位　101
直線偏光　20
吊り環法　165

低コヒーレンス光　84
ディスク走査型顕微鏡　183
ディストーション　241
滴下法　165
デコンボリューション法　193
デニシウクホログラム　80
デュアルドップラレーダ観測

134
テラヘルツ光　115
テラヘルツ時間領域分光法　115
テレセントリック　62, 210, 242
電界発光　200
電気感受率　229
電気光学カー効果　234
電気光学素子　234
点光源　156, 200
点像強度分布　193

投影機　62
動画像フォーマット　254
透過波面　88
透過率　37
同期　257
等傾線　159
同軸落射照明　210
等色線　159
倒立顕微鏡　250
特性X線　24
ドップラ効果　104, 121, 130, 161
ドップラシフト　131
ドップラライダ　57
ドップラレーダ法　134
ドルーデモデル　43
トレーサ粒子　132, 133, 153
トワイマン-グリーン干渉計　54

な　行

内径計測　67
ナイフエッジ　135, 157
長さの基準　52

2光子吸収励起　118
2光子蛍光　19
2光子励起蛍光顕微鏡　183
二光束顕微干渉計　34
ニコルプリズム　231
2次元輪郭形状測定　146
2色蛍光法　153
1/2波長板　21
λ/2板　231
人間の眼　240

熱拡散長　113
熱光源　198
熱遮蔽板　154

熱電効果　7
熱放射　198, 200
ノマルスキープリズム　140

は　行

バイアスT　5
バイオイメージング　247
バイプラナ光電管　6
倍率　248
パイロ素子　7
白色干渉計測　84
白色レーザ　208
白熱電球　201
薄膜干渉　144
パターン投影法　74, 238
パターンプロファイル欠陥　144
バーチ方式　88
波長　3, 8
波長可変光源　215
波長幅　12
波長板　21, 231
発光遅れ　256
発光スペクトル　44
発振波長　207
バビネ-ソレイユ補償板　21
バビネ方式　232
波面　237
パラメトリック光源　115
パルス幅　207
パルスレーザ　132, 155, 256
ハロゲンランプ　201, 202, 246
半球　189
反射吸収法　15
反射光検出器　59
反射光量式　102
反射測定法　37
反射フィネス　13
反射率　30
半導体光伝導アンテナ　115
半導体量子ドット　191
バンドパスフィルタ　203, 214
バンドル調整法　77

光アイソレータ　213, 234
光音響効果　113
光カーゲート法　19
光カー効果　48
光吸収　164

光ジャイロ 124
光周波数コム 16, 208
光チョッパ 151
光導電アンテナ 25
光パラメトリック蛍光 229
光パラメトリック発振 215, 229
光ファイバカプラ 223
光ファイバジャイロ方式 124
光ヘテロダイン法 131
光変調器 161
ピクセルサイズ 132
非線形感受率 167
非線形効果 19
非線形光学 215, 229
非線形ファイバ 16
ピッチング 127
ビットマップ画像 267
ビデオAF方式 75
非点収差法 84
ビート 121
被ばく放出限界 272
火花放電 255
微分干渉顕微鏡 140, 193
ビームエキスパンダ 58
ビームスプリッタ 221
ビームローテータ 58
表面増強ラマン散乱 190
表面プラズモン 189
表面プラズモン励起増強蛍光分光 190
広がり角 27

ファイバプローブ 47
ファブリーペローエタロン 226
ファブリーペロー干渉 12, 13
ファラデー回転子 22, 213, 234
ファラデー効果 234
不安定共振器 207
フィゾー干渉計 87
フィネス 14
フェムト秒レーザ 118
フォトダイオード 5, 258
フォトニック結晶 166, 235
フォトニックセンサ 102
フォトン 4
フォトンドラッグ効果 24
複屈折 21, 112, 159, 166
複数画像計測 77

複素屈折率 12, 35, 116
物体光 162
浮遊点 189
ブライトフィールド 143
フラウンホーファー線 199
フラッシュランプ 220
プランクの式 150
フーリエイメージ 125
フーリエ分光法 15
フーリエ変換 212, 265
フーリエ変換型分光光度計 39
フーリエ変換法 90, 92
プリズム 9, 224
プリズムTIRF方式 190
ブリュースター角 23
ブリンキング 191
フリンジスキャン法 91
プルフリッヒ屈折計 33
ブレーズド回折格子 11
フレネルロム 21
フレームレート 132, 244
プロフィール 4
分解能 249
分光干渉法 41
分光器 8
分光光度計 30, 38
分光透過率 37, 38
分光方式 171
分散 8, 224
分散型分光光度計 39

平面度 93, 97
平面偏光器 159
ベッケ法 34
ヘテロダイン 53, 104, 230
ペリクルビームスプリッタ 221
ベルデ定数 166, 234
変位測定法 120
偏角 227
偏光 213
偏光解析法 35
偏光計測 22
偏光子 231
偏光ビームスプリッタ 221
ペンダントドロップ法 165

放射率 151
放電光源 198, 200

補償素子 232
ポッケルス効果 234
ポッケルス素子 22
ホモダイン方式 53
ポラロイド 21
ポリゴンミラー 227
ポリスチレンラテックス標準球 142
ホロカソードランプ 6
ホログラフィ 105, 211
ホログラフィック回折格子 11
ホログラフィック素子 222
ホログラム 80, 162
ボロメータ 24, 150

ま 行

マイクロサーモパイル 152
マイクロチャネルプレート 6
マイクロフォン 258
マイクロボロメータ 114, 152
マイケルソン型干渉側長機 53
マイケルソン干渉計 87
マーカ法 123
膜厚 41, 43
膜ムラ 144
マクロ検査 141, 144
マクロレンズ 243
マックスウェル応力 165
マッハツェンダー干渉計 88
マルチオーダ波長板 231
マルチプレックスホログラム 80

ミクロ検査 141, 143
ミー散乱 142, 211

無機EL 204

明視野観察 181
メーカーフリンジ法 167
メタルハライド 254
メートルの定義 52
面光源 200

モアレ縞 73
モアレトポグラフィ 73
モアレ法 68
毛細管上昇法 165
目視検査 137

索 引

モード同期法 207
モーメント測定 127

や 行

有機EL 204
誘電関数 43
誘導結合プラズマ法 40
誘導放出 184, 200
誘導放出制御顕微鏡 184
油浸 179

ヨーイング 127
ヨウ素安定化He-Neレーザ 51
読み出しノイズ 259
四光波混合 48
4Pi顕微鏡 185
1/4波長板 21, 213
$\lambda/4$板 231

ら 行

ライダ 57
ラインセンサ 261
落射暗視野観察法 251
落射蛍光観察法 252
落射微分干渉観察法 252
落射明視野観察法 251
ラベリング 264
ラマン顕微鏡 47
ラマン散乱 46
ラマン分光測定装置 46
ラマンライダ 57
ラマンレーザ 215
ラムシフト 8
ランベルト-ベールの法則 38, 164

リターデーション量 193
リップマンホログラム 80
リニアエンコーダ 102
リプロンスペクトロスコピー 165
量子カスケードレーザ 115
量子型検出素子 25
良品画像比較 146
輪郭度 94
リングライト 201

励起光 139

励起法 207
冷却カメラ 259
レイリー干渉計 34
レイリー散乱 211
レイリー分解能 179
レインボウホログラム 80
レーザ 197, 206, 247
レーザAF方式 75
レーザ共焦点法 83
レーザジャイロ方式 124
レーザ走査型共焦点顕微鏡 183
レーザテラヘルツ放射顕微鏡 116
レーザドップラ法 130
レーザの種類 206
レーザ変位計 154
レーザポインタ 274
レーザ保護眼鏡 273
レーザレーダ 57, 82
レンジファインダ 82
連続スペクトル 198

露出時間 253
ロータリエンコーダ 69, 125
ローリング 127
ローレンツモデル 43
ローレンツ-ローレンスの式 158

わ 行

歪曲収差 241
和周波数 161
和周波発生 229

欧 文

ADI 144
AEL 272
AF 102
AOD 222
AOM 230
APD 5
ASE 85
ATR 15

Bayerフォーマット 254

Cマウント 254
CAD比較 146
CARS 49

CCD 101, 245
CLSM 183
CMOS 246

DFG 229
DFWM 48
DMD 220
DSLM 186

EDF 263
EL 204
EMCCDカメラ 260

Fマウント 254
FCCS 191
FCS 46, 191
FDA法 90
FFT 265
FLIP 46
FRAP 46
FRET 46
FTラマン装置 47
FT-IR 15, 39
FWM 48

Go/NoGo検査 144

ICCDカメラ 260
InGaAs素子 115
ICP法 40

LED 203, 247
LSCM 183

M2(エムスクエア)値 28
MCT 15
MEMSミラー 220
MPE 272
MTF 181, 192

NDフィルタ 214, 219
NSOM 187

OCT 85, 87, 109
OPO 229

p偏光 20, 35
pin型半導体検出器 24

索引

pinフォトダイオード 5
PIV法 130,132
PSF 193
PTV法 130

Qスイッチ法 207

RAS 15
RGB 203

s偏光 20, 35
SERS 190
SFG 229
Shape from focus方式 75
SHG 229
SIL 188
SLD 85
SLM 228
S/N比 4,244
SNOM 187
SPFS 190
SPIM 186
SPR 189
STED顕微鏡 185

THz光 3, 24, 115
TIRF 190
TN液晶 233
TOF 82
TTL 257

Vブロック法 33
VEC-DIC 192
VEC 192

X線 23,116
X線回折法 117
X線CT 117

X線分光法 116

■人　名

アッベ(E.Abbe) 179
アレン(R.D.Allen) 192
ウィーン(W.Wien) 150
ウォラストン(W.H.Wollaston) 22, 236

カー(J.Kerr) 19, 20, 166, 234
クラマース(H.A.Kramers) 35
グルストランド(A.Gullstrand) 240
クローニッヒ(R.de L.Kronig) 35
ケーラー(A.Köhler) 210
コーシー(A.L.Cauchy) 43
コットン(M.A.Cotton) 166

サニャック(G.Sagnac) 120
ジャマン(J.C.Jamin) 34,85
ストークス(G.G.Stokes) 22
ゼーベック(T.J.Seebeck) 7
ゼーマン(P.Zeeman) 53, 166
セルマイヤ(W.Sellmeier) 43

ツェンダー(L.Zehnder) 86, 158
テプラー(A.Toepler) 135
ドップラ(C.J.Doppler) 131
ドルーデ(P.K.L.Drude) 43

ニコル(W.Nicol) 231
ニュートン(I.Newton) 85
ノマルスキー(G.Nomarski) 140

バビネ(J.Babinet) 21
ファブリ(C.Fabry) 8, 13, 86, 226

ファラデー(M.Faraday) 20, 166, 234
フィゾー(A.H.L.Fizeau) 86
フォークト(W.Voigt) 166
フーコー(J.B.L.Foucault) 86, 135
フック(R.Hooke) 247
フラウンホーファー(J.Fraunhofer) 199
プランク(M.K.E.L.Planck) 150
フレネル(A.J.Fresnel) 22
ベルデ(M.E.Verdet) 166, 234
ペロー(A.Pérot) 8, 13, 86, 226
ポアンカレ(J.H.Poincaré) 22
ポッケルス(F.C.A.Pockels) 20, 166, 234

マイケルソン(A.A.Michelson) 8, 15, 85
マッハ(L.Mach) 86, 158
ミー(G.Mie) 142, 211
モーリー(E.W.Morley) 85

ヤング(T.Young) 85
ヤンセン(Z.Janssen) 247

ラム(W.E.Lamb) 8
ランベルト(J.H.Lambert) 38, 164, 200
リップマン(G.Lippmann) 80
レイリー(L.Rayleigh) 34, 178, 211
レーウェンフック(A.Leeuwenhoek) 247
ローレンス(L.V.Lorenz) 158
ローレンツ(H.A.Lorentz) 43,158

光計測ポケットブック　　　　　　　　定価はカバーに表示

2010 年 3 月 1 日　初版第 1 刷
2023 年 6 月 25 日　　第 6 刷

編集者　日本光学測定機工業会
発行者　朝　倉　誠　造
発行所　株式会社　朝　倉　書　店
　　　　東京都新宿区新小川町6-29
　　　　郵便番号　162-8707
　　　　電　話　03(3260)0141
　　　　Ｆ Ａ Ｘ　03(3260)0180
　　　　https://www.asakura.co.jp

〈検印省略〉

© 2010〈無断複写・転載を禁ず〉　印刷・製本　デジタルパブリッシングサービス
ISBN 978-4-254-21038-5　C3050　　　　　　　Printed in Japan

JCOPY ＜出版者著作権管理機構 委託出版物＞
本書の無断複写は著作権法上での例外を除き禁じられています。複写される場合は、そのつど事前に、出版者著作権管理機構（電話 03-5244-5088, FAX 03-5244-5089, e-mail: info@jcopy.or.jp）の許諾を得てください。

好評の事典・辞典・ハンドブック

物理データ事典	日本物理学会 編	B5判 600頁
現代物理学ハンドブック	鈴木増雄ほか 訳	A5判 448頁
物理学大事典	鈴木増雄ほか 編	B5判 896頁
統計物理学ハンドブック	鈴木増雄ほか 訳	A5判 608頁
素粒子物理学ハンドブック	山田作衛ほか 編	A5判 688頁
超伝導ハンドブック	福山秀敏ほか編	A5判 328頁
化学測定の事典	梅澤喜夫 編	A5判 352頁
炭素の事典	伊与田正彦ほか 編	A5判 660頁
元素大百科事典	渡辺 正 監訳	B5判 712頁
ガラスの百科事典	作花済夫ほか 編	A5判 696頁
セラミックスの事典	山村 博ほか 監修	A5判 496頁
高分子分析ハンドブック	高分子分析研究懇談会 編	B5判 1268頁
エネルギーの事典	日本エネルギー学会 編	B5判 768頁
モータの事典	曽根 悟ほか 編	B5判 520頁
電子物性・材料の事典	森泉豊栄ほか 編	A5判 696頁
電子材料ハンドブック	木村忠正ほか 編	B5判 1012頁
計算力学ハンドブック	矢川元基ほか 編	B5判 680頁
コンクリート工学ハンドブック	小柳 洽ほか 編	B5判 1536頁
測量工学ハンドブック	村井俊治 編	B5判 544頁
建築設備ハンドブック	紀谷文樹ほか 編	B5判 948頁
建築大百科事典	長澤 泰ほか 編	B5判 720頁

価格・概要等は小社ホームページをご覧ください．